EMMY NOETHER

Ihr steiniger Weg
an die Weltspitze
der Mathematik

Emmy Noether, vor 1910.

Lars Jaeger

EMMY NOETHER

Ihr steiniger Weg an die Weltspitze der Mathematik

↦ Biografie

Meiner Tochter Talia

»Meine Methoden sind wirklich Methoden
des Arbeitens und Denkens; deshalb haben sie sich
überall anonym eingeschlichen.«
EMMY NOETHER

»Die Algebra hat ein anderes Gesicht bekommen
durch dein Werk.«
HERMANN WEYL IN SEINER TRAUERREDE
FÜR EMMY NOETHER, 17. APRIL 1935

INHALT

X

VORWORT

Warum existiert eigentlich kein Nobelpreis für Mathematik? Auf diese Frage gibt es verschiedene Antworten. Eine verbreitete, aber unbestätigte Anekdote erzählt, dass bei der Vergabe der Preise in Stockholm nur deshalb keine Mathematiker auf der Bühne stehen, weil einmal Alfred Nobels Herzensdame einem schwedischen Mathematiker den Vorzug gegeben hatte. Wahrscheinlicher ist jedoch, dass Nobel die Bedeutung der Mathematik schlichtweg unterschätzte. Nach seinem Willen werden jedes Jahr jene Wissenschaftler ausgezeichnet (erstmals 1901), die der Menschheit einen besonders großen Nutzen beschert haben. Die Mathematik schien Nobel wohl nur wenig nützlich in der direkten Anwendung zu sein. Zwanzig, dreißig Jahre später hätte er wohl ganz anders gedacht. Denn die Mathematik hatte sich als Fundament aller Wissenschaften etabliert. Sie war die Wegbereiterin einer völlig neuen Physik, lieferte die Statistik der neuen Gentheorie in der Biologie und bestimmte die Arbeitsgänge in den chemischen Laboren. Doch bevor sie diese Macht entfalten konnte, musste sie die tiefste Krise seit Menschengedenken überwinden. Die Gelehrten des 19. Jahrhunderts stießen auf innere Widersprüche, die das gesamte, als absolut sicher geglaubte Grundgerüst der Mathematik in Frage stellten. Dieses Schicksal teilte die Mathematik mit der Physik, der Chemie und der Biologie, denn in den Jahrzehnten um 1900 verloren in einem weltgeschichtlich einmaligen Prozess ausnahmslos alle Naturwissenschaften den Boden unter ihren Füßen und mussten sich – jede für sich – von Grund auf neu erfinden.

Emmy Noether ist eine der zentralen Figuren in dieser kompletten Neuausrichtung der Mathematik. Ihre Leistungen stehen zumindest gleichberechtigt neben denen der berühmtesten Mathematiker des 20. Jahrhunderts: David Hilbert und John von Neumann. Da sie die Einführung der höheren Abstraktion entscheidend vorantrieb, ist Emmy Noether in der Mathematik sogar eine der einflussreichsten Personen aller Zeiten. Geradezu nebenbei löste sie auch ein zentrales Problem der modernen Physik und machte so den Weg frei für das heutige Verständnis der Quantentheorie: Das »Noether-Theorem« ist eines der bedeutendsten, wenn nicht gar *das* führende Prinzip der theoretischen Physik.

Dass ihr Name trotz ihrer überragenden Bedeutung bis heute praktisch unbekannt ist, liegt vor allem an einem Umstand: Emmy Noether war eine Frau. Unter großen Mühen musste sie sich einen Platz an der Universität erkämpfen, erst als Studentin, dann als wissenschaftliche Mitarbeiterin und außerordentliche Professorin im damaligen Weltzentrum der Mathematik: Göttingen. Weil es für ihre männlichen Kollegen unvorstellbar war, dass eine Frau die Mathematik bis in ihre Tiefen durchdringen könnte, ergab sich eine merkwürdige Diskrepanz zwischen der Bewunderung für Emmy Noethers Leistungen und der Unfähigkeit, einer Frau dieselben Möglichkeiten zuzugestehen wie jedem anderen auch. Denn Emmy Noethers Leistungen waren unbestreitbar und wurden auch von jenen, die den universitären Betrieb am liebsten weiterhin rein in Männerhand gesehen hätten, nicht angezweifelt. Ab Ende der 1920er-Jahre war sie sogar in der Fachwelt weltberühmt und wurde mit höchsten Auszeichnungen bedacht. Doch auf der universitären Karriereleiter war Emmy Noether schon früh an die berühmte gläserne Decke gestoßen: Männer mit geringeren mathematischen Fähigkeiten wurden mit attraktiven Positionen belohnt und verdienten genug Geld, um eine Familie zu ernähren. Diese Art der Anerkennung wurde Emmy Noether in Deutschland bis zum Ende vorenthalten. Erst in den letzten beiden Jahren ihres kurzen Lebens, in der Emigration in den USA, wurde der inzwischen weltberühmten Mathematikerin ein nennenswertes Gehalt zugesprochen.

Nach ihrem frühen Tod 1935 lebte Emmy Noethers Mathematik weiter, ihre Erkenntnisse haben die Mathematik revolutioniert und gehören heute zu den Grundlagen aller naturwissenschaftlichen Bereiche. Doch ihre Person geriet in Vergessenheit. Nur wenige Biografen nahmen sich ihrer Geschichte an, darunter Auguste Dick, Cordula Tollmien, Mechthild Koreuber und Peter Roquette.

Erst in den letzten Jahren erinnert man sich in weiteren Kreisen an den von Entbehrungen und Zurücksetzungen gekennzeichneten Lebensweg Emmy Noethers. Eine Reihe von Stipendien und anderen Fördermaßnahmen wurde in ihrem Namen auf den Weg gebracht, um die wissenschaftliche Karriere von Frauen zu unterstützen. Emmy Noether hätte dies bestimmt gefallen.

1

UMSTURZ IN DER MATHEMATIK

Wie die als vollkommen geltende Zahlenlehre ihre Grundlage verlor

> *»Die reine Mathematik ist eine Art Dichtung in logischen Begriffen. [...] Bei solchem Streben nach logischer Schönheit werden die geistigen Instrumente erfunden, deren wir für das tiefere Eindringen in die Gesetzlichkeit der Natur bedürfen.«*[1]
> ALBERT EINSTEIN, 1935

Emmy Noether war eines der großen mathematischen Genies des 20. Jahrhunderts. Ihr Wirken fiel in eine Zeit, in der die Mathematik ihre grundlegenden Gewissheiten verloren hatte.

In Emmy Noethers Geburtsjahr 1882 schien das Haus der Wissenschaft noch festgefügt und stabil zu sein. Nur die aufmerksamsten und tiefgründigsten Beobachter nahmen wahr, dass sich die Risse im Fundament nicht mehr kitten ließen. So gut wie niemand aus dem Kreis der Naturwissenschaftler und Mathematiker zweifelte daran, dass die in Jahrtausenden unausgesetzten Nachdenkens gefundenen Zusammenhänge und Gesetze umfassend und für alle Ewigkeit gültig seien. Gerade in der zweiten Hälfte des 19. Jahrhunderts hatte sich der Wissenszuwachs noch einmal signifikant beschleunigt; nie zuvor hatte es so viele produktive Physiker, Chemiker und Mathematiker zur gleichen Zeit gegeben. Um 1900 schienen die Phänomene der Welt allesamt erforscht und verstanden; man ging davon aus, dass ihre vollständige Beschreibung durch die

Naturwissenschaften kurz vor einem triumphalen Abschluss stand:

- Die Geometrie, zu der bereits die Mathematiker der Antike wesentliche Beiträge geleistet hatten, war vervollkommnet worden. Die konkrete Algebra, mit deren Hilfe Lösungen für Gleichungen mit mehreren Unbekannten gefunden werden, war im Wesentlichen ausformuliert. Und in der Analysis, die sich mit der Bestimmung der Eigenschaften von Funktionen und ihren Ableitungen beschäftigt, hatten sich die Probleme des unendlich Kleinen in der Infinitesimalrechnung endlich einigermaßen lösen lassen.

- Zweihundertzwanzig Jahre zuvor hatte Newtons Mechanik die Welt berechenbar gemacht. Die Phänomene von Magnetismus und Elektrizität hatte er allerdings noch außen vor lassen müssen; auch die Thermodynamik war mit Newtons Gesetzen mathematisch nicht erfassbar. Sie beschäftigten sich ausschließlich mit der Mechanik, bezogen sich daher nur auf das Verhalten massereicher Gegenstände. Sie bestehen aus den drei folgenden Gesetzen: 1. Ein keinen Kräften ausgesetzter Körper bleibt in Ruhe oder bewegt sich geradlinig mit konstanter Geschwindigkeit. 2. Kraft gleich Masse mal Beschleunigung. 3. Kraft gleich Gegenkraft. Dieses Manko war aus der Welt geschafft worden, als James Clerk Maxwell Mitte des 19. Jahrhunderts Magnetismus und Elektrizität durch seine Gesetze der Elektrodynamik berechenbar gemacht hatte. Später konnte auch die Wärmelehre mit den Gesetzen der Mechanik und Elektrodynamik befriedigend erklärt werden. Nachdem die Lücken in der Newton'schen Physik geschlossen waren, lieferte die Physik eine schlüssige Beschreibung der Welt – bis auf wenige Ungereimtheiten, die man bald zu überwinden hoffte.

- Die grundlegenden Regeln für chemische Reaktionen waren bekannt. Die organische Chemie, der man zu Beginn des

19. Jahrhunderts auf die Spur gekommen war, zeigte sich zwar komplexer als die anorganische Chemie, folgte aber prinzipiell den gleichen Gesetzmäßigkeiten und hatte viele ihrer Geheimnisse preisgegeben. Man war sich allerdings mit den Physikern noch nicht einig darüber, ob es Atome gibt. Da sich herausgestellt hatte, dass chemische Reaktionen nach ganzzahligen Verhältnissen ablaufen, hatten Chemiker weniger Bedenken als Physiker, die Existenz kleinster unteilbarer Teilchen anzunehmen.

- Unabhängig von religiösen Mythen lieferte die Evolutionslehre Darwins eine in sich stimmige wissenschaftliche Erklärung für die Entstehung der Arten auf der Erde. Ein weiterer wesentlicher Erfolg war, dass viele der Krankheiten, die über Jahrtausende die Menschheit dezimiert hatten, mit neuen Mitteln bekämpft und manchmal sogar geheilt werden konnten.

Die Umsetzung des neu gewonnenen Wissens in technologischen Fortschritt fand in rasender Geschwindigkeit statt. Für die meisten Menschen Europas und Nordamerikas hatten sich die Lebensbedingungen im Jahr 1800 kaum von denen der Jahre 1600 oder gar 1500 unterschieden. Dagegen gab es zwischen 1800 und 1900 gewaltige Fortschritte; in dieser Zeitspanne erreichte der Lebensstandard vieler Menschen unvorstellbare Höhen. Der Zugang zu den Erfolgen von Wissenschaft und Technik – unter anderem Elektrizität, Eisenbahn und Zentralheizung – war zwar immer noch sehr ungleich verteilt, doch in Summe hatten sich Wohlstand und Komfort vervielfacht.

Es schien, als wäre so gut wie alles Wissen bereits vorhanden und es käme nur noch darauf an, es in die bestmöglichen technologischen Anwendungen umzusetzen. Aus den 1870er-Jahren ist die Anekdote überliefert, dass der Schüler Max Planck einen seiner Lehrer fragte, ob er denn Physik studieren solle, und darauf die Antwort erhielt, dass sich dies nicht lohne, denn auf diesem Gebiet gebe es nicht mehr viel zu entdecken. Es gebe noch ein paar kleine offene Fragen, zum Beispiel zu den Strukturen im Mikrokosmos und zu bestimmten Unregelmäßigkeiten in der Bahn des sonnennächsten Planeten Merkur, aber das seien doch eher Randprobleme.

Zum Glück entschied sich Planck trotz dieses Rates dafür, Physik zu studieren. Denn entgegen den optimistischen Erwartungen des späten 19. Jahrhunderts brach um die Jahrhundertwende den Kernbereichen der Naturwissenschaften die Basis weg. Sowohl die Mathematik als auch die Physik verloren gleichzeitig den festen Grund, auf dem sie aufgebaut waren, und rutschten in die jeweils tiefen Krisen ihrer Geschichte[2].

In der Physik führte die Beschäftigung mit den allerkleinsten Einheiten zu nicht auflösbaren Widersprüchen. Gab es Atome oder nicht? Die Beobachtungen waren widersprüchlich. Anfang des 20. Jahrhunderts kamen weitere grundlegende Ungereimtheiten hinzu, denn die gewohnten Vorstellungen von Raum und Zeit ließen sich nicht mehr mit den Berechnungen in Einklang bringen. Zudem wiesen die Elektronen und Photonen sowohl Teilchen- als auch Welleneigenschaften auf (für Photonen beschrieb dies Einstein 1905, für Elektronen sagte Louis de Broglie dies 1924 voraus, was kurz darauf experimentell bestätigt wurde). All diese Erkenntnisse waren mit der klassischen Physik Newtons nicht zu erklären und entzogen sich jedem Versuch der Veranschaulichung.

In der Mathematik konnte man nicht mehr die Augen davor verschließen, dass es sogenannte »aktuale«, also tatsächliche oder echte Unendlichkeiten gibt. Lange Zeit waren die Mathematiker davon ausgegangen, dass sie nur ein Schreckgespenst sind, das jeder Realität entbehrt, denn ihre Existenz würde unweigerlich zu Paradoxien führen, die die gesamte damalige Mathematik aushebelten.

Während die Physik durch die Erforschung des unendlich Kleinen auf unlösbare Widersprüche stieß, geschah dies in der

Mathematik durch die Beschäftigung mit dem unendlich Großen. In dem Moment, in dem Menschen begannen, sich mit Größenskalen zu beschäftigen, die weit jenseits ihrer Alltagserfahrungen liegen, fielen die klassischen Naturwissenschaften auseinander. Vieles, was als unverrückbare Wahrheit gegolten hatte, erwies sich nun als nicht mehr haltbar.

Krisen, so zeigt es sich immer wieder, sind Entscheidungsschlachten, die die Geschichte in ein Davor und ein Danach teilen. Die gemeinsame Krise von Mathematik und Physik führte um 1900 zu einer der größten Denkrevolutionen aller Zeiten. Sie war mindestens ebenso einschneidend wie der Beginn der hellenistischen Philosophie, der Siegeszug von Christentum und Islam, die Wiederentdeckung des antiken Wissens in der Renaissance oder auch die Aufklärung, die das Denken von der christlichen Dogmatik befreite und so der Rationalität und damit der Wissenschaft den Weg ebnete. Während die Athener Denkschulen, die Renaissance und die Aufklärung Schulwissen sind, ist über den Bruch mit alten Gewissheiten und die darauf folgende Neuorientierung der Wissenschaften in den ersten Jahrzehnten des 20. Jahrhunderts den meisten Menschen nur wenig bekannt. Dabei handelt es sich um genau jene Denkrevolution, durch die die dramatischen technologischen Entwicklungen der Folgezeit erst möglich wurden. Sie hat die Welt, in der wir heute leben, entscheidend geprägt.

Cantors neue Unendlichkeit

Zu Beginn des 20. Jahrhunderts wirkte eine Vielzahl an wissenschaftlichen und mathematischen Genies von atemberaubender Kreativität. Erst ihre Fähigkeit, sich von alten Denkmustern zu lösen, holte die Mathematik und die Physik wieder auf einen ausreichend widerspruchsfreien Grund. An die Stelle der nachvollziehbaren Zusammenhänge und konkreten Anschauungen traten nun im wahrsten Sinne des Wortes unbegreifliche Theorien. Den Satz des Pythagoras kann man auf ein Blatt Papier malen, und es ist auch möglich, sich die zweite Ableitung einer Funktion vor das innere Auge zu führen. Doch nun wurde die Mathematik – und parallel zu ihr auch die Physik – so komplex und abstrakt, dass jeder Versuch, sich die Aussagen bildlich vorzustellen, scheitern muss.

Der Stolperstein, über den die Mathematik im 19. Jahrhundert zu Fall kam, war die Frage der Unendlichkeiten. Es begann mit den sogenannten »abzählbaren Mengen«. Abzählbar heißt eine Menge, wenn jedem ihrer Elemente genau eine natürliche Zahl zugeordnet werden kann – und umgekehrt (Mathematiker sprechen von Bijektivität, wenn sich alle Elemente zweier Mengen vollständig zu Paaren koppeln lassen). Mit anderen Worten: Ihre Elemente lassen sich durchnummerieren. Zu den abzählbaren Mengen gehören zum Beispiel:

- die natürlichen Zahlen $\mathbb{N}$ selbst, also alle positiven ganzen Zahlen (1, 2, 3, 4 …),
- die ganzen Zahlen $\mathbb{Z}$; sie können positiv oder negativ sein (…–3, –2, –1, 1, 2, 3 …),
- die rationalen Zahlen $\mathbb{Q}$; dies sind alle Zahlen, die sich durch einen Bruch darstellen lassen. Manche dieser Zahlen besitzen unendlich viele Dezimalstellen; zum Beispiel $\frac{1}{3} = 0{,}3333…$

Schon die Beschäftigung mit den hier angesprochenen Unendlichkeiten führt zu Ergebnissen, die unserer Intuition zuwiderlaufen. Zum Beispiel lässt sich beweisen, dass sich jeder ganzen Zahl genau eine natürliche Zahl zuordnen lässt und umgekehrt; die Mengen $\mathbb{N}$ und $\mathbb{Z}$ sind also gleich groß.

Auf den ersten Blick scheint die Aussage, dass es eine Eins-zu-eins-Abbildung zwischen den Elementen beider Mengen gibt, falsch zu sein. Es gibt ja zu jeder natürlichen Zahl aus der Menge $\mathbb{N}$ zwei Zahlen aus der Menge $\mathbb{Z}$: die natürliche Zahl selbst und ihren negativen Gegenwert. Müsste es daher nicht doppelt so viele ganze wie natürliche Zahlen geben? Doch die Mathematik zeigt ganz klar: Es gibt genauso viele positive Zahlen wie positive und negative Zahlen zusammen. Beide Mengen sind gleich groß, Mathematiker nennen das »gleichmächtig«.

Mathematisch gesehen kann man auch jeder geraden Zahl (2, 4, 6 …) genau eine natürliche Zahl (1, 2, 3 …) zuordnen und umgekehrt. Dieselbe Eins-zu-eins-Abbildung funktioniert auch mit ungeraden Zahlen. Auch hier rebelliert der menschliche Verstand: Es müsste doch doppelt so viele natürliche Zahlen geben wie ungerade beziehungsweise gerade Zahlen!

Es wird sogar noch abstruser: Die Menge der rationalen Zahlen $\mathbb{Q}$ ist gleich groß wie die Menge der natürlichen Zahlen $\mathbb{N}$, denn jedem Bruch lässt sich genau eine natürliche Zahl zuordnen und umgekehrt. Dabei liegen schon zwischen zwei aufeinanderfolgenden natürlichen Zahlen unendlich viele rationale Zahlen. Das Beispiel des Zahlenraums zwischen Null und Eins zeigt das: Alle Brüche mit einer Eins im Zähler (½, ⅓, ¼, ⅕, …) – und das sind schon unendlich viele, denn im Nenner kann die Zahl ja beliebig groß werden – liegen auf dem Zahlenstrahl auf dieser kurzen Strecke. Dazu kommen noch weitere Brüche wie ⅔, ¾ usw. Intuitiv würde man raten, dass es unendlich mal mehr rationale Zahlen als natürliche Zahlen geben muss. Doch auch hier wieder ist die Mathematik unbestechlich: Beide Mengen sind gleich groß.

Wie kann das sein? Der deutsche Mathematiker Georg Cantor fand 1872 ein Verfahren, mit dem sich recht anschaulich beweisen lässt, dass die beiden Mengen gleichmächtig sind. Er ordnete alle denkbaren ganzzahligen Brüche nach einem bestimmten Schema in ein Gitter: In den Zeilen wird mit jedem Schritt nach rechts der Zähler um 1 größer; in den Spalten wird mit jedem Schritt nach unten der Nenner um 1 größer. Das Gitter ist nach beiden Seiten hin unendlich groß. Nun ordnete er jedem Bruch eine natürliche Zahl zu, allerdings nicht, indem er zum Beispiel die erste Zeile bis ins Unendliche nach rechts durchzählte, denn dann hätte er niemals den Sprung in die zweite Zeile finden können. Indem er mit dem »Durchzählen« den in der Abbildung beschriebenen Weg nimmt, kann er alle Brüche durchnummerieren und somit abzählen.

0						
$\frac{1}{1}$	$\frac{2}{1}$	$\frac{3}{1}$	$\frac{4}{1}$	$\frac{5}{1}$	$\frac{6}{1}$	$\frac{7}{1}$
$\frac{1}{2}$	$\frac{2}{2}$	$\frac{3}{2}$	$\frac{4}{2}$	$\frac{5}{2}$	$\frac{6}{2}$	$\frac{7}{2}$
$\frac{1}{3}$	$\frac{2}{3}$	$\frac{3}{3}$	$\frac{4}{3}$	$\frac{5}{3}$	$\frac{6}{3}$	$\frac{7}{3}$
$\frac{1}{4}$	$\frac{2}{4}$	$\frac{3}{4}$	$\frac{4}{4}$	$\frac{5}{4}$	$\frac{6}{4}$	$\frac{7}{4}$
$\frac{1}{5}$	$\frac{2}{5}$	$\frac{3}{5}$	$\frac{4}{5}$	$\frac{5}{5}$	$\frac{6}{5}$	...
$\frac{1}{6}$	$\frac{2}{6}$	$\frac{3}{6}$	$\frac{4}{6}$	$\frac{5}{6}$	...	

Das berühmte Diagonalargument Georg Cantors, mit dem er die Abzählbarkeit rationaler Zahlen bewies.

Auf diese Weise lässt sich jeder natürlichen Zahl genau ein Bruch und umgekehrt jedem Bruch genau eine natürliche Zahl zuordnen. Mehr brauchte es im Grunde nicht für den Beweis, dass die Mengen $\mathbb{N}$ und $\mathbb{Q}$ gleich groß sind.

Abgesehen davon, dass sich der menschliche Verstand mit einigen Ergebnissen schwertut, gibt es in der Mathematik mit abzählbaren Unendlichkeiten – also mit den Mengen, die bijektiv sind mit den natürlichen Zahlen – keine Probleme. Denn diese Unendlichkeiten sind immer nur »potenziell« unendlich: Zu jeder natürlichen Zahl kann man eine immer noch größere finden. Deshalb gibt es weder eine natürliche Zahl, die »unendlich« genannt werden könnte, noch ein Element aus den mit den natürlichen Zahlen bijektiven Mengen der ganzen und rationalen Zahlen. Weil die Menge der natürlichen Zahlen ℕ nur potenziell unendlich ist, sind dies auch die Mengen der ganzen Zahlen ℤ und der rationalen Zahlen ℚ.

Nun lautete eine wichtige Frage der Mathematik am Ende des 19. Jahrhunderts: Gibt es Zahlenmengen, die *nicht* abzählbar sind, die also die Größe der Menge der natürlichen Zahlen ℕ, der ganzen Zahlen ℤ und der rationalen Zahlen ℚ überschreiten? Man wusste, dass die Existenz solcher »echten« Unendlichkeiten (Mathematiker sprechen von *aktualen* Unendlichkeiten) die Mathematik in große Schwierigkeiten bringen würde. Denn mit ihnen ergeben sich unlösbare Paradoxien.

Schon Aristoteles, der sich ausgiebig mit Unendlichkeiten beschäftigt hatte, stellte fest: *Infinitum actu non datur.* »Das tatsächlich Unendliche gibt es nicht.« Bis in die Neuzeit hinein wiegten sich die Mathematiker in Sicherheit. Es zeigte sich aber, dass man sich über zwei Jahrtausende etwas vorgemacht hatte. 1874 bewies Gregor Cantor, der zuvor schon die Gleichmächtigkeit von natürlichen, ganzen und rationalen Zahlen gezeigt und damit die Geduld der Mathematiker auf die Probe gestellt hatte, dass es eine Gruppe von Zahlen gibt, die *nicht* abzählbar ist: die irrationalen Zahlen. Dies sind die Zahlen, die sich durch keinen ganzzahligen Bruch darstellen lassen. Sie haben endlos viele Dezimalstellen hinter dem Komma, die nicht periodisch angeordnet sind. Beispiele sind die Zahl pi (π) und $\sqrt{2}$.

Es musste also eine neue Zahlenklasse definiert werden: die der irrationalen Zahlen. Einige von ihnen – neben pi (π) und $\sqrt{2}$ gehört zum Beispiel auch die Euler'sche Zahl e in diese Gruppe – waren zwar schon lange bekannt, man hatte aber ihre Sonderstellung im Zahlenreich nicht wahrnehmen wollen. Gemeinsam mit der Menge der rationalen Zahlen ℚ (einschließlich ganzer und natürlicher Zahlen) ergibt sich die Menge der reellen Zahlen ℝ. Mathematiker kennen darüber hinaus auch noch mehrdimensionale Zahlenbereiche wie die zweidimensionalen komplexen Zahlen, doch von ihnen soll hier nicht die Rede sein.

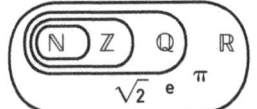

N Natürliche Zahlen
Z Ganze Zahlen
Q Rationale Zahlen
R Reelle Zahlen

Zusammenhang der Zahlenmengen; da die irrationalen Zahlen (zum Beispiel π und e) nicht abzählbar sind, ist ihnen keine eigene Menge zugeordnet.

Mit Cantors Beweis, dass die Menge der irrationalen Zahlen *nicht* abzählbar ist, wird auch die Menge der reellen Zahlen insgesamt nicht abzählbar. Bereits zwischen Null und Eins liegen unendlich viele Objekte, die sich nicht abzählen lassen.

Paradoxien zerstören die klassische Mathematik

Indem Cantor das aktuale Unendliche in die Mathematik einführte, stürzte er sein Fach in die tiefste Krise, seit Urmenschen das Zählen gelernt hatten. Schon den Griechen der Antike waren Paradoxa bekannt, die sich aus der Existenz aktualer Unendlichkeiten ergeben.

Das Wettrennen zwischen Zenon und der Schildkröte und die Frage, wie sich ein Kegel durch unendlich nah beieinander liegende Schnitte teilen lässt, sind nur zwei Beispiele:

- Zenon lässt einer Schildkröte bei einem Wettrennen einen kleinen Vorsprung. Beide laufen los. Sobald Zenon den Ort erreicht, wo eben noch die Schildkröte war, ist diese bereits ein wenig weitergekrochen. Aus unserer alltäglichen Anschauung wissen wir, dass Zenon die Schildkröte überholt.

Doch mathematisch gab es keinen Weg, dies zu berechnen. Denn die Wegstrecke, die die Schildkröte Zenon voraus ist, wird immer kleiner – aktual unendlich klein. Und schon flogen den Mathematikern ihre Gleichungen um die Ohren …

- Eines von Demokrits Argumenten für seine Theorie, dass die Welt aus kleinsten Teilchen aufgebaut ist, war ein Kegel, der waagrecht in zwei Teile geschnitten wird. Es ergeben sich zwei Schnittflächen, die logischerweise gleich groß sein müssen. Da es sich aber um einen Kegel handelt, *können* sie nicht gleich groß sein. Denn würden weitere Schnitte in unendlich kleinem Abstand weiter zur Spitze hin gemacht werden, müssten diese ebenfalls dieselbe Größe haben – das würde aus dem Kegel einen Zylinder machen. Demokrit schloss aus seinem Gedankenexperiment, dass Atome existieren müssen und sich die beiden Schnittflächen deshalb tatsächlich in ihrer Größe unterscheiden.

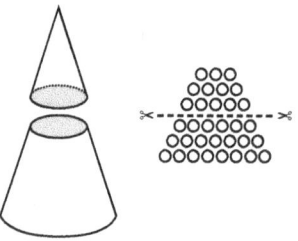

Demokrits Gedankenexperiment, aus dem er die Existenz von Atomen herleitete.

Doch weil Atome einen gewissen Raum einnehmen – wir können sie uns als kleine Kugeln vorstellen – sind sie in unserer Vorstellung teilbar. Theoretisch könnten wir durch die Atome schneiden und wären keinen Schritt weiter, denn das Problem mit den gleichgroßen Schnittflächen hätten wir nur auf eine kleinere Skala verlagert.

Diese beiden Beispiele zeigen, dass schon die Gelehrten der Antike auf die mit aktualen Unendlichkeiten verbundenen unlösbaren Widersprüche gestoßen waren. Auch irrationale Zahlen waren bekannt; Pythagoras hatte zum Beispiel gezeigt, dass die Diagonale des Quadrates mit der Seitenlänge Eins eine Länge von $\sqrt{2}$ besitzt. Doch die auf ihn folgenden Mathematiker machten einen weiten Bogen um Zahlen dieser Art. Die Aussage des Aristoteles – aktuale Unendlichkeiten existieren nicht – lässt sich also in die Kategorie einordnen: Was nicht sein darf, kann es nicht geben.

In der Neuzeit hatten Mathematiker die Tür zu den aktualen Unendlichkeiten wieder aufgestoßen, als sie versuchten, die von Newton und Leibniz eingeführte Integral- und Differentialrechnung in die fundamentalen Gesetze der Mathematik einzubinden. Hier kamen sie in der ersten Hälfte des 19. Jahrhunderts an den Punkt, ab dem es ohne reelle Zahlen nicht weitergeht. Erst mit ihnen lassen sich die Konvergenzen der Unendlichkeiten der Infinitesimalrechnung widerspruchsfrei beweisen. Heute weiß man, dass es ohne das aktual Unendliche keine widerspruchsfreie Infinitesimalrechnung gibt – und ohne Infinitesimalrechnung gibt es keine mathematisch konsistente Physik.

De facto hatte der französische Mathematiker Auguste-Louis Cauchy bereits in den 1820er-Jahren die aktuale Unendlichkeit der reellen Zahlen verwendet, um Grenzwertfolgen einwandfrei und widerspruchslos zu definieren. In den 1850er-Jahren hatte der deutsche Mathematiker Bernhard Riemann dasselbe getan, um die Infinitesimalrechnung endlich auf ein solides mathematisches Fundament zu stellen. Doch die Frage nach dem Charakter der Unendlichkeit dieser Zahlen war nicht konsequent weiterverfolgt worden. Erst als Cantor 1874 die Existenz aktualer Unendlichkeiten nachwies, gab es keinen Weg mehr zurück. Dass zahlreiche etablierte Mathematiker Cantors offenkundig gültigen und nicht widerlegbaren Beweis nicht anerkennen wollten und geradezu verzweifelt nach einem Fehler suchten, zeigt das Ausmaß der Furcht vor den Konsequenzen. Die Differential- und Infinitesimalrechnung war zwar dank der reellen Zahlen in sich schlüssig, und auch gewisse andere grundlegende Probleme hatten aufgelöst werden können; doch dieser Gewinn hatte einen Preis. Nun brachen Paradoxien über die Mathematiker herein, die die Gültigkeit der Mathematik als Ganzes in Frage stellten. Es war so, als hätte man ein unscheinbares Loch in der Wand eines mit Wasser gefüllten Eimers repariert und dabei an anderer Stelle ein noch viel größeres Loch gerissen.

Cantor hämmerte sogar noch weiter auf diesen löchrigen Eimer ein: Er wies die Existenz einer Hierarchie von unendlich vielen Unendlichkeiten nach, die allesamt aktual und jeweils größer als die jeweilige vorhergehende Menge sind. Es gelang ihm jedoch nicht, diese Hierarchie des Unendlichen auf ein mathematisch tragfähiges Fundament zu stellen, denn ihn ereilte dasselbe Schicksal wie schon die antiken Philosophen: Der Versuch, aktuale Unendlichkeiten in ein logisches Korsett zu schnüren, führte ihn unweigerlich in nicht auflösbare Widersprüche. Kein Wunder, dass die antiken Mathematiker dies tunlichst vermeiden wollten.

Nun ist es so, dass die Lehre von den Unendlichkeiten ein Teilgebiet der Mengenlehre ist. Es stellte sich aber heraus, dass die Mengenlehre die Grundlage der Mathematik ist – wenn dieses Fundament Risse hat, kippt der gesamte darüber befindliche Bau. Letztlich konnte man noch nicht einmal mehr zwingend davon ausgehen, dass 1+1=2 ist.

Dies war die Grundlagenkrise, in der sich die Mathematik Ende des 19. Jahrhunderts befand. Cantors Ausführungen wurden zum Ausgangspunkt eines gewaltigen Umbruchs der Mathematik. Die »alte« Mathematik, in deren Grenzen sich die Menschen von Anfang an traumwandlerisch sicher bewegt hatten, hatte sich als auf Sand gebaut erwiesen. Rettung konnte nur darin bestehen, ein ganz neues Fundament zu errichten. Eine Aufgabe für Giganten der Mathematik.

Hilberts Hoffnung und Gödels Schneise
der Verwüstung

Einer der wichtigsten Architekten der neuen Mathematik und Gestalter der Blaupause, nach der die gesamte Mathematik von Grund auf neu definiert werden sollte, war der in Königsberg geborene, deutsche Mathematiker David Hilbert – später der wichtigste Förderer Emmy Noethers. Ausgehend von einer möglichst geringen Menge an Grundannahmen (in der Mathematik ist von sogenannten »Axiomen« die Rede) sollten Schritt für Schritt und kunstvoll aufeinander aufbauend alle Zusammenhänge in der Mathematik logisch bewiesen werden. Die Anzahl dieser Schritte sollte endlich sein oder – in einer abgeschwächten Variante – schlimmstenfalls abzählbar unendlich.

Hilbert präsentierte im Jahr 1900 auf dem Internationalen Mathematiker-Kongress an der Pariser Sorbonne die zehn wichtigsten ungelösten Probleme der Mathematik, die noch den Weg zu einer in sich schlüssigen Mathematik versperrten. Später erweiterte er diese Liste auf insgesamt dreiundzwanzig Probleme aus den Teilbereichen Geometrie, Algebra, Zahlentheorie, Logik, Topologie, Arithmetik, Analysis und einigen mehr. Diese Liste ging als »Hilbert-Programm« in die Geschichte der Mathematik ein. Fast alle Probleme konnten bislang gelöst werden, viele davon allerdings erst in der zweiten Hälfte des 20. Jahrhunderts. Für drei Theoreme fehlen heute noch jegliche Beweise, für sieben gibt es bisher nur Teil-Beweise. Ganz oben auf dieser Liste, auf Rang 1 der dreiundzwanzig Herausforderungen, stand das Problem der aktual unendlichen Menge der reellen Zahlen:

> *»Gibt es eine Menge, deren Mächtigkeit größer ist als die natürlichen Zahlen, aber kleiner als die reellen Zahlen?«*

Die sogenannte »einfache Kontinuumshypothese« besagt, dass es *keine* Menge gibt, deren Mächtigkeit zwischen der Mächtigkeit der natürlichen Zahlen und der Mächtigkeit der reellen Zahlen liegt. Im Umkehrschluss bedeutet das, dass alle Mengen, die nicht mehr abzählbar sind, mindestens die Mächtigkeit der reellen Zahlen haben. Diese Hypothese lässt sich im klassischen mathematischen System nicht entscheiden. Doch ist sie so bedeutend, weil Mathematiker heute meist vom sogenannten »Zermelo-Fraenkelschen Axiomen-System« (ZFC) ausgehen. Darin besitzen viele Mengen dieselbe Mächtigkeit, so zum Beispiel die Menge der reellen Zahlen, die Menge der komplexen Zahlen und die Potenzmenge der natürlichen Zahlen. 1930 bewies Kurt Gödel, dass *falls* dieses Axiomensystem zu keinem Widerspruch führt, dies nur dann gilt, wenn es durch die Kontinuumshypothese ergänzt wird. Dass das Zermelo-Fraenkelsche Axiomen-System *tatsächlich* widerspruchsfrei ist, konnte bisher nicht bewiesen werden.

Bevor sich Hilbert den einzelnen Problemen zuwendete, wollte er jedoch erst einmal mithilfe möglichst weniger Axiome die Fundamente der Mengenlehre so formulieren, dass aktuale Unendlichkeiten einen Platz finden, ohne Paradoxien heraufzubeschwören. Nur wenn diese Aufgabe gelöst werden konnte, würden auch alle weiteren Theorien der Mathematik offiziell gültig sein.

1928 veröffentlichte Hilbert sein Werk *Grundzüge der theoretischen Logik*. Darin stellte er unter anderem die Frage: Lässt sich innerhalb eines Axiomensystems mit einer endlichen Anzahl von Beweisschritten jede Aussage ableiten, die innerhalb des Systems wahr ist? Als Prüfstein für diese Frage legte er das zehnte Problem seiner Liste zugrunde, das sich, wie er wusste, auch auf ganz andere Zahlensysteme verallgemeinern lässt:

> *»Gibt es ein konkretes Verfahren, mit dem sich entscheiden lässt, ob eine beliebige diophantische Gleichung lösbar ist oder nicht?«*

Eine diophantische Gleichung – benannt nach dem antiken Mathematiker Diophantos von Alexandria – ist eine Gleichung, die eine oder mehrere Unbekannte enthält und für die eine ganzzahlige Lösung gesucht wird. Aufgaben dieser Art können recht einfach sein, zum Beispiel: Kann jemand so viele Briefmarken zu 40 und 80 Cent kaufen, dass er genau 10 Euro bezahlen muss? Sie können aber auch so aufwändig zu lösen sein, dass man wirklich nicht weiß, ob man jemals zu wenigstens einer von vielen möglichen Lösungen kommt – Speditionsdienstleister, die Beladung und Routen von Transportmitteln optimal bestimmen müssen, können ein Lied davon singen.

Die Antwort auf die Frage, ob eine Berechnung nach endlich vielen Schritten ein Ergebnis hervorbringt, ist von grundlegender Bedeutung: Sie entscheidet darüber, ob die Mathematik insgesamt konsistent sein kann oder nicht. Denn nur wenn die Berechnung abgeschlossen ist, kann die entsprechende Aussage als »wahr« oder »unwahr« gewertet werden. Im oben genannten Beispiel lautet eine der möglichen Lösungen, dass der Käufer 10 Briefmarken zu 80 Cent und 5 Briefmarken zu 40 Cent kauft; damit ist die Aussage, dass er kein Wechselgeld zurückbekommt, »wahr«.

Hilbert meinte nachgewiesen zu haben, dass es *keine* Aufgabenstellung gibt, bei der ein Mathematiker bis in alle aktualen Ewigkeiten rechnen muss, sondern irgendwann – spätestens nach einer abzählbaren, also potenziellen Unendlichkeit – zu einem Ende und damit zu einem (potenziellen) Ergebnis kommt. Am 8. September 1930 hielt der hochangesehene Mathematiker anlässlich seiner Emeritierung in Königsberg eine Rede vor der Gesellschaft Deutscher Wissenschaftler und Ärzte. In ihr bekräftigte er noch einmal seine Position, dass sich prinzipiell jede mathematische Frage mit »wahr« oder »unwahr« beantworten lässt – und so ein in sich schlüssiges Fundament der Mathematik prinzipiell möglich ist.

Dass genau einen Tag zuvor ein junger Mathematiker genau

diesem Glauben an die Vollkommenheit der Mathematik wider-sprochen hatte, ahnte Hilbert nicht. Es war der fünfundzwanzig-jährige Kurt Gödel, der im Rahmen derselben Konferenz seinen Freunden und Kollegen erklärt hatte, dass in komplexen Axio-men-Systemen – zum Beispiel in der Mengenlehre Cantors – manche Fragen offen bleiben *müssen*. Er hatte bereits in seiner Doktorarbeit von 1929 bewiesen, dass sich Konsistenz (jede Aussage kann definitiv als »wahr« oder »falsch« eingeordnet werden) und Vollständigkeit (es gibt keine inneren Widersprü-che) generell ausschließen. Sein erster Satz lautet:

> *»Vollständig ist ein mathematisches System dann, wenn es für jeden Satz entweder dessen Korrektheit oder seine Negation bestätigt.*
> *Konsistent ist es, wenn sich in ihm keine Widersprüche zeigen.*
> *Nun gilt: Wenn ein axiomatisches formales System konsistent ist, kann es nicht vollständig sein.«*

Der Gödel'sche Satz sagt also: Entweder ist ein mathematisches System vollständig *oder* es ist konsistent. Beides zusammen kann es nicht sein. Keiner der Professoren an Gödels Universität in Wien hatte die Bedeutung dieser Aussage erkannt. Denn wenn es in einem konsistenten System Sätze gibt, die mit den Mitteln dieses Systems *weder* beweisbar *noch* widerlegbar sind – von denen man also bis in alle Ewigkeit nicht wissen kann, ob sie wahr oder falsch sind –, macht dies jede Hoffnung auf eine zuverlässige Struktur der Mathematik zunichte.

Hier noch einmal die Positionen der beiden Mathematiker zum sogenannten »Entscheidungsproblem«: Der Königsberger David Hilbert war überzeugt, dass sich alle mathematischen Auf-gabenstellungen im Prinzip bis zu ihrem Ende durchrechnen lassen und Aussagen über sie sich deshalb eindeutig als »wahr« oder »unwahr« einordnen lassen. Deshalb bestand er darauf, dass mathematische Konzepte weiterhin nur dann zulässig sind, wenn sie sich in einer endlichen Anzahl von Schritten konstruieren lassen. Der aus Österreich-Ungarn stammende Kurt Gödel aber hatte nachgewiesen, dass es in jedem denkbaren mathematischen System von ausreichender Komplexität Aufgabenstellungen gibt, die sich nicht final lösen lassen und sich Aussagen über sie deshalb einer Einordnung in einer der beiden Kategorien »wahr« oder »unwahr« entziehen.

So wie schon Gödels Doktorarbeit keine ihrer Bedeutung entsprechende Resonanz hervorrief, verstand auch kaum jemand im Königsberger Gesprächskreis, wovon der junge Mathematiker redete. Nur der damals sechsundzwanzigjährige John von Neumann, der später Quantentheorie und Informatik entscheidend prägen sollte, ahnte, welchen Sprengstoff Gödels Beweis barg, und unterhielt sich eine Weile mit ihm über dieses Thema. Erst als Gödel seine Gedanken 1931 unter dem Titel »Über formal unentscheidbare Sätze der Principia Mathematica und verwandter Systeme« veröffentlichte, kam der Stein ins Rollen, und die Geltung seiner Arbeit wurde offenbar.

Gödels Beweis ist im Grunde ganz einfach und erinnert an das Lügner-Paradoxon, das schon die antiken Philosophen zur Verzweiflung gebracht hatte. Dieses Paradoxon besteht aus nur einem Satz:

>»Der Kreter Epimenides sagt: Alle Kreter lügen.«

Dies ist ein typischer Widerspruch in sich. Lügt Epimenides oder sagt er die Wahrheit? Weder noch. In dem Versuch, die Frage zu beantworten, dreht man sich nur endlos im Kreis. Eine Entscheidung, ob der Satz wahr oder falsch ist, gibt es nicht. Gödel wandelte das Lügner-Paradoxon ab und sagte:

>»Satz A lautet: Dieser Satz ist im System B nicht beweisbar.«

Der Widerspruch ist derselbe: Ist A wahr, ist er gleichzeitig falsch; ist A falsch, ist er gleichzeitig wahr. Damit erblickte zur großen Verärgerung Hilberts neben »wahr« und »falsch« eine dritte Kategorie das Licht der Welt: »prinzipiell unentscheidbar«.

Hilberts Traum von einer vollständigen und konsistenten Mathematik war geplatzt. Cantor hatte in den Augen vieler Mathematiker mit seinem Beweis, dass es in widerspruchsfreien Systemen immer auch nicht entscheidbare Aussagen gibt, ihr zuvor so reines und vollendetes Fach mit einem Makel versehen. Die Entdeckung, dass es kein konsistentes mathematisches Fundament geben *kann*, war für sie nur schwer zu akzeptieren. Statt eine neue, feste und für jede Aufgabenstellung zuverlässige Basis für die Mathematik zu bekommen, war man nun wie auf in einem reißenden Strom tanzenden Eisschollen unterwegs.

Und doch ist es genau diese unvollständige Mathematik, die uns heute immer mehr Türen zu konkreten Anwendungen öffnet. Ob GPS oder Laser, kaum eine der Technologien der Gegenwart wäre ohne die über jedes Maß hinaus komplexe und abstrakte Mathematik, die mit der Gödel'schen Unbestimmbarkeit auskommen muss, möglich. Auch der Computer, der wie keine andere Anwendung von Mathematik und Logik die Welt bestimmt, gehört in diese Kategorie.

Vom Entscheidungsproblem zum Halteproblem

In den 1930er-Jahren wurde mit dem Bau der ersten logisch arbeitenden Maschinen der Grundstein zu unserer von Computern bestimmten Welt gelegt. Ursprünglich waren sie für reine Kalkulationen konzipiert: Hintereinander gereihte Rechenschritte führten zum Beispiel zu immer genaueren Berechnungen von Logarithmuswerten oder Wurzeln. Gleich von Anfang an stießen die Erbauer dieser Maschinen auf ganz ähnliche Probleme, wie die Mathematiker, die sich mit aktualen Unendlichkeiten beschäftigten. 1936, nur etwa fünf Jahre nachdem Gödels Unvollständigkeitstheorem einer breiten Öffentlichkeit bekannt geworden war, »übersetzte« der englische Mathematiker Alan Turing das Entscheidungsproblem in eine vergleichsweise einfache Aufgabe für einen Computer-Algorithmus: Gibt es eine Möglichkeit, im Vorfeld zu entscheiden, ob ein Computer, der an einem komplexen Problem arbeitet, einfach nur viel Zeit benötigt, um zu einer Lösung zu kommen, oder ob die Aufgabe tatsächlich unlösbar ist und der Algorithmus deshalb endlos weiterrechnen würde, weil er nie zu dem Befehl »Stop!« kommt?

Tatsächlich ist das Entscheidungsproblem eine besondere Form des Problems der Vollständigkeit und Konsistenz von axiomatischen Systemen, dem sich Hilbert und Gödel verschrieben hatten. Um der Lösung dieser später »Halteproblem« genannten Aufgabe näherzukommen, dachte sich Turing 1936 eine Maschine aus, die Algorithmen abarbeitet. Sie wurde als »Turing-Maschine« weltberühmt, denn sie gibt die Grundstruktur aller digitalen Computer vor, mit denen wir heute arbeiten. Eine Turing-Maschine besteht im einfachsten Fall aus einem Lese-/ Schreibkopf, der eine lange Reihe von Zellen, in denen sich Zahlen oder Rechenanweisungen befinden, nacheinander abtastet. Je nachdem, welche Zahl oder welchen Befehl der Abtaster in der Zelle vorfindet, führt er eine Rechenoperation aus, ändert den Inhalt der Zelle und geht eine Zelle weiter oder eine Zelle zurück. Es kann auch sein, dass sein Programm ihn dazu bringt, einfach nur eine Zelle weiterzuspringen, ohne dass er den Inhalt verändert hätte. Für den Fall, dass eine Zelle einen bestimmten Inhalt aufweist, hat der Lese-/Schreibkopf den Befehl anzuhalten. In diesem Fall wäre die Rechenoperation abgeschlossen.

Turing zeigte anhand seines Gedankenexperiments, dass so eine Maschine alles berechnen kann, was sich berechnen lässt. Er bewies aber auch, dass man unmöglich anhand logischer Regeln, weder zu Anfang noch irgendwann während des Rechenprozesses, entscheiden kann, ob das Programm bei der Bearbeitung eines beliebigen Problems jemals zu einer Antwort kommt und anhält oder ob es für immer weiterläuft. Denn jeder Algorithmus, der entscheiden soll, ob ein beliebiges Programm irgendwann mit einer Lösung anhält oder ob es für immer weiterläuft, enthält einen Widerspruch zu sich selbst. Daher kann es einen solchen Algorithmus nicht geben.

Mit dieser Logik hatte Turing, lange bevor die ersten modernen Computer gebaut wurden, deren faktische Grenzen entdeckt. Ob sein Satz auch für Quantencomputer gilt, die nicht mehr nur mit den Zuständen 0 und 1 arbeiten, sondern mit im Prinzip unendlich vielen Zuständen gleichzeitig, ist noch unbekannt. Sie arbeiten zwar Milliarden Mal schneller als die klassischen Computer, doch das Halteproblem scheint auch für sie nicht lösbar zu sein.

Eine von wenigen

Genau in dieser Phase der Loslösung, in der sich die Mathematik – und auch die Physik – neu erfinden musste, betrat die brillante Mathematikerin Emmy Noether die Welt der Wissenschaft. An der Transformation von Mathematik und Physik in höchste Abstraktionsgrade war eine Vielzahl an Naturwissenschaftlern beteiligt. Einige von ihnen leisteten so Herausragendes, dass ihre Namen noch heute Ehrfurcht wecken. Genannt seien hier für die Physik Albert Einstein, Niels Bohr, Werner Heisenberg und Erwin Schrödinger sowie für die Mathematik Georg Cantor, David Hilbert, John von Neumann und Kurt Gödel.

Zu diesen Heroen der Wissenschaft gehört nun zweifellos auch Emmy Noether; mit ihnen befand sie sich auf Augenhöhe. Denn Emmy Noether schuf ganz neue, bis heute gültige mathematische Grundlagen und Strukturen höchster Abstraktion. Ihre Arbeiten revolutionierten zentrale Bereiche sowohl der Mathematik als auch der Physik. Doch im Gegensatz zu ihren männlichen Kollegen war Emmy Noethers Name lange Zeit nur den wenigsten Fachleuten bekannt. Und dies, obwohl sie ebenso wie ihre heute noch berühmten Mitstreiter bedeutende Artikel in den renommiertesten Fachzeitschiften der Zeit veröffentlichte, in der Welt der Wissenschaften hoch angesehen war und als Mitglied in einige der bedeutendsten mathematischen Kreise berufen wurde (manche sperrten sich allerdings bis zuletzt dagegen, eine Frau als Mitglied zu akzeptieren).

Nach ihrem frühen Tod 1935 setzte bald das Vergessen ein. Es kann kaum Zweifel geben, dass dies daran lag, dass Emmy Noether eine Frau war. Diesem systematischen Vergessen waren schon vor ihr Frauen anheimgefallen, die die Wissenschaften durch entscheidende Beiträge vorangebracht hatten. Einige von ihnen nennt die folgende Übersicht:

Hypatia von Alexandria lehrte um 400 n. Chr. Philosophie und Mathematik auf höchstem Niveau. In einem Umfeld, das durch den Machtgewinn des Christentums zunehmend intolerant und wissenschaftsfeindlich wurde, fiel sie einem Mord zum Opfer.

Die Französin **Émilie du Châtelet** (1706–1749) vereinte über sechzig Jahre nach dem Erscheinen von Newtons *Principia* dessen Physik mit der Leibniz'schen Differential- und Integralrechnung. Newtons Berechnungsweg von Differentialquotienten und Integralen war kaum anwendbar; trotzdem wurde er ihm zu Ehren in England lange beibehalten. Durch ihre Bearbeitung verhalf Émilie du Châtelet der neuen Physik zu ihrem endgültigen Durchbruch auf dem Kontinent – und über diesen Umweg auch in England. Zu erwähnen ist hier außerdem ihre Interpretation des Zusammenhangs zwischen den damals bekannten Energieformen; hundert Jahre, bevor der Energieerhaltungssatz formuliert wurde, wies sie in die richtige Richtung.

Die Italienerin **Laura Bassi** (1711–1778) war die erste Frau der Welt, die offiziell als Universitätsprofessorin arbeitete – den Inhalt ihrer Vorlesungen musste sie allerdings fast bis ans Ende ihres Lebens genehmigen lassen. Sie lieferte entscheidende Beiträge zur Physik von Flüssigkeiten und Gasen und war einer der ersten Menschen, der sich systematisch mit Elektrizität und Magnetismus auseinandersetzte. So wie ihre Zeitgenossin Émilie du Châtelet entwickelte Laura Bassi die Newton'sche Physik weiter und trug zu ihrer Verbreitung in Italien bei.

Die Französin **Sophie Germain** (1776–1831) war Expertin auf dem Gebiet der Primzahlen und beschäftigte sich viele Jahre mit der Physik elastischer Flächen (aus der sich später Fachgebiete wie Oberflächenphysik und Tragwerkskonstruktion entwickelten). 1816 erhielt sie als erste Frau den renommierten Preis der Pariser Akademie der Wissenschaften.

Die Deutsche **Caroline Herschel** (1750–1848) folgte ihrem ähnlich talentierten, aber heutzutage ungleich berühmteren Bruder Wilhelm Herschel nach England und entwickelte sich dort zu einer der bedeutendsten Astronomen des 19. Jahrhunderts. Sie entdeckte sieben Kometen und kartografierte gemeinsam mit ihrem Bruder den Sternenhimmel. In ihren Memoiren erwähnt sie, dass alle Arbeiten, die unter dem Namen ihres Bruders veröffentlicht wurden, von ihrer Hand stammen.

Die Engländerin **Ada Lovelace** (1815–1852) entwickelte Konzepte, die zur Entwicklung der modernen Computerbauweise führten. Anders als den anderen in dieser Liste genannten weiblichen Kolleginnen blieb ihr auch zu Lebzeiten die Anerkennung verwehrt.

Die Russin **Sofja Kowalewskaja** (1850–1891) gehörte zu den weltweit besten Mathematikern ihrer Zeit. Erwähnt sei hier nur ihre Arbeit *Über einen besonderen Fall des Problems der Rotation eines schweren Körpers um einen festen Punkt*, die ein wichtiger Durchbruch bei der Lösung des Rotationsproblems war. Als sie hierfür den Prix Bordin der französischen Akademie der Wissenschaft erhielt, wurde die Preissumme »wegen ihrer außerordentlichen Leistung« von 3.000 auf 5.000 Franc erhöht.

Alle diese Frauen teilen das Schicksal, dass sie – bis auf Ada

Lovelace, die auch zu Lebzeiten nicht anerkannt wurde – zwar während ihrer Schaffensperiode berühmt und angesehen waren, nach ihrem Tod aber lange Zeit von der Geschichtsschreibung vergessen waren. Eine weitere Gemeinsamkeit besteht darin, dass ihre Leistungen posthum männlichen Kollegen zugesprochen wurden. Erst in letzter Zeit wurden Zeugnisse ihres Wirkens aus den Archiven wieder ans Licht geholt und der Beitrag dieser Forscherinnen zumindest in der Fachwelt berücksichtigt und wertgeschätzt.

Die einzige Ausnahme in dieser beklagenswerten Reihe von Frauen, die es trotz ihrer bedeutenden Leistungen nicht auf Anhieb in das kollektive Gedächtnis der wissenschaftlichen Welt schafften, ist die aus Polen stammende Physikerin Marie Curie. Im frühen 20. Jahrhundert wurden ihr zwei Nobelpreise zuerkannt; dieses Kunststück gelang neben ihr nur John Bardeen (Physik 1956 und 1972) und Frederick Sanger (Chemie, 1958 und 1989). Linus Pauling wurde nach seinem Nobelpreis 1954 in Chemie 1962 mit dem Friedensnobelpreis geehrt. Marie ist jedoch bis heute die einzige Person, die zwei Nobelpreise in verschiedenen naturwissenschaftlichen Fächern errang: 1903 für Physik und 1911 für Chemie. Ihr Stern ist nie untergegangen.

Dass Emmy Noether in dieser Reihe von bedeutenden Frauen ihren festen Platz hat, zeigt die Tatsache, dass vierzehn weltweit führende Mathematiker, unter anderem aus Bologna, Tokio, Osaka, Cambridge und Zürich, im Sommer 1933 in einer konzertierten Aktion jeweils eine Stellungnahme an den Göttinger Kurator schickten, in der Hoffnung, dass sich die zu diesem Zeitpunkt bereits erfolgte Entlassung Emmy Noethers rückgängig machen und ihre bevorstehende Emigration aus Deutschland noch verhindern ließe.

Hier einige Auszüge der Würdigungen für Emmy Noether:[3]

»Wenn ich sie mit den beiden Mathematikerinnen vergleiche, deren Ruhm in die Geschichte eingegangen ist, SOPHIE

GERMAIN UND SONJA KOWALEWSKA, so ragt sie entschieden über beide hinaus durch die Originalität und Intensität ihrer wissenschaftlichen Leistung. [...] EMMY NOETHER ist auf diesem Felde, auf welchem sich die mathematische Forschung gegenwärtig am lebendigsten weiter entwickelt, in In- und Ausland als die eigentliche Führerin anerkannt.« HERMANN WEYL, GÖTTINGEN, AB 1933 IN PRINCETON

»Fräulein Noether hat für die Entwicklung der modernen Algebra eine überragende Bedeutung und gilt in wie ausserhalb Deutschland mit Recht als das Haupt einer Schule der jungen Algebraiker. Dass die Algebra eine neue Blüte erlebt hat und in der ganzen mathematischen Welt an führender Stelle steht und ihren Bereich weit ausdehnen konnte in geometrische und andere Forschungsgebiete hinein, verdankt man vor allem Fräulein Noether und ihrer Schule. Die Wirkung, die sie ausgeübt hat, geht weit über die Grenzen Deutschlands hinaus, und überall in der Welt gehört ihr Name zu den allerbekanntesten.« HARALD BOHR, KOPENHAGEN, UND GODFREY HAROLD HARDY, CAMBRIDGE

»Fräulein Noether ist meines Erachtens eine erstklassige Mathematikerin, sie ist überhaupt die grösste lebende Mathematikerin der Welt! In harter und aufopfernder Arbeit hat sie unglaublich viel für die Mathematik und für ihre zahlreichen Schüler getan. [...] Sie können meinen Brief überall vorzeigen, obwohl ich damit riskiere, gelegentlich als ›lästiger Ausländer‹ ausgewiesen zu werden.« JAN ARNOLDUS SCHOUTEN, DELFT

»Unter allen Mathematikerinnen, die bis heute gelebt haben, ist Emmy Noether unzweifelhaft die genialste. Denn Sonja Kowalewska, die man sonst wohl anzuführen pflegt, hat im

wesentlichen nur Ideen ausgearbeitet, die sie von Weierstrass empfing. Emmy Noether aber ist ein wahrhaft schöpferischer Geist; sie hat alle Ideen aus sich selbst heraus dank einer überaus glücklichen Erbanlage.«
OSKAR PERRON, MÜNCHEN

»Dr. Emmy Noether ist eine Persönlichkeit von einzigartiger Bedeutung in der mathematischen Welt. [...] Sie hat mit zäher Energie an ihren eigenen Methoden und Problemstellungen festgehalten, auch in einer Zeit, wo die Problemstellungen als allzu abstrakt und die Methoden als unfruchtbar galten, und hat jetzt den Erfolg, dass die Methoden vor allem in Deutschland, aber auch schon in Frankreich, Holland, Russland, Amerika und Japan überall angewandt werden und die schönsten Ergebnisse liefern. Aus aller Welt kamen vor ihrer Beurlaubung die Algebraiker nach Göttingen, um ihre Methoden zu lernen, ihren Rat zu holen, unter ihrer Führung zu arbeiten.«
BARTEL LEENDERT VAN DER WAERDEN, LEIPZIG

2

AUF UMWEGEN ZUR UNIVERSITÄT

Herkunft, Familie und Jugend Emmy Noethers

»Ich bin in Lehre und Forschung immer meinen eigenen Weg gegangen«[4]
EMMY NOETHER, JANUAR 1935

Emmy Noether wuchs in einer wohlhabenden jüdischen Familie auf. Ihr Urgroßvater väterlicherseits hieß Elias Samuel. Die Mitglieder dieser Generation hatten anfangs noch keinen amtlich bestätigten Nachnamen. Das änderte sich, als 1809 im Großherzogtum Baden, wo die Familie ansässig war, Gesetze zur Assimilation der Juden erlassen wurden. Unter anderem mussten Familien, die bisher noch keinen amtlich erfassten und damit erblichen Nachnamen hatten, einen solchen annehmen. Die Wahl fiel auf den nichtjüdischen Namen »Nöther«; später setzte sich die Schreibweise »Noether« durch. Wie viele Juden ihrer Zeit entfernte sich auch die Familie Noether weitgehend von jüdischen Traditionen, das lässt sich an dem Namen von Elias Samuels Sohn ablesen: Ursprünglich hieß er mit Vornamen »Hertz«, wurde dann aber von seinem Vater in »Hermann« umbenannt.

1837 gründete Hermann Nöther, Großvater von Emmy, in der badischen Stadt Mannheim mit Joseph, einem seiner älteren Brüder, einen Eisengroßhandel. Das Geschäft florierte offenbar, denn später kamen Niederlassungen in Düsseldorf und Berlin dazu. Darüber, dass die finanziellen Verhältnisse der Familie unter der ab 1873 herrschenden Weltwirtschaftskrise gelitten hätten, ist nichts bekannt. Ausgelöst wurde diese durch einen Börsencrash in Wien und die darauf folgenden Handelsbeschränkungen, mit denen verschiedene Regierungen die Wirtschaft ihrer Länder zu schützen versuchten. In Deutschland fiel die sogenannte »Gründerkrise« vergleichsweise moderat aus. Befeuert durch den gewonnenen Krieg gegen Frankreich 1870/71, wuchs die deutsche Wirtschaft weiter stark an, sodass das 1871 gegründete Deutsche Reich kurz nach 1900 England als mächtigste Wirtschaftsnation in Europa ablöste (weltweit waren zu dieser Zeit die USA bereits zur größten Volkswirtschaft aufgestiegen).[5]

Die Menschen in Europa profitierten in der zweiten Hälfte des 19. Jahrhunderts von der ungewöhnlich friedlichen Zeit; seit Hunderten von Jahren hatte es nicht mehr so wenige Kriege gegeben.

Emmy Noethers Eltern und Geschwister

Der 1844 in Mannheim geborene Max Noether, Emmys Vater, erlitt mit vierzehn Jahren eine Polio-Erkrankung, die zu einer bleibenden Gehbehinderung führte. Trotzdem gelangen ihm die Gründung einer Familie und eine Karriere als renommierter Mathematiker.

In seiner Jugend wurde Max Noether von Privatlehrern unterrichtet, den ersten Teil seines Mathematik-Studiums bewältigte er von zu Hause aus. Nach einem Zwischenspiel an der Mannheimer Sternwarte ging er nach Heidelberg, wo er sich bei Gustav Kirchhoff, nach dem die Kirchhoff'schen Gesetze der Elektrizität benannt sind, mit theoretischer Physik beschäftigte. Über die Auseinandersetzung mit den damals aktuellen und umstrittenen Theorien von Bernhard Riemann kam Max

Noether zur algebraischen Geometrie, der er sein Leben als Mathematiker widmete. Er wechselte nach Gießen und im gleichen Jahr weiter nach Göttingen, wo er einige Jahre zu Riemanns Funktionentheorie und dem Abel'schen Theorem auf die Theorie der algebraischen Kurven forschte. 1870 wurde Max Noether in Heidelberg habilitiert; nun nahm seine Entwicklung zu einem berühmten und international erfolgreichen Mathematiker Fahrt auf.

1873 bewies er den Fundamentalsatz der Theorie der algebraischen Funktionen[6], der bis heute nach ihm benannt ist. Nach seiner Habilitation lehrte Max Noether zunächst als Privatdozent. 1875 wurde er zum Nachfolger des außerordentlichen Mathematik-Professors Paul Gordan in Erlangen ernannt, nachdem dieser auf den ordentlichen Professorensitz derselben Universität berufen worden war. 1882 gelang Max Noether die Klassifikation algebraischer Raumkurven, die er in der Publikation *Zur Grundlegung der Theorie der algebraischen Raumkurven* veröffentlichte. Für diesen Durchbruch erhielt er gemeinsam mit dem Franzosen Georges Halphen, der gleichzeitig, aber unabhängig von Max Noether an demselben Thema gearbeitet hatte, den Steiner-Preis der Berliner Akademie. 1888, im Alter von vierundvierzig Jahren, wurde Max Noether zum ordentlichen Professor berufen. Er blieb bis zu seinem Tode in Erlangen und arbeitete auf den Gebieten der algebraischen Geometrie und der algebraischen Funktionen. Neben der Mathematik interessierte sich Max Noether auch für Geschichte. In Kombination beider Themenbereiche verfasste er 1894 eine Übersicht über die Geschichte der Theorie der algebraischen Funktionen.[7]

Im Alter konnte Max Noether auf ein erfülltes, der Mathematik gewidmetes Leben zurückblicken, in dem seine Leistungen ihm die Achtung seiner Kollegen und viele Ehrungen eingebracht hatten. Er war Mitglied der Akademien in Göttingen, Berlin, München, Budapest, Turin, Kopenhagen und in vielen weiteren Institutionen. 1899 war seine Wahl zum Vorsitzenden der Deutschen Mathematiker-Vereinigung einer der Höhepunkte seiner wissenschaftlichen Karriere. Auch im Ausland war er hoch angesehen. Zum Beispiel war er Mitglied des Circolo mathematico di Palermo und 1913 wurde er zum Ehrenmitglied der London Mathematical Society gewählt. Am 13. Dezember 1921 starb Max Noether in Erlangen. Im Jahr zuvor war er noch zum Protestantismus konvertiert. Für seine Tochter Emmy, die so wie ihr Vater (und auch ihr Bruder Fritz) die Mathematik zu ihrem Beruf machte, muss diese Übermacht des berühmten Vaters ein nicht ganz leichtes Erbe gewesen sein.

1880 hatte Max Noether die aus Köln stammende Ida Amalia Kaufmann (1852–1915) geheiratet. So wie er stammte auch sie aus einer begüterten jüdischen Familie. Das Paar bekam vier Kinder: Amalie, später »Emmy« genannt, wurde am 23. März 1882 als ältestes Kind und einzige Tochter im fränkischen Erlangen geboren. Ein Jahr darauf erblickte Alfred das Licht der Welt. Er wurde Chemiker und Privatdozent an der Technischen Hochschule in Karlsruhe. Vermutlich hätte auch er von sich reden gemacht, doch die Zeit, die ihm für eine wissenschaftliche Karriere blieb, war sehr kurz. Der Erste Weltkrieg begann, als Alfred einunddreißig Jahre alt war. Er wurde zum Kriegsdienst herangezogen und starb im Dezember 1918 mit nur fünfunddreißig Jahren. 1884 folgte die Geburt von Fritz, der in die Fußstapfen seines Vaters trat und Mathematik-Professor in Breslau wurde. Spätestens seit dem Ende des Ersten Weltkrieges stand er dem Kommunismus nahe, war aber politisch kaum aktiv. 1933 emigrierte Fritz in die Sowjetunion, wo er 1938 aufgrund gefälschter Beweise inhaftiert und 1941 hingerichtet wurde. Der 1889 geborene Gustav Robert schließlich war geistig behindert und lebte in einer Therapieeinrichtung. Nach dem Tod des Vaters war Emmy Noether als sein Vormund für ihren jüngsten Bruder verantwortlich. Gustav Robert starb 1928.

*Die Geschwister Noether: Robert, Emmy, Fritz
und Alfred, vor 1918.*

Kindheit und Jugend Emmy Noethers

Emmy war die einzige Tochter im Hause Noether. Zu ihrem
Glück legten ihre Eltern Wert darauf, dass nicht nur Emmys Brüder, sondern auch sie selbst in ihren Lernbestrebungen gefördert
wurde. Wie für die meisten Mädchen aus dem gehobenen und
akademisch gebildeten Bürgertum begann ihre schulische Ausbildung mit dem Besuch der Höheren Töchterschule in Erlangen, wo Emmy im Alter von sieben Jahren gleich in die zweite
Klasse eingeschult wurde. Schwerpunkt dieser Schule waren die
Fächer Französisch und Englisch. Geschichte und Literatur nahmen ebenfalls einen vergleichsweise großen Raum ein. Physik
und Chemie lernte Emmy auf einem erstaunlich hohen Niveau.
Der Mathematikunterricht kam dagegen nicht über den Stoff
hinaus, der heute in der gymnasialen Unterstufe gelehrt wird.

Emmy Noether ließ in dieser Zeit noch nichts von ihrem mathematischen Talent ahnen.

Man weiß leider nur sehr wenig über ihre Jugend. Eine Klassenkameradin berichtete später über sie:

> *»Emmy war als Kind keine Ausnahmeerscheinung. Wenn sie auf dem Schulhof in der Fahrstraße mit Gleichaltrigen spielte, fiel sie wahrscheinlich nicht sonderlich auf – ein kurzsichtiges, unscheinbares kleines Mädchen, aber nicht ohne Charme. Ihre Lehrer und Mitschüler kannten Emmy als kluges, freundliches und sympathisches Kind. Sie lispelte leicht und gehörte zu den wenigen, die den Unterricht in jüdischer Religion besuchten.«*[8]

Es wird auch berichtet, dass Emmy Noether als Jugendliche eine begeisterte Tänzerin war und die Gesellschaften liebte, die die Universitätskollegen ihres Vaters untereinander gaben. Wie sie zu ihrem Klavierunterricht stand, der in den Kreisen der Familie fast schon obligatorisch war, ist nicht bekannt. Zumindest in späteren Jahren war sie eine leidenschaftliche Schwimmerin.

Als Emmy Noether 1897 mit fünfzehn Jahren die Höhere Töchterschule verließ, gab es für sie keine Aussicht auf eine wissenschaftliche oder mathematische Ausbildung an einer Universität. Die einzige Möglichkeit für sie, jemals einen Hörsaal betreten zu dürfen, führte über den Status als Gasthörerin ohne Rechte auf Prüfungen. Um auf diese Weise studieren zu können, musste jedoch jeder Professor einzeln um seine Zustimmung gebeten werden. Emmys fortschrittlich denkender Vater Max Noether war einer der wenigen Professoren in Deutschland, die diese Möglichkeit bereits unterstützten. 1896 hatte er die ersten drei Frauen als Gasthörerinnen an seiner Universität zugelassen.

Welchen Weg sollte die fünfzehnjährige Emmy einschlagen? Die Wahl fiel auf die Ausbildung zur Lehrerin. Da die Zulassung zur Lehrerinnenprüfung frühestens mit achtzehn Jahren mög-

lich war und die Teilnahme an den Seminaren für die Prüfungs-
zulassung nicht zwingend vorgeschrieben war, hatte Emmy
Noether nun drei Jahre Zeit, sich privat im Selbststudium vorzubereiten. Im Jahr 1900 legte sie, nun achtzehn Jahre alt, innerhalb von vier Tagen die bayerische Staatsprüfung für Lehrerinnen
in den Fächern Englisch und Französisch für Mädchen ab. Sie
bestand die schriftlichen und mündlichen Prüfungen mit der
hervorragenden Durchschnittsnote von 1,2.

Wo und wie sie für die Lehrerinnenprüfung lernte, lässt sich
heute nicht mehr ermitteln. Einen Hinweis gibt Emmy Noethers
Antrag auf Zulassung als Gasthörerin an der Universität Göttin-
gen, den sie zum Wintersemester 1900/01 stellte. Darin verweist
sie auf mathematische Kenntnisse, die sie unter anderem beim
Gymnasiallehrer ihrer Brüder, Dr. Ernst Schöner, sowie bei dem
Reallehrer Dr. Christian Mäule in Stuttgart erworben habe[9].
Ernst Schöner war allerdings erst 1899 nach Erlangen gekom-
men, und in Stuttgart, wo Mäule unterrichtete, finden sich keine
Spuren von Emmy Noether.

Die Frage der Motivation

Statt sich nach bestandener Lehrerinnenprüfung nun um eine
Stelle an den in Frage kommenden Schulen zu bewerben, begann
Emmy Noether sofort zum Wintersemester 1900/01 ein Studium
in Erlangen. Hier besuchte sie einige Semester lang Vorlesungen
in Mathematik, Romanistik und Geschichte. Für Frauen war
allerdings zu jener Zeit nirgendwo in Deutschland ein offizieller
Status als Studentin vorgesehen. Um als Gasthörerin an Vorlesungen teilnehmen zu dürfen, musste man als Frau wie schon
erwähnt jeden Professor einzeln um Erlaubnis bitten – nur die
wenigsten waren hierzu bereit. Und auch dann, wenn eine Frau
einen wohlgesonnenen Professor gefunden hatte, war mit dessen
Zusage kein Anspruch auf Prüfung verbunden.

Emmy Noether hatte offenbar keine Schwierigkeiten, in ihrer Heimatstadt Erlangen, wo ihr Vater Max Noether Mathematik-Professor war, einige Zusagen zu bekommen. Sie hatte bereits einige Semester studiert, als eine 1903 wirksam gewordene Gesetzesänderung es Frauen dann ermöglichte, sich an bayerischen Universitäten auch offiziell als Studentin einzuschreiben. Bayern war damit eines der weltweit ersten Länder, in denen Frauen das Studium ohne Einschränkung gestattet wurde. Diese Entwicklung war ein Glücksfall für Emmy Noether, denn Erlangen war eine bayerische Stadt. Allerdings tat sich nun ein weiteres Hindernis auf: Man musste das Abitur vorweisen, um als prüfungsberechtigt zum Studium zugelassen zu werden. Doch immer noch gab es keine Schulen für Mädchen, die zum Abitur führten. Emmy Noether musste also Privatunterricht nehmen, um sich auf die Hochschulreife vorzubereiten. Ihr zwei Jahre jüngerer Bruder Fritz hatte Emmy mittlerweile eingeholt, sodass sie gemeinsam lernen konnten. Beide legten ihr Abitur 1903 ab, Fritz in Erlangen, während sich Emmy als Externe am Königlichen Realgymnasium in Nürnberg prüfen lassen musste.

Spätestens jetzt entschied Emmy Noether, sich ernsthaft der Mathematik zuzuwenden. Dieses Thema hatte ihre Kindheit und Jugend geprägt, doch der Entschluss, sich als Frau um die Jahrhundertwende voll und ganz diesem Fach zu widmen, brauchte mehr Motivation. Wann und warum beschloss sie also, Mathematik zu studieren, statt Lehrerin zu werden?

Es ist möglich, dass Emmy Noether dieses Ziel schon mit fünfzehn Jahren ins Auge gefasst hatte und durch ihre Ausbildung zur Lehrerin lediglich ihre Chancen erhöhen wollte, als Gasthörerin an einer Universität zugelassen zu werden. Denn eine der drei Gasthörerinnen bei ihrem Vater war Emmy Noethers Französischlehrerin in der 3. und 4. Klasse gewesen. Deren Status als Lehrerin mit mehrjähriger Berufserfahrung hatte sich für sie als Türöffner für das Mathematik-Studium erwiesen.

Emmy Noether war sicher auch schon früh klar, dass es für sie aufgrund ihrer jüdischen Herkunft schwierig sein würde, als Lehrerin eine Anstellung zu finden, da die Schulen zumeist entweder katholisch oder evangelisch geprägt waren.

Die meisten ihrer Biografen gehen davon aus, dass Emmy Noether ursprünglich eine Lehrtätigkeit an einer Mädchenschule aufnehmen wollte (eine Tätigkeit als Lehrerin an einer Schule für Jungen war undenkbar) und sich erst später für ein Mathematik-Studium entschied. Für diese Annahme spricht unter anderem, dass sie als Gasthörerin an der Universität Erlangen nicht nur Vorlesungen in Mathematik, sondern auch in Romanistik und Geschichte besuchte.

Emmy Noethers Entschluss, Mathematik zu studieren, könnte auch mit ihrem Bruder Fritz und dessen Studienwahl zusammenhängen. Trotz des nur unzureichenden Mathematik-Unterrichts in ihrer Schule hatte Emmy bei den gemeinsamen Abiturvorbereitungen keine Schwierigkeiten, mit ihrem Bruder mitzuhalten. Als Fritz sich für ein Mathematik-Studium entschied, wollte sie vielleicht demonstrieren, dass sie ihm in mathematischen Dingen zumindest ebenbürtig, wenn nicht gar überlegen war.

Welche Motivation Emmy Noethers Zuwendung zur Mathematik genau zugrunde lag, ist der heutigen Quellenlage nicht eindeutig zu entnehmen. Weniger spekulativ ist die Annahme, dass Emmy Noethers Plan von ihrer Familie unterstützt wurde – nicht nur, weil Vater Max Noether sich über eine an Mathematik interessierte Tochter gefreut haben dürfte. Gerade in den assimilierten jüdischen Familien des Deutschen Kaiserreichs gab es eine große Bereitschaft, auch den Töchtern eine Ausbildung an einer Universität zu ermöglichen. Dies zeigen die Zahlen für das Deutsche Reich: Der Anteil der Studentinnen jüdischer Konfession an der Gesamtzahl der studierenden Frauen war 1911/12 mehr als zehn Mal so groß wie der jüdische Bevölkerungsanteil insgesamt.

Ein langer Weg voller Hindernisse

Mit Besuch und Abschluss der Höheren Töchterschule war Emmy Noether noch innerhalb der Grenzen unterwegs gewesen, die im Deutschen Kaiserreich für Frauen galten. Emmys Ausbildung zur Lehrerin stellte bereits eine Abweichung von der Norm dar. Denn wer als Lehrerin an einer Schule unterrichtete, durfte nicht heiraten. Seit 1879 galt für alle Beamtinnen das sogenannte »Lehrerinnen-Zölibat«, und Frauen, die heirateten, mussten den Dienst quittieren. Erst nach dem Ersten Weltkrieg kam vieles in Bewegung: 1918 wurde das Frauenwahlrecht eingeführt und 1919 das Lehrerinnen-Zölibat gestrichen. Nach nur vier Jahren, 1923, wurde es jedoch wieder eingeführt, um männlichen Kollegen, die nun mit ihrer nach dem Krieg begonnenen Ausbildung fertig waren, Stellen zu verschaffen. Erst ab 1951 war es einer Lehrerin wieder gestattet, auch als Ehefrau ihrer Arbeit nachzugehen. Ob sie allerdings einen Mann fand, der ihr die damals noch benötigte Erlaubnis gab, ihren Beruf auch nach der Heirat weiter auszuüben, stand auf einem anderen Blatt.

In einer Gesellschaft, für die eine Frau in erster Linie Hausfrau und Mutter zu sein hatte, stand eine Lehrerin also im Abseits. Mit Abitur und Einschreibung zum Studium befand sich Emmy Noether endgültig außerhalb der Konventionen. Ab jetzt war jeder Schritt ein Kampf gegen die männliche Dominanz. Die Zeiten waren zwar im Umbruch, der Druck auf Universitäten, Schulen und Ministerien, Frauen zu Abitur und Studium zuzulassen, wuchs weiter an, und die Mauer, die Frauen von höherer Bildung und von den Universitäten trennte, bekam zunehmend Risse. Doch bis aus Einzelfällen Normalität wurde, dauerte es ein Jahrzehnt und länger.

1895 war die deutsche SPD-Politikerin Hildegard Wegscheider als erste Deutsche an einem preußischen Gymnasium per Sondergenehmigung zum Abitur zugelassen worden. Im damals noch existierenden Königreich Bayern war es Margarete Schüler, die 1897 als erste Frau die Erlaubnis erhielt, am humanistischen Neuen Gymnasium in Nürnberg das Abitur abzulegen. Später promovierte sie als Medizinerin in München, wieder als erste Frau. Erst die preußische Mädchenschulreform von 1908 legte fest, dass Frauen Abitur machen dürften.

Der Widerstand gegen die Zulassung von Frauen zum Studium war besonders groß. Teilweise wurde in der Professorenschaft ein idealisiertes Frauenbild vorgeschoben. So meinte 1872 der Anatom Theodor Bischoff, ordentlicher Professor für Anatomie und Physiologie in München:

> *»Es fehlt dem weiblichen Geschlechte nach göttlicher und natürlicher Anordnung die Befähigung zur Pflege und Ausübung der Wissenschaften und vor Allem der Naturwissenschaften und der Medicin. Die Beschäftigung mit dem Studium und der Ausübung der Medicin widerstreitet und verletzt die besten und edelsten Seiten der weiblichen Natur, die Sittsamkeit, Schamhaftigkeit, Mitgefühl und Barmherzigkeit, durch welche sich dieselbe vor der männlichen auszeichnet.«*[10]

Die bereits erwähnte Hildegard Wegscheider berichtet in ihren Memoiren von einer ganz anderen Ebene der Argumentation. Als sie den Dekan der Berliner philosophischen Fakultät, Heinrich von Treitschke, um die Genehmigung als Gasthörerin bat, bekam sie die Antwort:

> *»Ein Student, der sich nicht besaufen kann? Unmöglich!«*[11]

Eine Reichstagspetition, die 1891 die Zulassung von Frauen an allen deutschen Universitäten forderte, wurde nach den Erinnerungen der in Zürich promovierten Ärztin Franziska Tiburtius mit »ungeheurer Heiterkeit« entgegengenommen und selbstverständlich abgelehnt. Doch trotz aller Einwände mussten sich die

Universitäten dem Druck beugen und Frauen zum Studium zulassen. Den Anfang machte 1900 das Großherzogtum Baden, in dem Frauen rückwirkend zum Wintersemester 1899/1900 zugelassen wurden. Es folgten Bayern 1903, Württemberg 1904, Sachsen 1906, Thüringen 1907, Hessen und Preußen 1908. Die letzte Hochburg war Mecklenburg, das seine Tore den Frauen zum Sommersemester 1909 öffnete.

In der BRD entschied bis 1958 der Ehemann darüber, ob seine Frau arbeiten durfte oder nicht. Er konnte jederzeit den Arbeitsvertrag nach eigenem Ermessen kündigen. Diese Macht erstreckte sich auch auf die finanziellen Belange: So wie über das Vermögen, das seine Frau vor der Ehe besessen hatte, verfügte der Ehemann auch über ihr Gehalt. Das Gleichberechtigungsgesetz von 1958 änderte diese Praxis: Jetzt wurde Frauen ein eigenes Konto zugestanden. Der Gesetzestext enthielt aber eine Einschränkung. Darin heißt es: Die Frau führt den Haushalt in eigener Verantwortung. Sie ist berechtigt, erwerbstätig zu sein, »soweit dies mit ihren Pflichten in Ehe und Familie vereinbar ist«. Erst die Reform des Ehe- und Familienrechts von 1977 brachte diese Formulierung zu Fall.

Emmy Noether lebte also in einer turbulenten Zeit. Nicht nur alte Mathematik und alte Physik kamen zu Fall und mussten neu aufgebaut werden. Auch das gesellschaftliche Miteinander war im Umbruch. Je mehr sich abzeichnete, dass bildungshungrige Frauen sich nicht mehr in alte Rollenbilder fügen würden, desto vehementer wehrten sich männliche Kollegen bewusst oder unbewusst dagegen, ihre Privilegien zu verlieren. Emmy Noether musste bis auf die letzten eineinhalb Jahre vor ihrem Tod damit leben, ständig zurückgesetzt und übergangen zu werden. Für ihre Selbsteinschätzung hatte dies aber keine Bedeutung, sie war allein an der Mathematik interessiert. Mit unglaublicher mentaler Stärke fräste sich Emmy Noether geradezu ihren Weg durch Widerstände und fachliches Gestrüpp, beschämte ihre Kollegen durch ihr Können und ihre Zähigkeit und fand in ihren

Studenten, die aus aller Welt zu ihr kamen und ihre Gedanken zurück in ihre Heimat nahmen, die größtmögliche Zuneigung und Wertschätzung.

Emmy Noethers Bruder Fritz

Neben ihrem Vater Max hatte auch die enge Beziehung zu ihrem zwei Jahre jüngeren Bruder Fritz einen großen Einfluss auf Emmy Noethers Leben und Werk. Beide machten 1903 Abitur und begannen im Wintersemester 1904/05 ihr Mathematik-Studium in Erlangen – Emmy nach ihrer Rückkehr aus Göttingen und einer ausgestandenen Krankheit, Fritz nach seinem einjährigen Militärdienst. Die Geschwister teilten nicht nur die Liebe zur Mathematik, sondern auch ähnliche politische Ansichten. Emmy wurde Mitglied der sozialistischen Partei und später der USPD, die sich 1917 von der SPD abgespalten hatte. Fritz stand dem Kommunismus nahe und bewunderte insbesondere Lenin; ein Mitglied der KPD war er jedoch nicht.

Fünf Semester blieb Fritz Noether an der Universität in Erlangen, wo auch sein Vater lehrte. Neben der Mathematik interessierten ihn Geologie, Philosophie und Physik. Ab 1907 studierte und forschte Fritz Noether vier Semester in München, wo er eng mit Arnold Sommerfeld zusammenarbeitete, der etwa zehn Jahre später auch die Quantenrevolutionäre Werner Heisenberg und Wolfgang Pauli ausbildete.

1909 promovierte Fritz Noether bei Aurel Edmund Voss zu einem Thema, das ebenfalls starke Bezüge zur theoretischen Physik hatte; der Titel seiner Doktorarbeit lautete: »Über rollende Bewegung einer Kugel auf Rotationsflächen«. Sie enthielt bereits die Differentialgleichungen für die Bohr'schen Bedingungen, die kurz darauf so wichtig für die Quantenphysik wurden.

Fritz Noethers weiteren Weg als Wissenschaftler beeinflusste der eben genannte Arnold Sommerfeld stark. Dieser war seit

1906 Professor in München und hatte Fritz Noether im Rigorosum im Fach theoretische Physik geprüft; ihm dankt Fritz
Noether auch in seiner Dissertation für wertvolle Anregungen.
In den folgenden Jahren entwickelte sich eine enge Zusammenarbeit zwischen beiden. Sommerfeld war ein Schüler von Felix
Klein und David Hilbert – die im Leben Emmy Noethers beide
eine bedeutende Rolle spielten – und wurde zusammen mit
Niels Bohr, Max Planck und Albert Einstein zu einem der Weg-
bereiter der modernen theoretischen Physik. Einundachtzig Mal
wurde er für den Physik-Nobelpreis vorgeschlagen, häufiger als
bis heute jeder andere Physiker, doch erhielt er ihn nie. In dem
von Felix Klein und Arnold Sommerfeld herausgegebenen Standardwerk *Über die Theorie des Kreisels* von 1910 trägt Teil 4, »Die
technischen Anwendungen der Kreiseltheorie«, den Vermerk:
»Vorbereitet zur Veröffentlichung und ergänzt von Fritz Noether«.
Auch das Vorwort Sommerfelds nennt Fritz Noether als zentralen
Mitarbeiter.[12] Sommerfeld war es auch, der Fritz Noether auf das
außerordentlich schwierige Problem der genauen Bestimmung
des Übergangs einer Flüssigkeit von laminarer Strömung zu tur-
bulenter Strömung brachte. Dies beinhaltete ein schwieriges
Thema der Quantentheorie, den anomalen Zeeman-Effekt. So
wurde Fritz Noether in den 1920er-Jahren zu einem Experten der
Quantentheorie, die zu jener Zeit noch ohne Fundament war.

Nach der Promotion verbrachte Fritz die nächsten zwei Jahre
in Göttingen. 1911 ging er nach Karlsruhe, wo ihm an der Technischen Hochschule eine Assistentenstelle angeboten worden
war, und reichte dort im Sommer desselben Jahres seine Habilitationsschrift *Über den Gültigkeitsbereich der Stokes'schen
Widerstandsformel* ein. Mit seiner Habilitation erhielt er das
Recht, eigene Vorlesungen zu halten. In diesem Jahr heiratete
Fritz Noether Regina Maria Würth. Ihre beiden Söhne Hermann
und Gottfried wurden 1912 und 1915 geboren.

Zu Beginn des Ersten Weltkrieges diente Fritz Noether an der
deutsch-französischen Front. Eine Verwundung rettete ihn ver-

mutlich vor dem Schicksal, eines von unzähligen Opfern des Grabenkrieges zu werden. Er wurde von der Front abgezogen und bekam die Aufgabe, sich mit Ballistik zu beschäftigen. Doch so wie allen Menschen, die den Weltkrieg miterleben mussten, fehlten ihm die vier Jahre schmerzlich. Es waren Jahre ohne akademische Arbeit und Veröffentlichungen. Nach Kriegsende 1918 kehrte Fritz Noether an die Technische Hochschule Karlsruhe zurück, wo er zum außerordentlichen Professor befördert wurde. 1921 ließ er sich für ein Jahr beurlauben, um im Berliner Unternehmen Siemens zu arbeiten. Er kehrte nicht wie geplant an die Technische Hochschule Karlsruhe zurück, da er 1922 auf einen Lehrstuhl für Höhere Mathematik und Mechanik an der Universität Breslau berufen wurde. Dort blieb er bis zu seiner Flucht vor den Nationalsozialisten elf Jahre später.

Einige der Aussagen Heisenbergs, die dieser in seiner im Juli 1923 an der Universität München eingereichten Dissertation *Über die Stabilität und Turbulenz von Flüssigkeitsströmungen* geäußert hatte, hielt Fritz Noether nicht für schlüssig. Auf einer gemeinsamen Tagung der Deutschen Mathematischen Gesellschaft und der Deutschen Ingenieurgesellschaft im September 1923 machte Fritz Noether seine Einwände in Marburg öffentlich. In der 1926 publizierten Fassung dieses Vortrags schreibt er:

> »Ohne auf die Einzelheiten von Heisenbergs Behandlung einzugehen, möchte ich hier nur erwähnen, dass er sich einer eher zweifelhaften Erweiterung der ›Übergangssituationen‹ bediente, die von Hopf für einen speziellen Fall vorgeschlagen wurde, und dass er bestimmte Annahmen aus Rayleighs Studien über reibungsfreie Strömungen übernimmt, die selbst in Rayleighs Fall nicht als vertretbar angesehen werden können.«[13]

Die wissenschaftliche Auseinandersetzung zwischen Fritz Noether und Heisenberg schwelte noch mehrere Jahrzehnte – weit über

Fritz Noethers Tod hinaus. Im Jahr 1952 nahm Heisenberg auf dem Internationalen Kongress der Mathematiker in Cambridge, USA, auf diesen Konflikt noch einmal Bezug:

> *Das Papier von [Fritz] Noether, das zu seiner Zeit die ganze Theorie der Instabilität verdächtig gemacht hatte, scheint einen Fehler zu enthalten, aber der Fehler ist noch nicht gefunden worden.«*

Es dauerte weitere Jahre, bis Heisenbergs Aussagen korrekt erfasst und bewiesen werden konnten.

Bis in die frühen 1930er-Jahre wurde Fritz Noethers Leben durch seine Bilderbuch-Karriere bestimmt. Er hatte geheiratet und eine Familie gegründet; die vier verlorenen Jahre des Ersten Weltkrieges lagen weit zurück. Mit der Machtergreifung der Nationalsozialisten 1933 änderte sich das schlagartig. Das am 7. April 1933 verabschiedete »Gesetz zur Wiederherstellung des Berufsbeamtentums« zwang Juden aus dem öffentlichen Dienst und damit auch aus den Universitäten. Paragraf 3, der sogenannte »Arierparagraf«, enthielt jedoch eine Ausnahmeklausel für diejenigen, die im Ersten Weltkrieg gedient hatten. Fritz Noether konnte also zunächst bleiben, doch schon am 26. April 1933 beschwerte sich eine Gruppe nationalsozialistisch gesinnter Studenten beim Rektor der Universität Breslau, dass Fritz Noethers Zugehörigkeit zum Lehrkörper »in hohem Maße dem arischen Grundsatz widerspricht«. Fritz Noether protestierte ohne Erfolg. Um die Situation zu beruhigen, verzichtete er auf seine Vorlesungen. Dieses Zugeständnis war den Studenten nicht genug, sie beschuldigten Fritz Noether, linke politische Ziele zu verfolgen, die Liga für Menschenrechte aktiv zu unterstützen und andere »Verbrechen« zu begehen. Obwohl Fritz Noether Einspruch einlegte und kategorisch erklärte, dass er nie politisch aktiv gewesen sei, wusste er, dass seine Entlassung unmittelbar bevorstand. Denn auch wenn er dem Gesetz nach als Teilnehmer des Ersten Weltkrieges geschützt war, bestimmte Paragraf 4 des neuen Gesetzes, dass jeder entlassen werden konnte, der »nicht jederzeit rückhaltlos für den Nationalstaat eintrat«. Die Betroffenen mussten in diesem Fall mit 75 Prozent ihrer Pension auskommen.

Fritz Noether bemühte sich noch, auf eine andere Stelle versetzt zu werden. So hoffte er, zumindest seinen Ruf als loyaler Deutscher sowie seine Pensionsansprüche zu retten. Doch es erwies sich für ihn als Juden als unmöglich, innerhalb des deutschen Einflussgebietes eine andere Stelle im öffentlichen Dienst zu finden. Auch die freie Wirtschaft, in der er ja in den 1920er-Jahren schon einmal gearbeitet hatte, bot ihm keine Arbeitsmöglichkeit mehr. 1934 wurde Fritz Noether klar, dass es für ihn und seine Familie keine Zukunft in Deutschland gab.

Wie so viele Menschen, die in jener Zeit zur Emigration gezwungen wurden, stand Fritz Noether vor der Entscheidung: Westen oder Osten? Seine Schwester Emmy, die zu dieser Zeit schon in die USA emigriert war, versuchte, ihn zu sich zu holen, aber Fritz Noether entschied sich, mit seiner Frau und seinen beiden Söhnen in die Sowjetunion zu emigrieren. Dort wurde er mit offenen Armen aufgenommen und bekam eine Professur am Institut für Mathematik und Mechanik an der Universität Tomsk. Seine in Deutschland erworbenen Pensionsansprüche wurden ihm mit der Emigration umgehend gestrichen, doch sein Leben und das seiner Familie war vorerst gerettet. 1935 erkrankte seine Frau an einer schweren Depression und kehrte nach Deutschland zurück, wo sie kurz darauf starb. Die beiden Söhne Fritz Noethers blieben bei ihrem Vater in Tomsk.

In der Sowjetunion war Fritz Noether weiter produktiv. In den späten 1930er-Jahren entwickelte er Operatoren, die für die Funktionalanalysis von fundamentaler Bedeutung sind. Benannt sind sie nach dem schwedischen Mathematiker Ivar Fredholm (»Fredholm-Operatoren«), im russischen Sprachraum sind sie dagegen als »Noether'sche Operatoren« bekannt.

Doch auch in der Sowjetunion hatte Fritz Noether unter dem dort herrschenden Judenhass zu leiden. Seine Position in Russland war völlig ungeschützt. Im Juli 1936 konnte er noch am Internationalen Mathematikerkongress in Oslo teilnehmen und seine Arbeit *Über elektrische Drahtwellen* vorstellen. Er war der einzige Vertreter seiner neuen Heimat Russland; zehn weitere russische Mathematiker waren zwar gemeldet, hatten aber offenbar nicht ausreisen dürfen. Vermutlich hatte Fritz Noether nur nach Norwegen reisen können, weil er noch seinen deutschen Pass besaß. Dieser wurde ihm erst 1938 von den Nationalsozialisten aberkannt.

Am 22. November 1937 wurde Fritz Noether im Zuge einer der vielen Säuberungsaktionen unter Stalin in seiner Tomsker Wohnung vom Geheimdienst NKWD verhaftet. Ihm wurde vorgeworfen, ein deutscher Spion zu sein, der die russische Rüstungsindustrie ausspioniert und sabotiert hätte. Am 13. Oktober 1938 wurde er zu fünfundzwanzig Jahren Gefängnis verurteilt und in der Folge sein gesamter Besitz eingezogen. Lange Zeit wusste niemand aus seiner Familie, ob Fritz Noether noch am Leben war. Seine Söhne Hermann und Gottfried, die erst nach Schweden geflohen und 1939 in die USA emigriert waren, bemühten sich viele Jahre um die Aufklärung des Schicksals ihres Vaters. Erst als sich 1988 unter Gorbatschow die UdSSR zu öffnen begann, erhielt einer der beiden noch lebenden Söhne ein Schreiben von Andrei Parastaev, dem Ersten Sekretär in der Botschaft der UdSSR in Washington, D.C. Dieser Brief offenbarte das tragische Lebensende Fritz Noethers.

»Sehr geehrter Herr Dr. Noether, ich schreibe Ihnen, um Ihnen mitzuteilen, dass das Plenum des Obersten Gerichtshofs der UdSSR am 22. Dezember 1988 ein Dekret Nr. 308-88 (siehe Anlage) erlassen hat, in dem es feststellt, dass Ihr Vater, Professor Fritz Noether, aufgrund unbegründeter Anschuldigungen verurteilt worden war, und sein Urteil auf-

hebt, wodurch er vollständig rehabilitiert wird. Am 23. Oktober 1938 wurde Professor Noether der angeblichen Spionage für Deutschland und der Sabotage für schuldig befunden und in Nowosibirsk zu 25 Jahren Gefängnis verurteilt. Er verbrachte die Zeit in verschiedenen Gefängnissen. Am 8. September 1941 verurteilte das Militärkollegium des Obersten Gerichts der UdSSR Professor F. Noether wegen antisowjetischer Agitation zum Tode. Er wurde am 10. September 1941 in Orel erschossen. Sein Begräbnisort ist unbekannt. Bitte nehmen Sie mein tiefes Mitgefühl an, obwohl ich verstehe, dass keine Worte Ihren Schmerz lindern können.«

In der Forschung ist das in diesem Brief genannte Datum von Fritz Noethers Tod umstritten. Man kann aber davon ausgehen, dass seine Ermordung mit dem Bruch des Nichtangriffspaktes zwischen Deutschland und der Sowjetunion zusammenhängt – am 22. Juni 1941 begann der Einmarsch deutscher Soldaten in die Sowjetunion. So war Fritz Noether, wie so viele seiner Zeitgenossen, gleich zweimal Opfer der damals herrschenden Diktaturen in Europa geworden: Hitlers Deutschland hatte ihn um seine berufliche Existenz gebracht, Stalins Russland hatte ihn »ausradiert«.

Den beiden Söhnen Fritz Noethers gelangen akademische Karrieren als Statistiker und Chemiker. Gottfried starb 1991, Hermann 2007. Emmy Noether war bereits 1935 gestorben. Sie musste das Schicksal ihres Bruders, mit dem sie die Liebe zur Mathematik teilte, nicht miterleben.

3

AUSSERHALB JEDER NORM

Studium, Promotion und erste
wissenschaftliche Erfolge

> »Meeting Emmy Noether was
> one of the great things in my life.«[14]
> OLGA TAUSSKY

Nach ihrem im Juli 1903 bestandenen Abitur hätte Emmy
Noether ihren Status als Gasthörerin endlich hinter sich lassen
und sich in Erlangen als prüfungsberechtigte Studentin immat-
rikulieren können. Stattdessen traf sie eine überraschende Entscheidung: Zum Wintersemester 1903/04 wechselte sie ins
preußische Göttingen. Dort war noch alles beim Alten: Ob mit
oder ohne Abitur – Frauen waren höchstens als Gasthörerinnen
geduldet. Warum blieb Emmy Noether nicht in Erlangen und
machte von den nun in Greifweite gerückten Möglichkeiten
Gebrauch? Warum musste es Göttingen sein?

Die Göttinger Universität *Georgia Augusta* hatte 1737 den Stu-
dienbetrieb aufgenommen; einer der ursprünglich fünf Lehrstühle der philosophischen Fakultät war der Mathematik
gewidmet. In den folgenden Jahrzehnten wirkten hier bedeutende Mathematiker von Weltruf und mehrten den Ruf der
Universität. Felix Klein, Koryphäe auf dem Gebiet der nichteuklidischen Geometrie und seit 1886 Professor an der *Georgia
Augusta*, erwies sich als ein würdiger Nachfolger von Größen
wie Carl Friedrich Gauß und Bernhard Riemann. Es war Klein

wichtig, die reine Mathematik mit ihren Anwendungsmöglichkeiten in den Naturwissenschaften und in der Technik zu verbinden, und so hatte er in diesem Sinne die Einrichtung neuer Lehrstühle für mathematische Teilbereiche vorangetrieben – zum Beispiel den für angewandte Mathematik 1904. Er sorgte auch für eine der Forschung förderliche Infrastruktur in Form einer bestens ausgestatteten mathematischen Bibliothek. Eine seiner besten Entscheidungen war es, 1895 seinen dreizehn Jahre jüngeren Kollegen David Hilbert nach Göttingen zu holen. Gemeinsam bauten Klein und Hilbert die mathematische Fakultät zu einem internationalen Zentrum der Mathematik aus. Aus aller Welt kamen nun die besten Mathematiker und talentiertesten Studenten nach Göttingen, um hier miteinander zu lernen und ihr Fachgebiet zu neuen Höhen zu entwickeln.

Emmy Noether litt nicht an Selbstzweifeln. In Erlangen hatte es außer ihr unter insgesamt 984 Studenten nur noch eine einzige weitere Frau gegeben. Sie hatte dort bereits einige Semester Mathematik studiert. Fast noch außergewöhnlicher für ihre Zeit war, dass sie trotz aller Widerstände ihr Abitur gemacht hatte. Welche andere zweiundzwanzigjährige Frau in Deutschland konnte diese Bilanz vorweisen? Auch das gemeinsame Lernen mit ihrem Bruder Fritz wird Emmy Noether bestätigt haben, dass sie sehr gut mit den Leistungen junger Männer mithalten konnte. So mag es für sie selbstverständlich gewesen sein, dass nun nur noch Göttingen für sie als Studienort in Frage kam. Dass Felix Klein, der Leiter der Göttinger Mathematik, ein guter Freund von Emmy Noethers Vater war, könnte ebenfalls zu ihrer Entscheidung beigetragen haben.

Dass sie wieder nur mit Zustimmung der Professoren zum Studium zugelassen werden konnte, war an Emmy Noethers Wunschuniversität kein überwindliches Problem, denn anders als die Professoren anderer Universitäten waren die Göttinger Mathematiker bekannt dafür, dass sie Frauen durchaus eine Sondergenehmigung erteilten. Einige ihrer Gasthörerinnen, die ihrem Status nach keinerlei Recht darauf hatten, von ihren Professoren geprüft zu werden, hatten es bei ihnen sogar bis zur Promotion gebracht: 1874 hatte Sofja Kowalewskaja den Anfang gemacht; und in dem Vierteljahrhundert bis 1900 hatten in Göttingen noch drei weitere Frauen den Doktorgrad in Mathematik erlangt.

Im Wintersemester 1903/04 besuchte Emmy Noether in Göttingen Vorlesungen der besten und berühmtesten Mathematiker ihrer Zeit: Felix Klein, David Hilbert, Hermann Minkowski, Karl Schwarzschild und Otto Blumenthal. Doch dieser »Höhenflug« war nur von kurzer Dauer. Bald machte eine Krankheit es der jungen Frau unmöglich, weiter zu studieren, und nach nur einem Semester kehrte sie nach Erlangen zurück. Um welche Erkrankung es sich handelte, ist nicht bekannt; vermutlich waren Emmy Noethers Probleme psychischer Art. Über eventuelle Auslöser kann man nur spekulieren: Hatte sie sich zu viel vorgenommen und konnte ihre eigenen Erwartungen nicht erfüllen? Wurde sie von Professoren und Kommilitonen in einer Weise ausgegrenzt, wie sie es von ihrer Heimatstadt her nicht gewohnt war? Ihre Rückkehr nach Erlangen muss sich wie ein Scheitern angefühlt haben. Dass die Göttinger Großmeister Klein und Hilbert Emmy Noether zwölf Jahre später bitten würden, an die *Georgia Augusta*-Universität zurückzukehren, und sie dort Triumphe feiern würde, konnte zu dieser Zeit niemand ahnen.

In ihrer Heimatstadt Erlangen legte Emmy Noether den Sommer über eine Pause ein und nahm zum Wintersemester 1904/05 ihr Mathematik-Studium an der Erlanger Universität wieder auf; dieses Mal nicht als geduldete Gasthörerin, sondern als eingeschriebene Studentin – unter sechsundvierzig Kommilitonen war sie die einzige Frau. Durch das Semester in Göttingen und ihre Krankheit hatte Emmy Noether ein Jahr verloren. Deshalb studierte sie nun zusammen mit ihrem Bruder Fritz, der in der Zwischenzeit seinen Militärdienst abgeleistet hatte. Fünf Semester lang hörten die Geschwister gemeinsam Vorlesungen, unter anderem bei ihrem Vater Max Noether, und arbeiteten vermutlich auch miteinander an mathematischen Problemen.

Eine langwierige Übung: die Dissertation

Nach dem stockenden Anlauf nahm Emmy Noethers Studium nun Fahrt auf. Während Fritz im Sommersemester 1907 nach München wechselte und dort zwei weitere Jahre bis zu seiner Promotion studierte, blieb Emmy in Erlangen und wurde bereits zum Ende dieses Jahres promoviert. Ihr Doktorvater war Paul Gordan, neben Max Noether der einzige weitere ordentliche Mathematik-Professor in Erlangen. Das Rigorosum fand am 13. Dezember 1907 statt, ihre Doktorarbeit wurde mit der Höchstnote *summa cum laude* bewertet.

Emmy Noether war die zweite Deutsche und die neunte Frau überhaupt, der in Deutschland die Promotion in Mathematik gelungen war. Die erste Deutsche war 1895 Marie Gernet gewesen, die in Heidelberg bei Leo Koenigsberger, einem Spezialisten für Infinitesimalrechnung, promoviert hatte. Die sieben übrigen Frauen waren allesamt Ausländerinnen, die im weltoffenen Göttingen den Doktorgrad erreicht hatten; neben Sofja Kowalewskaja handelte es sich um drei weitere Russinnen sowie zwei Amerikanerinnen und eine Engländerin. Dass Emmy Noethers Doktorarbeit 1908 im *Journal für die reine und angewandte Mathematik* publiziert wurde, war eine besondere Würdigung ihrer Leistung.

In ihrer Dissertation *Über die Bildung des Formensystems der ternären biquadratischen Form* beschäftigte sich Emmy Noether mit Hilberts Basissatz von 1888. Dieser besagt, dass in mathematischen Formeln mit n Variablen bis zur m-ten Potenz die Menge von Invarianten, auch »Erhaltungsgrößen« genannt, endlich ist. Ob und wie sich die *konkrete Anzahl* der Invarianten einer bestimmten Gleichung ermitteln lässt, war allerdings unbekannt. Emmy Noether sollte mit ihrer Arbeit Licht in dieses Dunkel bringen. (Ein Beispiel dafür findet sich im Anhang in der Rubrik »Expertenwissen«.)

Emmy Noethers Doktorvater Gordan, siebzigjährig und ein Mathematiker alter Schule, verfolgte einen konstruktiven Ansatz und ließ seine Doktorandin rechnerisch – also durch Ausprobieren – nach so vielen Invarianten wie möglich suchen. In einer Art Fleißarbeit fand Emmy Noether für den genannten Gleichungstyp 331 Invarianten. Ihr und auch Gordan war selbstverständlich klar, dass diese Liste nicht vollständig war. Bis heute hat wohl niemand diese Liste, die durch die unermüdliche Berechnung von Zahlenkombinationen entstanden war, erweitert oder auch nur anders als stichprobenartig überprüft.

Von Emmy Noethers Abstraktionsfähigkeit, die sie später zur Mathematikerin von Weltrang machen sollte, war in ihrer Doktorarbeit also noch nicht viel zu erkennen. Sie selbst empfand ihre Dissertation als langweilig. Nachdem sie abgeschlossen war, interessierte Emmy Noether alles konkret Rechnerische immer weniger und zuletzt gar nicht mehr. Viele Jahre später distanzierte Emmy Noether sich sogar von ihrer Doktorarbeit und einigen ihrer folgenden Abhandlungen zu konkreten Invarianten und bezeichnete sie als »Mist« und »Formelgestrüpp«[15]. 1932 kommentiert sie ihre Arbeit zur Dissertation in einem Brief an den Mathematiker Helmut Hasse mit den Worten »ich habe das symbolische Rechnen mit Stumpf und Stiel verlernt« und spricht von »meiner alten, für mich verschollenen Arbeit«.[16]

Generationenwechsel in der Invariantentheorie

Nach ihrer Promotion 1907 blieb Emmy Noether über sieben Jahre am Mathematischen Institut in Erlangen. Damit war sie eine der sehr wenigen Frauen in Europa, die nach ihrer Dissertation weiterhin in der Wissenschaft tätig blieben. Doch während die Arbeit ihrer männlicher Kollegen vergütet wurde, wurde Emmy Noether kein Gehalt angeboten. Dabei leistete sie mehr als andere in ähnlicher Position, denn ihr Vater Max Noether litt zunehmend an den Spätfolgen seiner Polio-Erkrankung – typischerweise treten gerade bei Betroffenen, die ein aktives Leben führen, nach Jahrzehnten Leistungsabfall, Muskelschwäche und diffuse Schmerzen auf. Weil er seine Aufgaben als Mathematik-Professor nur noch eingeschränkt wahrnehmen konnte, unterstützte Emmy Noether ihren Vater in der mathematischen Forschung und als Lehrassistentin bei seinen Vorlesungen. Darüber hinaus betreute sie drei Dissertationen, für die offiziell Max Noether der Doktorvater war.

Bei alldem arbeitete Emmy Noether nicht nur das ab, was von ihr verlangt wurde, sondern wagte sich nach und nach auch in für sie ganz neue Gebiete der Mathematik. Immer weniger konnte sie der eher stupiden Arbeit der exakten Berechnungen von konkreten Gleichungen abgewinnen. Ihr Doktorvater Gordan hatte in seinem Fach lange als »König der Invariantentheorie« gegolten, unter seiner Ägide war dieser Bereich der Mathematik eine rechnerische Disziplin. Doch Gordans beachtliches Lebenswerk war zur Zeit von Emmy Noethers Dissertation längst durch bahnbrechende Erkenntnisse David Hilberts in Göttingen überholt worden. Diesem war es bereits 1890 gelungen, die Invariantentheorie auf eine abstraktere und damit sehr viel tiefer gehende Basis zu stellen. Mit seinem Basissatz hatte er die wichtigsten offenen Probleme der Invariantentheorie auf einen Schlag lösen können.

Gordan war anfangs begeistert von Hilberts Ansatz. Doch sehr schnell distanzierte er sich wieder; Hilberts Berechnungen waren ihm viel zu abstrakt, und er vermisste die konkreten Konstruktionen. Überliefert ist sein Ausspruch, dass Hilberts Ansatz für die Invarianz-Theorie »eher Theologie als Mathematik« darstelle. Aber im Grunde hatte Gordan den neuen Methoden Hilberts nicht viel entgegenzusetzen.

Emmy Noether verdankte ihrem Doktorvater einiges, doch er hatte sie mit seiner altmodischen Art der Forschung zu Invarianten auch ausgebremst. 1914 fand sie für Gordan, der 1910 emeritiert und 1912 gestorben war, daher deutliche Worte:

> »*Aber den auf die Grundlagen gehenden Begriffsentwicklungen ist Gordan nicht gerecht geworden: auch in seinen Vorlesungen hat er alle Grunddefinitionen begrifflicher Art [...] vollständig gemieden.*«[17]

Emmy Noethers Auseinandersetzung mit der Mathematik Hilberts wurde zum ersten Schritt auf ihrem Weg, der sie aus dem sicheren Hafen der anschaulichen und verständlichen Mathematik in eine für den menschlichen Geist kaum noch fassbare Komplexität und Abstraktion führte. Auf diese Weise setzte sie in gewisser Weise auch das Lebenswerk ihres Vaters fort, der ein Fachmann auf dem Gebiet der algebraischen Funktionen war. Das von ihm formulierte Fundamentaltheorem über die Form algebraischer Funktionen wandelte Emmy Noether später in eine viel allgemeinere und abstraktere Version um. Die Mathematikerin und Psychologin Lynn M. Osen, die ab der Mitte des 20. Jahrhunderts daran arbeitete, Frauen in der Wissenschaft Gehör zu verschaffen, schrieb:

> »*In den 1920er-Jahren fügte sie [Emmy Noether] dieses Theorem in ihre allgemeine Theorie der Ideale in beliebigen Ringen ein und trug dazu bei, die axiomatischen und integrativen Tendenzen abstrakter Algebren weiter zu etablieren.*«[18]

1907 hatte Emmy Noether promoviert, und ihre ersten Erfolge beruhten noch zum größten Teil auf der Anwendung klassischer Mathematik. 1909 wurde sie in die Deutsche Mathematiker-Vereinigung DMV aufgenommen und durfte auf deren Jahresversammlung in Salzburg im gleichen Jahr als erste Frau einen Vortrag halten (in den folgenden zwanzig Jahren trug sie insgesamt neun Mal auf DMV-Versammlungen vor – eine hohe Ehre für jeden Mathematiker). In diesem Jahr wurde sie auch in den Circolo Matematico di Palermo aufgenommen, in dem schon ihr Vater Mitglied war.

Emmy Noether war also auch dann schon eine herausragende Mathematikerin, als sie noch in Gordans Spuren unterwegs war. Es reizte sie zunehmend, die ausgetretenen Pfade zu verlassen. Konsequent erweiterte sie in Erlangen ihren mathematischen Horizont und profilierte sich in nur wenigen Jahren als Expertin für die moderne Spielart der Invariantentheorie. Diese Hinwendung zur abstrakten Mathematik hatte für sie einen enormen Entwicklungsschub zur Folge, denn erst auf diesem Gebiet kam ihr Talent zur vollen Entfaltung. In die spätere Erlanger Zeit fallen dann Emmy Noethers Resultate zur Körpertheorie, zur Umkehrung des Galois-Problems und zur Aufstellung einer algebraischen Gleichung zu einer vorgegebenen Gruppe. Auch diese ersten Annäherungen an die abstrakte Algebra stießen in Mathematiker-Kreisen auf großes Interesse. Darin erkennen wir die Vorzeichen für Emmy Noethers spektakuläre mathematische Errungenschaften der späteren Göttinger Jahre.

Neustart in Göttingen

Ab 1910 arbeitete Emmy Noether in Erlangen mit den beiden Nachfolgern Gordans. Erhard Schmid hatte nur achtzehn Monate die Professur inne; 1912 übernahm Ernst Fischer, der bei Hilbert studiert hatte, den Lehrstuhl. Fischer wurde zu Emmy Noethers Berater und Förderer, und es entwickelte sich eine intensive und fruchtbare Zusammenarbeit der beiden. Er bestärkte sie darin, die durch Gordan geprägte rein rechnerische, algorithmische Richtung der Mathematik endgültig hinter sich zu lassen und sich dem von Hilbert dominierten Gebiet der abstrakten Algebra zuzuwenden. In ihrem Lebenslauf, den sie 1919 anlässlich des dritten Anlaufs zur Habilitation verfasste, schreibt Emmy Noether:

> »Vor allem bin ich Herrn E. Fischer zu Dank verpflichtet, der mir den entscheidenden Anstoß zu der Beschäftigung mit abstrakter Algebra in arithmetischer Auffassung gab, was für all meine späteren Arbeiten bestimmend blieb.«[19]

Die abstrakte Algebra, zu der unter anderem die Invariantentheorie gehört, war damals eine ganz neue Richtung der Mathematik. Im 19. Jahrhundert waren die vorherrschenden Forschungsgebiete der Mathematik noch Analysis und Geometrie gewesen. Die Algebra bezog sich auf den konkreten Raum der komplexen Zahlen. Erst Hilbert setzte einen völlig neuen Ansatz durch, in dem die Invarianten einer Gleichung nicht nur Zahlen, sondern auch Polynome sein können. Dieses Vorgehen lässt sich nicht mehr konstruktiv begreifen; die Anschaulichkeit der Mathematik des Erlanger Professors Gordan hatte Hilbert in Göttingen längst hinter sich gelassen.

1913 hatte Emmy Noether Gelegenheit, die neuen Methoden vor Ort zu studieren, denn in diesem Jahr reiste sie für einige Monate zusammen mit ihrem Vater nach Göttingen. Hier traf sie Felix Klein und David Hilbert persönlich. Die beiden großen Mathematiker dürften in dieser Zeit einen ersten Eindruck von Emmy Noethers mathematischen Kenntnissen und Fähigkeiten bekommen haben. Mit Klein verfasste sie einen Nachruf auf ihren 1912 verstorbenen Doktorvater Gordan.

Zurück in Erlangen erhöhte sie die Schlagzahl ihrer Veröffentlichungen. Aus den Titeln ihrer wichtigsten Publikationen aus der Erlanger Zeit zwischen 1910 und 1915 lässt sich Emmy Noethers Entwicklung von der konkreten zur abstrakten Mathematik deutlich ablesen:[20]

- 1910: *Zur Invariantentheorie der Formen von n Variablen*[21]. Diese Veröffentlichung verschriftlichte den Vortrag, den Emmy Noether 1909 vor der Deutschen Mathematiker-Vereinigung in Salzburg gehalten hatte.[22] Dass er noch ganz der formalen Invariantentheorie Gordans verpflichtet war, schreibt Emmy Noether in ihrem bereits genannten Habilitationsantrag von 1919:

> »Meine Dissertation und eine weitere Arbeit ›Zur Invariantentheorie der Formen von n Variablen‹ gehören noch dem Gebiet der formalen Invariantentheorie an, die mir als Schülerin Gordans nahe lag.«[23]

- 1913: *Rationale Funktionenkörper*[24]. Hier verwendete Emmy Noether bereits die maßgeblich von Hilbert initiierte abstrakte Algebra.
- 1915: *Körper und Systeme rationaler Funktionen*[25]. Der bereits im Mai 1914 fertiggestellte Beitrag beschäftigt sich mit dem 14. Problem der Hilbert'schen Liste mathematischer Probleme von 1900: »Sind Ringe, die im Zusammenhang mit der Invariantentheorie entstehen, endlich erzeugt?« (Anders als in der mathematischen Struktur bestimmter »Gruppen« besitzen die sogenannten »Ringe« nicht eine, sondern zwei Operationen.) Dieser Artikel war Emmy Noethers Debüt in den *Mathematischen Annalen*, der für die Mathematik weltweit bedeutendsten und renommiertesten Zeitschrift, und weckte Hilberts Aufmerksamkeit. Er war der Auslöser dafür, dass sich die Korrespondenz zwischen Emmy Noether und Hilbert intensivierte.
- 1916: *Der Endlichkeitssatz der Invarianten endlicher Gruppen*[26]. Diesen Artikel schloss Emmy Noether im Mai 1915 noch in Erlangen ab. Er bezieht sich auf eine Notiz Hilberts, die dieser eigentlich ihrem Vater Max Noether zugeschickt hatte. Doch Emmy Noether übernahm 1914 die Bearbeitung der Idee.

Noch einmal Emmy Noether in ihrem Habilitationsantrag von 1919:

> »Die große Arbeit ›Körper und Systeme rationaler Funktionen‹ beschäftigt sich mit allgemeinen Basisfragen, erledigt vollständig das Problem der rationalen Darstellbarkeit und gibt Beiträge zu den übrigen Endlichkeitsfragen. Eine Anwendung dieser Resultate ist enthalten in der Arbeit ›Invarianten endlicher Gruppen‹, die einen ganz elementaren Endlichkeitsbeweis dieser Invarianten bringt mit wirklicher Angabe der Basis.«

- 1916: *Ganze rationale Darstellungen von Invarianten eines Systems von beliebig vielen Grundformen*[27]. Diese Veröffentlichung erschien im gleichen Journal und fußt auf der Arbeit, die Emmy Noether 1915 zum Beginn der intensiveren Korrespondenz mit Hilbert geführt hatte. Sie ist der Anstoß dafür, dass Hilbert und Klein Emmy Noether nun direkt auf das Invarianz-Problem in Einsteins Allgemeiner Relativitätstheorie ansprachen und sie kurze Zeit später nach Göttingen holten. Auch zu dieser Veröffentlichung äußerte sich Emmy Noether in ihrem Habilitationsantrag:

> »Die Arbeit über ›Ganze rationale Darstellung von Invarianten‹ weist eine von D. Hilbert ausgesprochene Vermutung als zutreffend nach und gibt zugleich einen rein begrifflichen Beweis für die Reihenentwicklungen der Invariantentheorie, die auf der Äquivalenz linearer Formenscharen beruht und teilweise Gedankengängen von E. Fischer nachgebildet ist. Diese Arbeit gab dann ihrerseits wieder E. Fischer den Anstoß zu einer größeren Arbeit über Differentiationsprozesse der Algebra.«

1915, zur Zeit ihres Wechsels von Erlangen nach Göttingen und mit über dreißig Jahren, hatte sich Emmy Noether aus eigener Kraft heraus zu *der* Expertin für die abstrakte Form der Invariantentheorie entwickelt. Die folgenden Arbeiten waren zwar noch in Erlangen entstanden, wurden aber veröffentlicht, als sie schon in Göttingen war. Sie waren vollends der abstrakten Mathematik verpflichtet:

- 1916: *Die allgemeinsten Bereiche aus ganzen transzendenten Zahlen*[28]
- 1916: *Die Funktionalgleichungen der isomorphen Abbildung*[29], abgeschlossen am 30. Oktober 1915
- 1918: Gleichungen mit vorgeschriebener Gruppe[30], abgeschlossen im Juli 1916. Diese Arbeit beruhte teilweise auf der Dissertation des von Emmy Noether betreuten Fritz Seidelmann.

Emmy Noethers Wissen zur modernen Invariantentheorie wurde in Göttingen dringend benötigt, denn Hilbert hatte in jenem Jahr begonnen, an der Allgemeinen Relativitätstheorie Einsteins zu arbeiten, deren Gleichungen noch unvollständig waren. Es schien, dass die noch offenen Probleme mit merkwürdigen Strukturen ihrer Invarianzen zusammenhingen.

So kam es, dass Hilbert und Klein im Frühjahr 1915 (zum Sommersemester) Emmy Noether eine Stelle in Göttingen anboten. Zwölf Jahre zuvor hatte sie als Studentin mit dem Göttinger Tempo wohl nicht mithalten können und an die Erlanger Universität zurückkehren müssen, die in mancher Hinsicht den Anschluss an die neuesten Entwicklungen der Mathematik verloren hatte. Nun durfte Emmy Noether wieder dort forschen, wo die besten Vertreter des Fachs atemberaubende Ideen entwickelten: in Göttingen!

Ein Leben für die Mathematik

Anfang des 20. Jahrhunderts mussten Frauen viele Hürden überwinden, um Teil des akademischen Betriebs an den Universitäten zu werden. Nur mit sehr viel Durchhaltewillen und signifikant überdurchschnittlichen Fähigkeiten schafften sie die Promotion, und selbst dann blieben sie von höheren akademischen Positionen und entsprechender Bezahlung weitgehend ausgeschlossen. So erging es auch Emmy Noether, denn der von Hilbert und Klein angebotene Karrieresprung hatte einen Haken: Wie schon in Erlangen bekam sie auch in Göttingen kein Gehalt. Diese eklatante Diskriminierung blieb selbst dann noch bestehen, als das Deutsche Kaiserreich und der Erste Weltkrieg überstanden waren und Emmy Noether längst zu einem Weltstar der Mathematik geworden war.

Emmy Noethers Leben war also nicht nur in akademischer, sondern auch in finanzieller Hinsicht ein stetiger Kampf. Lange Zeit war sie auf die finanzielle Unterstützung ihres Vaters angewiesen. Entsprechend bescheiden – man könnte auch sagen: bedrückend prekär – waren ihre Lebensumstände. Die allgemeinen Entbehrungen, unter denen die Menschen im Ersten Weltkrieg zu leiden hatten, können diese Verhältnisse nur verschärft haben. Nach dem Tod des Vaters 1921 (ihre Mutter war bereits 1915 gestorben) lebte Emmy Noether von einem kleinen Erbe, das sie weiter zu äußerster Sparsamkeit zwang.

Erst 1923, fünfzehn Jahre nach ihrer Dissertation und im Alter von einundvierzig Jahren, erhielt Emmy Noether erstmals einen offiziellen Lehrauftrag, der – nur während des Semesters! – mit einer geringfügigen Vergütung verbunden war. Es war das Jahr der großen Inflation, und was Emmys Erbe abwarf, kann kaum zum Leben gereicht haben. Vermutlich war dies der Auslöser, der die Universität dazu bewegte, den Mangel zumindest ein wenig abzumildern. Von einer leistungsgerechten Bezahlung war dieser Obolus aber noch meilenweit entfernt.

In langen Jahren der Einschränkung hatte sich Emmy Noether an eine spartanische Lebensweise gewöhnt, denn auch als ihr später ein angemesseneres Gehalt zugestanden wurde, gab sie für eigene Bedürfnisse nur wenig Geld aus. Die Hälfte ihres Einkommens legte sie zur Seite, um es den Söhnen ihres Bruders Fritz, Gottfried und Hermann Noether, hinterlassen zu können. Dank ihres unbedingten Fokus auf die Mathematik scheint sie aber nicht unter dem ständigen Geldmangel gelitten zu haben. In der Göttinger mathematischen Fakultät war Emmy Noether in ihrem Element. Viel mehr brauchte sie offenbar nicht zum Leben.

Diese absolute Hinwendung zur Mathematik hatte bei Emmy Noether einige Eigenarten zur Folge, die in ihrem Umfeld auf Befremden stießen. Nur ihre Bewunderer konnten akzeptieren, dass sie sich wenig um ihr Äußeres kümmerte. Bartel Leendert van der Waerden traf Emmy Noether 1924 als Postdoc in Göttingen. Über seine erste Begegnung mit ihr berichtete er:

> *»Sie war eine ganz eigenartige Persönlichkeit, grob gebaut mit einer dicken Nase, mit uneleganten Bewegungen, sie stapfte so vor der Vorlesung, sie zerstampfte manchmal ein Stück Kreide, das sie zerbrochen hatte ... das Gegenteil einer eleganten Dame.«* [31]

Wenn Emmy Noether wild gestikulierend über Mathematik sprach, kam es vor, dass sich ihre hochgesteckten Haare lösten – in aller Öffentlichkeit! Doch das störte sie wenig. Als einmal zwei Studentinnen sie während einer Vorlesungspause auf ihr derangiertes Aussehen aufmerksam machen wollten, drangen sie kaum zu ihr durch, denn Emmy Noether war nur an Mathematik, nicht an Äußerlichkeiten interessiert. Auf späteren Fotografien von ihr ist dies gut zu erkennen. Auch in anderer Hinsicht verweigerte sich Emmy Noether dem Bild, dem eine Frau Anfang des 20. Jahrhunderts entsprechen sollte. Sie sprach und lachte mit lauter Stimme und konnte in Diskussionen sehr direkt sein, wenn sie anderer Meinung war. Bei Menschen, die diesen Ton von einer Frau nicht gewohnt waren, muss dies nicht selten zu Verstimmungen geführt haben. Die Kombination von Weiblichkeit und außergewöhnlichen mathematischen Fähigkeiten wurde insgesamt als ungewöhnlich und irritierend wahrgenommen. Hermann Weyl, der Emmy Noether viel verdankte, sagte in seiner Rede anlässlich ihres Todes 1935:

> *»Die Macht Deines Genies schien insbesondere die Grenzen Deines Geschlechts gesprengt zu haben. Darum nannten wir Dich in Göttingen meist, in ehrfürchtigem Spott, **den** Noether.«*[32]

Offenbar fiel es Emmy Noethers Zeitgenossen schwer, sie als Frau wahrzunehmen. Zu abwegig von dem, was von einer Vertreterin ihres Geschlechts erwartet wurde, verlief ihr Leben.

Dass gesellschaftliche Konventionen für Emmy Noether irrelevant waren, berichtet unter anderem die Algebraikerin Olga Taussky (1906–1995), die später als Pionierin der Matrizentheorie berühmt wurde. Sie arbeitete von 1931 bis 1932 in Göttingen an der Herausgabe des ersten Bands von David Hilberts *Gesammelten Werken* und wurde eine gute Freundin Emmy Noethers. In Bryn Mawr trafen die beiden Frauen später wieder zusammen. 1957 ging Olga Taussky mit ihrem Mann John Todd an das California Institute of Technology in Pasadena. Allerdings wurde dort nur ihr Mann umgehend als Professor eingestellt. Sie selbst hatte zwar die Pflichten einer Professorin, als verheirateter Frau stand ihr aber nur eine Art Assistentenstelle zu. Olga Taussky war schon im Rentenalter, als 1969 ein weiblicher Assistant Professor of English als erste Professorin des Caltech gefeiert wurde. Daraufhin forderte sie von der Universitätsleitung eine volle Professorenstelle, was ihr 1971 auch gewährt wurde. Olga Taussky verdanken wir die Beschreibung eines Mittagessens, bei dem Emmy Noether, völlig vertieft in eine Diskussion über Mathematik, »wild gestikulierte« und deshalb »ständig ihr Essen verschüttete und es völlig unbeirrt von ihrem Kleid abwischte«.[33]

Im Grunde entsprach Emmy Noether dem Bild einer »zerstreuten Professorin«. Sie widmete ihr Leben einzig und allein der Mathematik. Sie heiratete nicht, hatte keine Kinder, und über eine romantische Beziehung ist nichts bekannt. Dass Emmy Noether ihr Äußeres zunehmend vernachlässigte, ist wohl auch ihren schlechten finanziellen Verhältnissen zuzuschreiben. Auf ihre Kleidung legte sie immer weniger Sorgfalt, zudem ernährte sie sich ungesund und griff oft zu »Pudding« als Sattmacher.[34] Die mangelnde Selbstfürsorge führte dazu, dass Emmy Noether deutlich an Gewicht zunahm. Dies alles scheint jedoch ihr positives Wesen nicht beeinträchtigt zu haben. Auf den wenigen öffentlich zugänglichen Fotografien Emmy Noethers aus der Göttinger Zeit sieht man ein lächelndes, manchmal auch geradezu strahlendes Gesicht.

Fruchtbarer Austausch

So wie ihr Auftreten waren auch die Vorlesungen Emmy Noethers gewöhnungsbedürftig: Sie waren chaotisch, brillant und für die meisten Zuhörer absolut ungenießbar. 1979 beschrieb ihr Schüler van der Waerden ihren eigenwilligen Vorlesungsstil wie folgt:

> *»Ihre Vorlesungen waren nicht schön ausgefeilt. Sie trug das vor, was sie sich eben neu überlegt hatte und sie versuchte noch während der Vorlesung die Darstellung zu verbessern. Das ging so: Noch bevor sie einen Satz zu Ende gesprochen hat, brachte sie ganz rasch eine bessere Formulierung. Dadurch wurde das Verständnis natürlich nicht erleichtert,*

*im Gegenteil. Aber wenn man aufmerksam zuhörte und mit-
zudenken versuchte, so hatte man mehr gelernt als in einer
vollendet ausgefeilten Vorlesung.«*[35]

Wer langsam im Denken war und Vorträge nach Lehrplan erwartete, verließ in der Regel noch vor Ende der Veranstaltung frustriert und verwirrt den Vorlesungssaal. Nur sehr begabte,
konzentrierte und gut vorbereitete Studenten und Studentinnen
konnten mit Emmy Noethers Tempo mithalten. Wie schon in
Erlangen nutzte sie auch in Göttingen ihre Vorlesungen, um ihre
neuesten Ideen und Konzepte vorzustellen. Die Studenten wurden dabei zu Zeugen, wie Emmy Noether die Grenzen der
bekannten Mathematik immer weiter ins Unbekannte verschob.
Die Vorlesungen boten einzigartige Einsichten in mathematische Spitzenforschung, und zahlreiche Studenten verwerteten
ihre Vorlesungsnotizen später als Grundlage für bedeutende
Lehrbücher.

Auch Emmy Noether profitierte von dem Austausch mit ihren
Studenten: Aus den Diskussionen mit ihnen zog sie einen guten
Teil ihrer Inspiration und konnte daraus einige ihrer wichtigsten
Ergebnisse entwickeln. Vorlesungen beziehungsweise Kurse
Emmy Noethers sind heute für sieben Semester in Göttingen
dokumentiert. Aus ihnen gingen in der Regel bedeutende Ver-
öffentlichungen zu denselben Themen hervor:

- Winter 1924/25: *Gruppentheorie und hyperkomplexe Zahlen*
- Winter 1927/28: *Hyperkomplexe Mengen und Darstellungs-
theorie*[36]
- Sommer 1928: *Nichtkommutative Algebra*[37]
- Sommer 1929: *Nichtkommutative Arithmetik*[38]
- Winter 1929/30: *Algebra der hyperkomplexen Größen*[39]
- Winter 1930/31: *Allgemeine Idealtheorie*[40]
- Winter 1932/33: *Nichtkommutative Arithmetik*[41]

Nicht nur Emmy Noethers Schüler, auch ihre Kollegen und andere gestandene Mathematiker aus dem In- und Ausland besuchten ihre Vorlesungen und profitierten von ihrer Genialität. Ihnen gegenüber verhielt Emmy Noether sich genauso großzügig und erlaubte, dass einige ihrer Ideen – zum Beispiel das verschränkte Produkt von assoziativen Algebren – von anderen veröffentlicht wurden. Dank dieser uneingeschränkten Unterstützung kamen viele von ihnen schnell auf der akademischen Karriereleiter voran: Sie habilitierten und wurden auf Lehrstühle berufen, während Emmy Noether selbst noch als unbezahlte Assistentin arbeiten musste.

Der niederländische Mathematiker Bartel Leendert van der Waerden kam 1924 als Postdoc nach Göttingen. Emmy Noether lieferte ihm unschätzbare Methoden der abstrakten Begriffsbildung. Er sagte später von ihr, ihre Originalität sei »absolut unvergleichlich«. 1931 veröffentlichte van der Waerden sein Standardwerk über moderne Algebra, an dem sich über vier Jahrzehnte die Vorlesungen an den Universitäten orientierten. Dessen zweiter Band lehnt sich sehr stark an Emmy Noethers Arbeit an.

Von 1926 bis 1930 lehrte der große russische Topologe Pawel Alexandrow in Göttingen. Er und Emmy Noether wurden schnell gute Freunde. So wie viele andere Mathematiker nannte er sie »der Noether«, wobei der männliche Artikel seinen Respekt ihr gegenüber ausdrücken sollte. Sie trafen sich regelmäßig und diskutierten über die Schnittpunkte von Algebra und Topologie. In seiner Gedenkrede von 1935 bezeichnete Alexandrow Emmy Noether als »die größte Mathematikerin aller Zeiten«.

Ihre Göttinger Kollegen sahen sehr genau, welchen Wert Emmy Noether für ihre Fakultät hatte und wie ungerecht das akademische System sie behandelte. Doch trotz aller fachlichen Anerkennung blieb Emmy Noether über viele Jahre eine subalterne Assistentin. Ein Eintrag in ihrer Personalakte lautet:

»*Ihr wissenschaftliches Ansehen ist unbestritten, und es liegt an nichts weniger als an wissenschaftlichen Rücksichten, wenn sie bisher in ihrer äusseren akademischen Laufbahn nicht vorwärts gekommen ist. Für unseren wissenschaftlichen Betrieb ist sie eine kaum entbehrliche Mitarbeiterin. Weniger geeignet zum Unterrichte eines grösseren Hörerkreises in elementaren Disziplinen übt sie auf die begabten Studenten eine starke wissenschaftliche Anziehungskraft aus und hat viele von ihnen wesentlich gefördert, darunter auch solche, die inzwischen Ordinariate erreicht haben.*«[42]

4

DIE UNSICHTBARE MITAUTORIN DER ALLGEMEINEN RELATIVITÄTSTHEORIE

Emmy Noethers langer Weg zur Habilitation

> »Die moderne Physik ist für die Physiker
> eigentlich viel zu schwer.«[43]
> DAVID HILBERT

Parallel zu den Verwerfungen in der Mathematik fanden auch in der klassischen Physik Entwicklungen statt, die ihr den Anspruch auf universelle Gültigkeit ein für alle Mal nahmen. Eine erste Zäsur war das Problem der Atome: Gab es sie oder gab es sie nicht?

2.300 Jahre zuvor hatten bereits die griechischen Philosophen die logischen Widersprüche aufgezeigt, die sich auftun, wenn man die Existenz von Atomen annimmt, und auch dann, wenn man sie *nicht* annimmt. Zum Beispiel: Wir Menschen können uns Räume beliebiger Größenordnung nicht anders als kontinuierlich vorstellen. Auch dann, wenn es unteilbare »Atomkugeln« gäbe, könnten wir sie zumindest im Gedankenexperiment in beliebig viele Teile zerschneiden. Was wir denken können, ist im Prinzip auch machbar – deshalb gibt es keine Atome. Und: Wären Körper aller Art nicht aus Atomen aufgebaut, fehlte ihnen jeder innere Halt, und sie müssten zerfließen.

Um 1780 bekräftigte der Philosoph Immanuel Kant Widersprüche wie diese noch einmal mit dem Argument, dass wir außerhalb unserer eigenen Erfahrungsgrenzen unausweichlich auf Paradoxien stoßen und deshalb auch in der Frage, ob es Atome gibt oder nicht, zu keinem gültigen Schluss kommen können.

Zu Beginn des 20. Jahrhunderts war die Diskussion darüber, ob es Atome gibt oder nicht, wieder einmal im Gange und wurde dieses Mal mit harten Bandagen unter Physikern geführt. Gegner der Atomtheorie waren der österreichische Physiker Ernst Mach, der deutsche Physiker Max Planck (dessen eigene Experimente ihn später dazu zwangen, seine Ansicht zu ändern) sowie der französische Mathematiker Henri Poincaré. Der wichtigste Stellvertreter der Gegenseite war der österreichische Physiker Ludwig Boltzmann. Unter der Annahme, dass Atome existieren, war es Boltzmann gelungen, die mathematische Grundlage der Thermodynamik inklusive der Entropie zu formulieren. Ihm war geglückt, die Bewegung dieser kleinsten Teilchen, die sich einzeln und zufällig verteilt nach den Newton'schen Gesetzen bewegen, statistisch zu erfassen. Die Ergebnisse seiner Berechnungen stimmten sehr genau mit den Beobachtungen überein, und anders ließen sie sich nicht erklären – also musste es Atome geben, oder?

Mit der Zeit setzte sich die Auffassung von der Existenz kleinster Teilchen durch. Plancks Strahlungsgesetz von 1900 und Einsteins Photonentheorie von 1905 (die er im gleichen Jahr wie seine Spezielle Relativitätstheorie der Öffentlichkeit vorstellte) schufen die entscheidenden Grundlagen für die Atomtheorie, die später zu der noch viel abstrakteren Quantentheorie ausgebaut wurde. Sobald jedoch die Physiker begannen, die Natur der Atome zu entschlüsseln, erlebten sie genau das, was parallel den Mathematikern widerfuhr: Beim Versuch, sich dem Wesenskern ihres Fachs zu nähern, wurden sie durch auftretende Widersprüche in Richtung Abstraktion gezwungen.

In den ersten Jahren des 20. Jahrhunderts konnten die Konzepte der Physik – Kräfte und Bewegung, Wärme und Entropie sowie elektromagnetische Felder und Wellen – mathematisch zwar recht herausfordernd sein; sie waren aber immer noch mit der Art und Weise, wie wir die Welt wahrnehmen, vereinbar gewesen. Allein die Aussagen von Einsteins Spezieller Relativitätstheorie und seiner Photonentheorie verlangte ihnen ab 1905 eine radikale Veränderung ihrer Denkweisen ab:

- Masse und Energie sind ein und dasselbe ($E=mc^2$).
- Die Lichtgeschwindigkeit ist konstant, andere Geschwindigkeiten lassen sich nicht addieren oder subtrahieren.
- Raum und Zeit sind nicht unabhängig voneinander. In der klassischen Physik hat dies auf Berechnungen kaum Auswirkungen, doch wenn sich zum Beispiel Objekte mit Geschwindigkeiten in der Größenordnung der Lichtgeschwindigkeit bewegen, muss die Veränderung von Raum und Zeit berücksichtigt werden.
- Photonen sind zugleich Welle und Teilchen.

Das menschliche Vorstellungsvermögen ist mit solchen Aussagen überfordert, doch rein mathematisch gesehen waren Einsteins neue Theorien noch gut nachvollziehbar. Das änderte sich mit Einsteins Allgemeiner Relativitätstheorie von 1915. Nun kamen die Physiker nur noch dann weiter, wenn sie sich von jeder Anschaulichkeit lösten. Ein Beispiel etwa ist die »Zumutung« der Raumzeit. In unserer Erfahrungswelt sind der dreidimensionale Raum und die eindimensionale Zeit klar voneinander getrennt und absolut. Das bedeutet: Raum und Zeit sind der unbeeinflussbare Rahmen für alle Geschehnisse – unabhängig davon, was »im Raum« und »in der Zeit« geschieht, bestehen sie unverändert fort. Die Spezielle Relativitätstheorie hatte aus dem dreidimensionalen Raum und der eindimensionalen Zeit der klassischen Physik bereits eine globale vierdimensionale Raumzeit gemacht. Die Allgemeine Relativitätstheorie definierte nun die *lokalen* Eigenschaften der Raumzeit in Abhängigkeit von der Gravitationskraft der Körper darin: Die Raumzeit dehnt und krümmt sich in Abhängigkeit von der Masse der Körper *an jedem Punkt* der Raumzeit spezifisch. Gravitation wirkt also nicht direkt zwischen den Körpern selbst, wie Newton dies beschrieben hatte (aber nicht erklären konnte), sondern verändert die Raumzeit so, dass sie sich anzuziehen scheinen.

Ein bedeutsamer Ausflug in die Physik

Einsteins Allgemeine Relativitätstheorie entstand nicht über Nacht. Jahrelang hatte er an ihren Gleichungen gearbeitet. Als er im März 1914 durch die Vermittlung von Max Planck hauptamtliches Mitglied der Preußischen Akademie der Wissenschaften in Berlin wurde, hatte er endlich Zeit, sich ausschließlich seiner neuen Theorie zu widmen. Auch finanziell war Einstein bestens versorgt: Im Range eines Honorarprofessors an der Berliner Universität wurde ihm ein Gehalt von 12.000 Mark zugestanden – die höchste Besoldungsstufe der damaligen Zeit. Und das alles ohne jede Lehrverpflichtung!

Trotz dieser geradezu idealen Forschungsbedingungen war Einstein im Frühjahr 1915 an einem toten Punkt angelangt. Unter anderem schienen seine Feldgleichungen nicht den Erhaltungssätzen von Energie und Impuls zu gehorchen. Beide Größen sind aber nach den Gesetzen der klassischen Physik in Summe unveränderlich – weder Energie noch Impuls können aus dem Nichts entstehen oder ins Nichts verschwinden. Irgendwo musste ein grundlegender Fehler stecken! Einstein war Physiker, kein Mathematiker. Er war sogar ausgesprochen skeptisch, wenn sich für seine Begriffe zu viel Mathematik in die Physik einschlich. Weil ihn die immer komplexeren Zusammenhänge überforderten, suchte er Unterstützung an dem Ort, wo sich die weltweit besten Mathematiker mit Abstraktionen auskannten: in Göttingen.

In seiner Korrespondenz mit David Hilbert erklärte Einstein

im späten Frühling 1915 den Stand der Allgemeinen Relativitäts-theorie und welche Lücken er sah. Hilbert verstand sofort, wovon Einstein sprach und welche Auswirkungen seine Theorie auf das Weltverständnis der Menschen haben würde. Es entwickelte sich zwischen dem größten Physiker und dem größten Mathematiker jener Zeit ein intensiver Austausch über dieses Thema. Emmy Noether war ebenfalls an diesen Briefwechseln beteiligt.

Hilbert lud Einstein für das Sommersemester 1915 nach Göt-tingen ein, damit dieser seine Theorie persönlich vorstellen konnte. Es zeigte sich, dass Einstein im Umgang mit den neuen mathematischen Gleichungen etwas unbeholfen war. Hilbert witzelte später:

> »Jeder Straßenjunge in unserem mathematischen Göttingen versteht mehr von der vierdimensionalen Geometrie als Einstein.«[44]

Und trotzdem habe Einstein die Sache gemacht und nicht die großen Mathematiker, fuhr Hilbert fort:

> »Einstein [...] hat tiefgreifende Gedanken und einzigartige Konzepte hervorgebracht und geniale Methoden für den Umgang mit ihnen erfunden.«

Dies hing seiner Meinung nach damit zusammen, dass die Göttinger Mathematiker grundsätzlich zu sehr durch die tradi-tionelle Philosophie und die Vorstellung von absolutem Raum und absoluter Zeit belastet gewesen waren. Doch ohne die Göt-tinger Mathematik hätte auch Einstein seine Theorie wohl nicht vollenden können. Denn die Göttinger näherten sich dem Prob-lem auf eine ganz andere Art und Weise: Einstein hatte seine Theorie der Gravitation klassisch geometrisch und mit einer lokalen Dynamik formuliert. Hilbert setzte zwar ebenfalls auf eine geometrische Lösung für die Gravitationsgleichungen, doch er wollte sie aus einer sehr abstrakten Abwandlung der bestehenden Lagrange-Formulierung des Elektromagnetismus herleiten. Mithilfe der von ihm weit besser beherrschten Tensor-Analysis hatte er die Gleichungen in ein Format von noch nie dagewesener Abstraktion überführen und so einen rechnerischen Teilaspekt lösen können. In diese Arbeiten war Emmy Noether als Expertin für Invarianzen in wesentlicher Funktion eingebunden gewesen.

Es entsprach Hilberts Ambition, so wie die Mathematik auch die Physik auf ein einziges axiomatisches Programm zurückzuführen. Dass eine vollständige Vereinheitlichung aller Naturkräfte bis heute nicht gelungen ist, liegt daran, dass sich Hilberts Annahme, es gebe nur zwei Grundkräfte, von denen sich alle anderen ableiten lassen, als falsch herausstellte. Neben den zu Hilberts Zeiten bekannten Grundkräften »Elektromagnetismus« und »Gravitation« existieren auch die später entdeckten Grundkräfte »Starke Kernkraft« und »Schwache Kernkraft«.

Auch Felix Klein war von der noch unvollendeten Allgemeinen Relativitätstheorie Einsteins fasziniert und führte einen regen Briefwechsel mit Einstein über die Interpretation von dessen Gleichungen. Klein brach sogar seine Vorlesungen über die Entwicklung der Mathematik im 19. Jahrhundert kurzerhand ab, um mit seinen Studenten über die Relativitätstheorie zu diskutieren. Ab dem Sommersemester 1916 drehten sich Kleins Vorlesungen und auch seine Veröffentlichungen fast nur noch um dieses Thema. Kleins Begeisterung hatte einen besonderen Grund: 1907 hatte sein Göttinger Kollege Hermann Minkowski entdeckt, dass sich Einsteins Spezielle Relativitätstheorie von 1905 auch als nicht-euklidische Geometrie verstehen lässt – genau dies war Kleins zentrales Thema. Minkowski war es auch gewesen, der die Idee eines vierdimensionalen Raum-Zeit-Kontinuums ins Spiel gebracht hatte. Er hatte sie aber nicht weiter verfolgen können, weil er 1908 mit nur vierundvierzig Jahren an einer Blinddarmentzündung gestorben war. (Einstein hatte Minkowskis Idee der Raumzeit ursprünglich für »überflüssige Gelehrsamkeit« gehalten und erst Jahre später in seine Allgemeine Relativitätstheorie integriert.)

Für die Göttinger Mathematiker war es eine Selbstverständlichkeit, bei der Entwicklung von Einsteins neuer Theorie ganz vorne mit dabei zu sein. Während Einstein in Berlin weiter intensiv an seiner Theorie arbeitete, machten sich Hilbert und Klein in Göttingen daran, die Allgemeine Relativitätstheorie zu vervollkommnen. Die beiden Mathematiker ahnten, dass der fehlende Baustein mit gewissen Invarianzen zusammenhing. In der Mathematik beziehen sich Invarianzen auf bestimmte Rechenoperationen, die eine algebraische Gleichung unverändert lassen. In der Physik beziehen sich Invarianzen auf Situationen, in denen sich bei bestimmten Veränderungen äußerer Umstände die Formen der physikalischen Gleichungen nicht verändern. Zum Beispiel lassen sich in der klassischen Physik die Raum- oder Zeitvariablen verschieben, ohne dass dies einen Einfluss auf das Geschehen hätte.

Es schien eine geheimnisvolle Verbindung zwischen den Invarianzen in der Physik und denen in der Mathematik zu geben. Weil die zur Klärung benötigten Berechnungen sogar für diese beiden Doyens der Mathematik sehr abstrakt wurden, holten Hilbert und Klein die einzige Person, die auf diesem Feld bereits umfangreiche Erfahrungen gesammelt hatte, aus der mathematischen Provinz nach Göttingen: Emmy Noether.

Gemeinsam für die Allgemeine Relativitätstheorie

Einstein in Berlin und die Göttinger Mathematiker Hilbert und Klein scheinen sich zunächst nicht als Konkurrenten wahrgenommen zu haben. Im Vordergrund stand der gemeinsame Wille, die Allgemeine Relativitätstheorie zu einer schlüssigen

Theorie auszubauen. Doch mischte sich in diese Jagd nach einer Lösung auch ein gewisser Stolz.

Emmy Noether, die im April 1915 zu Hilbert und Klein in Göttingen gestoßen war, schrieb im November 1915 an Ernst Fischer, ihren ehemaligen Vorgesetzten in ihrer Heimatstadt Erlangen:

> *»Hilbert will nächste Woche über seine Einstein'schen Differentialinvarianten vortragen, und da müssen die Göttinger doch etwas können.«*[45]

So wie in Erlangen war Emmy Noether auch in Göttingen nur als Hilfskraft eingestellt. Wieder leistete sie Arbeiten ohne Bezahlung, unter anderem übernahm sie von Hilbert einige seiner Vorlesungen. Vor allem aber sollte sie das Thema der Invarianten im Zusammenhang mit der Allgemeinen Relativitätstheorie signifikant voranbringen. Schon kurz nach ihrem Wechsel nach Göttingen konnte sie Albert Einstein dort persönlich erleben: Anfang Juli 1915 reiste dieser an und stellte im Rahmen von sechs jeweils zweistündigen Vorlesungen mit dem Titel »Über Gravitation« seine noch lückenhaften Gleichungen zur Allgemeinen Relativitätstheorie vor. Vom direkten Austausch mit den Göttingern erhoffte er sich neue Impulse. Seinen Ausführungen konnten jedoch nur wenige Mathematiker folgen, denn die in der Allgemeinen Relativitätstheorie beschriebene dynamische vierdimensionale Raum-Zeit-Struktur entsprach einem nie zuvor erreichten Abstraktionsgrad. Erst etwa zehn Jahre später würde mit der Quantentheorie eine noch abstraktere Theorie die Wissenschaften beschäftigen.

Einsteins Vorlesungsreihe beflügelte Hilbert, sich noch intensiver als zuvor mit der neuen Gravitationstheorie zu beschäftigen und sie zu einer konsistenten Form weiterzuentwickeln. Hinter den Kulissen wurde er von Emmy Noether unterstützt. Die Mathematik der neuen Relativitätstheorie wies einen nie zuvor dagewesenen Grad an Komplexität auf, sodass Emmy Noethers Expertise zum Tragen kam. In dem erwähnten Brief an Ernst Fischer schrieb sie:

»Invariantentheorie ist jetzt hier Trumpf.«[46]

Innerhalb kürzester Zeit bewältigte Emmy Noether die nach wie vor bestehende zentrale Schwierigkeit, die Hilbert bei seiner Beschäftigung mit der Allgemeinen Relativitätstheorie allein nicht hatte überwinden können: Das unter Physikern damals seit einigen Jahrzehnten bekannte Prinzip der Energieerhaltung erschien, hier ganz anders als in der klassischen Physik, gewohnt, für Hilbert war es sogar verletzt. Emmy Noether zeigte schließlich, warum die Allgemeine Relativitätstheorie den Energie- und Impulserhaltungssatz *nicht* außer Kraft setzt. Ihr bahnbrechender Beweis wurde mit einiger Verzögerung erst 1918 veröffentlicht und ist heute als eines von zwei sogenannten »Noether-Theoremen« bekannt. Jahrzehnte später sollte sich herausstellen, dass es auch in ganz anderer Hinsicht von fundamentaler Bedeutung für die Physik ist.

Hilbert reichte im November 1915 seine Arbeit zur Allgemeinen Relativitätstheorie bei der Göttinger Königlichen Gesellschaft der Wissenschaften ein. Einstein, der in Berlin unter Hochdruck an seiner Theorie gearbeitet hatte, gab seine eigene Version erst fünf Tage später zur Veröffentlichung frei. Hilbert war Einstein mit der ersten, in wichtigen Teilen vollständigen Beschreibung der Allgemeinen Relativitätstheorie tatsächlich zuvorgekommen!

Das Wettrennen um die Erstveröffentlichung der Allgemeinen Relativitätstheorie entschieden also nur wenige Tage. Es hatte nicht viel gefehlt, und es wäre heute nicht von der »Einstein'schen Allgemeinen Relativitätstheorie« oder den »Einstein-Gleichungen« darin die Rede, sondern von der »Hilbert-Einstein'schen Allgemeinen Relativitätstheorie« und den »Hilbert-Einstein-

Gleichungen«. Allerdings enthielten die vom Verlag erstellten ersten Korrekturfahnen von Hilberts Arbeit nicht die ausschlaggebenden Feldgleichungen; diese waren erst in der später publizierten Version enthalten. Somit hatte wieder Einstein die Nase vorn. Hatte David Hilbert seine Arbeit ohne die Feldgleichungen abgeliefert, weil er noch nicht so weit war? Oder war der Redaktion ein Fehler unterlaufen? Leider sind das Original Hilberts und auch die Korrekturfahnen nicht vollständig erhalten, einiges ist wohl in den Wirren des Ersten Weltkrieges verloren gegangen.

Anders als zuweilen behauptet, gab es nie einen Prioritätsstreit zwischen David Hilbert und Albert Einstein. Vorübergehend war Einstein verärgert, doch Hilbert erkannte großmütig Einstein als den alleinigen Schöpfer der Allgemeinen Relativitätstheorie an und konnte sehr gut damit leben, dass die Allgemeine Relativitätstheorie allein Einsteins Namen trug. Er war ja erst in die Ausarbeitung eingestiegen, als Einstein schon Jahre an der Theorie gearbeitet hatte. Doch es gab neben Hilbert eine weitere Person, die in dieser Phase wesentlich zur Allgemeinen Relativitätstheorie beigetragen hatte und deren Rolle doch völlig unberücksichtigt blieb: Emmy Noether.

Die zwei Gesichter der akademischen Welt

Sowohl Hilbert und Klein als auch Einstein brachten den Beiträgen Emmy Noethers zur Allgemeinen Relativitätstheorie große Wertschätzung entgegen und kommunizierten untereinander sehr offen über sie. So schrieb Klein Anfang 1916 an Hilbert:

> »Hier habe ich eine wesentliche Einschaltung zu machen. Sie wissen, daß mich Frl. Noether bei meinen Arbeiten fortgesetzt berät und daß ich eigentlich nur durch sie in die vorliegende Materie eingedrungen bin. Als ich nun Frl. Noether letzthin

von meinem Ergebnis betr. Ihren Energievektor sprach, konn-
te sie mir mitteilen, daß sie dasselbe aus den Entwicklungen
Ihrer Note (also nicht aus den vereinfachten Rechnungen
meiner Nr. 4) schon vor Jahresfrist abgeleitet und damals in
einem Manuskript festgelegt habe (in welches ich dann Ein-
sicht nahm).«[47]

In seiner Antwort stimmte Hilbert zu:

»Mit Ihren Ausführungen über den Energiesatz stimme ich
sachlich völlig überein: Emmy Noether, deren Hilfe ich zur
Klärung derartiger analytischer meinen Energiesatz betref-
fenden Fragen vor mehr als Jahresfrist anrief, fand damals,
daß die von mir aufgestellten Energiekomponenten – ebenso
wie die Einsteinschen – formal mittelst der Lagrangeschen
Differentialgleichungen in meiner ersten Mitteilung in Aus-
drücke verwandelt werden können, deren Divergenz iden-
tisch d. h. ohne Benutzung der Lagrangeschen Gleichungen
verschwindet.«[48]

Vor Publikum, zum Beispiel in öffentlichen Diskussionen, kam
allerdings weder Hilbert noch Klein solche Anerkennung über
die Lippen. Auch von Einstein sind aus jener Zeit keine Erwäh-
nungen Emmy Noethers bekannt (solche gab er allerdings auch
Herren der Physik gegenüber sehr selten ab). Nur in Nebenbe-
merkungen wiesen Klein und Hilbert auf Emmy Noethers Verdienste hin. Vollends verschwiegen wurde Emmy Noethers
Beitrag in den Publikationen selbst; im besten Fall wurde sie von
ihren Göttinger Förderern im Literaturverzeichnis namentlich
berücksichtigt. Als Hilbert 1915 und 1916/17 in seinen Veröffentlichungen über *Die Grundlagen der Physik* seine Versionen
der Feldgleichungen zu Einsteins Allgemeiner Relativitätstheorie präsentierte, blieb Emmy Noether unerwähnt. Klein bedank-
te sich zwar bei ihr in seinen Arbeiten über die Allgemeine

Relativitätstheorie, zum Beispiel in der Darstellung der mathematischen Grundlagen der Allgemeinen Relativitätstheorie in der *Encyclopädie der mathematischen Wissenschaften*, hätte sie aber nach heutigem Verständnis als Koautorin nennen müssen.

In der persönlichen Begegnung war es Klein und Hilbert möglich, sich wertschätzend gegenüber Emmy Noether zu verhalten, doch im Kreise ihrer Kollegen schien es ihnen nicht opportun, die hervorragende Rolle Emmy Noethers zu erwähnen. Bewusst oder unbewusst vermieden sie das öffentliche Eingeständnis, dass eine Frau durchaus in der Lage ist, in der Mathematik Bedeutendes zu leisten.

Diese Ignoranz kam auch bei anderen Mitstreitern Emmy Noethers zum Vorschein. Hermann Weyl etwa, den Emmy Noether sehr gefördert hatte und der sich ihr verbunden fühlte, sah in seinem erstmals 1918 veröffentlichten Buch *Raum, Zeit, Materie – Vorlesungen zur allgemeinen Relativitätstheorie* und auch in späteren überarbeiteten Auflagen keine Notwendigkeit, explizit auf Emmy Noethers Ergebnisse einzugehen. Auch als er den Begriff der Eichsymmetrie einführte, eine direkte Anwendung von Emmy Noethers Theorem, erwähnte er ihren Namen nicht. Und der einundzwanzigjährige Wolfgang Pauli, der zu dem Zeitpunkt die Arbeit Emmy Noethers bereits kannte, unterließ in seinem einflussreichen Artikel über die Relativitätstheorie in der *Encyklopädie der Mathematischen Wissenschaften* von 1921 einen angemessenen Hinweis auf Emmy Noether. Auch als seine Arbeit später separat in Buchform herausgegeben wurde, fand Emmy Noether keine Erwähnung.

Dass die Arbeiten Emmy Noethers hochgelobt und für eigene Zwecke verwendet wurden, ihre Person jedoch lange Zeit übergangen wurde, hatte System. Ihr langer Weg zur Professur ist ein weiterer Beleg für die Unfähigkeit der akademischen Welt, Frauen bei gleicher oder sogar deutlich besserer Leistung als gleichwertige Wissenschaftlerinnen anzuerkennen.

Skandal in Göttingen

Vielleicht war Emmy Noether bei ihrer Ankunft unsicher gewesen, ob sie dieses Mal in Göttingen Erfolg haben würde. Doch muss sie gewusst haben, dass sie mit den Besten der Besten mithalten konnte. So trat sie bereits Mitte Juli 1915 mit einem Vortrag über »Endlichkeitsfragen der Invariantentheorie« in Erscheinung, der in Zusammenarbeit mit Hilbert entstanden war. Über ihre Expertise konnte nun kein Zweifel mehr bestehen, denn eine Woche später stellte Emmy Noether auf Anraten von Klein und Hilbert einen Antrag auf Habilitation. Dieses Gesuch war ein heißes Eisen, denn Frauen waren in preußischen Landen, zu denen Göttingen damals gehörte, zwar seit 1908 endlich zum Studium zugelassen, ausdrücklich nicht aber zur Habilitation. Das zuständige preußische Ministerium hatte 1907 eigens eine Umfrage unter den Professoren gestartet, deren Ergebnis eindeutig ausgefallen war: Bloß keine Frauen als Professorinnen! Den entsprechenden Erlass, dass Frauen nicht habilitiert werden können, gab das Ministerium 1908 heraus.

Trotz der eindeutigen rechtlichen Lage befasste sich in Göttingen eine aus sieben gewählten Professoren bestehende Entscheidungskommission mit Emmy Noethers Gesuch und ihrer Habilitationsschrift *Körper und Systeme rationaler Funktionen*, die 1915 in den *Mathematischen Annalen* veröffentlicht worden war.[49] Sechs der Professoren sprachen sich daraufhin Ende Oktober 1915 dafür aus, im Fall von Emmy Noether beim preußischen Ministerium einen Antrag auf eine Ausnahmegenehmigung einzureichen. Nur der Astronom Johannes Franz Hartmann bestand darauf, keinen Präzedenzfall zu schaffen.

Der positive Entschluss der Habilitationskommission scheint innerhalb der Göttinger Universität hohe Wellen geschlagen zu haben. Denn obwohl das zuständige Gremium seine Entscheidung getroffen hatte, fand eine Woche später im erweiterten Kreis von neunzehn Mitgliedern der mathematisch-naturwissenschaftlichen Fakultät eine zweite Abstimmung statt. Nun sah das Ergebnis anders aus: Bei zwei Enthaltungen votierten zehn Stimmen für einen Brief an das Ministerium mit der Bitte um eine Ausnahmeerlaubnis, sieben waren dagegen. Immer noch gab es eine Mehrheit dafür, Emmy Noether zu habilitieren, doch es war knapp geworden. Diejenigen, die mit »Nein« gestimmt oder sich enthalten hatten, wollten nun ihre Beweggründe schriftlich niederlegen, wohl auch in der Hoffnung, die Befürworter einer Habilitation Emmy Noethers umstimmen zu können.

Die Vertreter der mathematisch-naturwissenschaftlichen Fakultät bestanden auf ihrem Recht, nach eigenem Ermessen eine Habilitation vorzuschlagen. Sie machten klar, dass sie eine entsprechende Bittschrift an das Ministerium richten würden. Diese Ankündigung muss die Professoren anderer Bereiche in höchste Alarmbereitschaft versetzt haben. Denn nur vier Tage später, am 10. November 1915, fand eine weitere Sitzung statt, dieses Mal waren zweiunddreißig Teilnehmer zusammengekommen. Siebzehn von ihnen waren »unter allen Umständen gegen die Zulassung einer Frau zur Habilitation«. Die Waagschalen hatten sich also zuungunsten Emmy Noethers verschoben. Auch bei dieser Sitzung muss es hoch hergegangen sein, denn es wurde gleich noch ein zweites Mal abgestimmt. Dass die Habilitationskommission um die Erlaubnis bitten würde, Emmy Noether habilitieren zu dürfen, ließ sich nicht verhindern. Die Frage war nun: Sollten die Professoren, die gegen diese Sonderbehandlung Emmy Noethers waren, einen zweiten Brief schreiben, in dem sie das Ministerium darum baten, den Antrag ihrer mathematisch-naturwissenschaftlichen Fakultät abschlägig zu bescheiden?

Vier Teilnehmer waren wohl nicht mehr anwesend. Das Abstimmungsergebnis darüber, ob man parallel zum Habilitationsantrag der mathematisch-naturwissenschaftlichen Fakultät tätig werden sollte, lautete nun: 14 zu 14. Die Stimme des Dekans gab den Ausschlag: Die Universität Göttingen würde *nicht* parallel zu dem Schreiben der mathematisch-naturwissenschaftlichen Fakultät tätig werden. Die Vertreter der historisch-philologischen Fakultät waren mit diesem Ergebnis unzufrieden und zogen sich daraufhin zu einer getrennten Sitzung zurück. Aber auch diese Beratschlagung, ob man in die Bresche springen und aus diesem Kreis heraus das Ministerium bitten solle, Emmy Noether keinesfalls zur Habilitation zuzulassen, endete mit dem Entschluss, den Dingen ihren Lauf zu lassen.

Am 26. November 1915 reichte die mathematisch-naturwissenschaftliche Fakultät Göttingens das Gesuch an das zuständige Ministerium ein, Emmy Noether habilitieren zu dürfen. Hilbert schickte einige Tage später noch einen persönlichen Brief hinterher, um möglichst einen positiven Bescheid zu erwirken. Doch all die heißen Kämpfe innerhalb der Universität waren völlig umsonst gewesen. Emmy Noether und die Professoren warteten lange Zeit vergeblich auf eine Entscheidung; zwei Jahre lang lag der Antrag im »Giftschrank« des Ministeriums.

Im Juni 1917 startete die Göttinger mathematisch-naturwissenschaftliche Fakultät einen neuen Versuch. Denn inzwischen hatte die Frankfurter Universität durchblicken lassen, dass sie Emmy Noether gerne habilitieren würde. Die Göttinger wollten einen Wechsel Emmy Noethers nach Frankfurt verhindern und riefen ihre Bitte um Dispens in Erinnerung. Das Ministerium sah jedoch keinen Anlass, aktiv zu werden, denn auch Frankfurt unterlag preußischen Gesetzen. Wozu also die Aufregung? Es vergingen weitere Monate, bis im November 1917 die offizielle Absage auf das Göttinger Gesuch von 1915 eintraf: Man wolle keine Ausnahmen zulassen, »selbst wenn im Einzelfall dadurch gewisse Härten unvermeidbar sind«.

Die ersten Lebensjahrzehnte Emmy Noethers vermitteln ein Bild davon, welche Scherkräfte bei der Frage wirkten, ob Frauen der Zugang zu höherer Bildung zugestanden werden sollte und ob sie ein vollwertiges Mitglied des universitären Lehrkörpers sein können oder nicht. Da waren zum Beispiel die fundamentalen Auseinandersetzungen innerhalb der Professorenschaft. Nicht wenige aus diesem Kreis waren durchaus bereit, in besonderen Fällen Ausnahmen zuzulassen. Andere hatten aus gutem Grund Angst vor Präzedenzfällen, denn der auf die Bildungseinrichtungen ausgeübte Druck wurde immer stärker. Selbst über eine nur einen Spalt breit geöffnete Tür würde man schnell die Kontrolle verlieren.

Warum keine Professorinnen?

Bei alldem wurde Emmy Noethers fachliche Kompetenz nicht in Frage gestellt, das wäre auch absurd gewesen. Doch es wurde eine Reihe anderer Begründungen angeführt. Unter anderem wurde ein Argument genannt, mit dem sich Frauen noch weitere Generationen herumschlagen mussten: Man habe noch keine Erfahrungen mit der Habilitation von Frauen gemacht und wolle deshalb auch keine machen.

Dass so ein Zirkelschluss auch dem heute noch hochverehrten Göttinger Philosophen Edmund Husserl unterlief, entbehrt nicht einer gewissen Ironie. Als das preußische Ministerium 1907 seine Umfrage unter den Universitätsprofessoren veranstaltete, auf die dann der Erlass von 1908 folgte, schrieb Husserl in einem Gutachten:

>*Die Habilitation ist normaler Weise als Institution zu fassen, mit dem Zwecke, entsprechend begabten jungen Leuten die akademische Laufbahn zu eröffnen [...]. Daß nun ein junger Mann, der sich einmal für die Wissenschaft entschieden und eine tüchtige Erstlingsschrift erzielt hat, sich in der Regel weiter entwickelt, zu einer immer Neues und Besseres leistenden wissenschaftlichen Persönlichkeit – das ist eine allgemeine Erfahrung. Für das weibliche Geschlecht haben wir die Erfahrung nicht. Junge Damen bringen es wohl zu ansprechenden*

Dissertationen; daß sich aber die soweit Gekommenen – normaler Weise – stetig weiter entwickeln, zu regelmäßig fortarbeitenden und berufsmäßig leistenden Forscherinnen, dafür fehlen allgemeine Erfahrungen [...] Bei dem jetzigen Stande unserer erfahrungsmäßigen Kenntnis der weiblichen Charakteranlagen in der fraglichen Hinsicht können also junge Damen als aussichtsvoller Nachwuchs für den akademischen Lehrkörper noch nicht gelten.« [50]

Tatsächlich war Emmy Noether eine der ganz wenigen Frauen, die auch nach Erreichen des Doktorgrades an der Universität geblieben waren. Doch lag es an den von Husserl angesprochenen »weiblichen Charakteranlagen«, dass die anderen das Handtuch warfen, oder nicht doch an den frauenfeindlichen Bedingungen, die sie an den Universitäten vorfanden? In diesem Zusammenhang sei noch einmal daran erinnert, dass Emmy Noether trotz harter und erfolgreicher Arbeit an den mathematischen Instituten in Erlangen und Göttingen erst fünfzehn Jahre nach Abschluss ihrer Doktorarbeit zum ersten Mal ein – sehr geringes – Gehalt bekam.

Im Kreise der Professoren wurde auch die Befürchtung genannt, dass Frauen den Männern die Stellen wegnehmen würden – viele Männer dienten 1915 im Krieg. Ein Fakultätsmitglied machte sich Gedanken darüber, was denn die Soldaten denken würden, wenn sie von der Front zurückkehrten und von Frauen unterrichtet würden. Der Astronom Johannes Franz Hartmann, der als Einziger schon im engsten Kreis gegen die Habilitation Emmy Noethers gestimmt hatte, sorgte sich dagegen um die Familien. Am 5. August 1915 schrieb er:

»Jeder Schritt, der die Gleichberechtigung der Frau erweitert, ihre selbstständige Haltung u Lebensführung erleichtert, bringt gewisse Gefahren für das Familienleben. [...] Im Interesse unseres Nachwuchses wäre daher sicherlich nicht zu wün-

schen, wenn gerade die geistig besonders hochstehenden Frauen dem Familienleben mehr und mehr entzogen würden.«[51]

All diese Argumente gegen eine Habilitation Emmy Noethers zeigen wie in einem Brennglas die damalige Einstellung fast aller etablierten Wissenschaftler Frauen gegenüber: Auch dann, wenn nicht angezweifelt wurde, dass ihre Leistung denen ihrer männlichen Kollegen zumindest ebenbürtig ist, sollten Frauen dort bleiben, wo sie hingehörten: zu Heim und Herd. Um wie viel erniedrigender und gnadenloser muss das Urteil in anderen Teilen der Gesellschaft gelautet haben, wo die Leistungsfähigkeit der Frauen nicht anhand von unbestechlichen Fakten überprüfbar war!

Sogar die Befürworter von Emmy Noethers Zulassung zur Habilitation waren weit davon entfernt, Frauen in der Wissenschaft als gleichwertig anzuerkennen. Der Mathematiker Edmund Landau sprach mit seinem Gutachten sicher vielen seiner Kollegen aus der Seele:

> »Wie einfach läge demnach für uns die Sache, wenn es sich um einen Mann mit genau den Arbeiten, der Vortragsgeschicklichkeit und dem ernsten Streben handeln würde. Es wäre mir viel lieber, wenn sich diese Erweiterung unseres Lehrprogramms ohne die damit verbundene Habilitation einer Dame ermöglichen ließe. [...] Ich habe bisher, was produktive Leistungen betrifft, die schlechtesten Erfahrungen in Bezug auf die studierenden Damen gemacht und halte das weibliche Gehirn für ungeeignet zur mathematischen Produktion; Frl. N halte ich aber für eine der seltenen Ausnahmen.«[52]

Emmy Noethers Förderer Felix Klein war ähnlichen Sinnes. Als sie einen weiteren Anlauf zur Professur unternahm, legte er Wert auf die Feststellung, dass es sich bei Emmy Noether um eine Ausnahmeerscheinung handele:

»Ich gehöre nicht zu denen, die im allgemeinen ein weitge-
hendes wissenschaftliches Studium der Damen empfehlen,
und hatte in der Tat, als Frl. Noether vor Jahren zum ersten
Mal bei uns war, zunächst den Eindruck, dass sie etwas
Uebertriebenes, für sie Unerreichbares anstrebe.« [53]

Nur ein einziger Professor ging in seiner Argumentation nicht
auf die Tatsache ein, dass Emmy Noether eine Frau war, sondern
hob allein ihre besonderen mathematischen Fähigkeiten hervor
und lobte ihre Publikationen, die sie seit ihrer Doktorarbeit veröffentlicht hatte: David Hilbert.

»Eine besondere Freude machte mir, als es Frl. Noether
gelang, eine kürzlich von mir aufgestellte Vermuthung betref-
fend die Endlichkeit eines Systems von unendlich vielen
Grundformen als richtig streng zu beweisen. Diese Leistung
zeigt eklatant, dass Frl. Noether im Stande ist, sich den
Zugang zur Lösung eines von anderwärts her vorliegenden
besonders schwierigen Problems zu erzwingen« [54]

Auf welcher der turbulenten Sitzungen Hilberts berühmter Aus-
ruf »Aber meine Herren, eine Fakultät ist doch keine Badeanstalt« fiel – und ob er überhaupt fiel –, lässt sich nicht mehr
nachvollziehen. Falls Hilbert diesen Satz gesagt hat, hat er mit
ihm ins Schwarze getroffen: Denn so wie es in einer Badeanstalt
die öffentliche Ordnung gestört hätte, wenn sich eine Frau in den
strikt abgetrennten Bereich für Männer verirrt hätte, so wäre die
Anwesenheit einer Frau im Hörsaal als genauso irritierend und
sogar abstoßend empfunden worden.

1907, anlässlich der Umfrage zum Thema »Habilitation von
Frauen«, hatte der Göttinger Historiker Karl Brandi geäußert,
dass er schon die Anwesenheit von Frauen im Hörsaal als eine
erhebliche Störung wahrnehme:

»Ich wenigstens muß gestehen, daß ich schon in dem gemischten Auditorium eine Beschränkung der für unsere Tätigkeit so absolut notwendigen vollkommenen Unbefangenheit empfinde, daß ich vollends in Seminarstunden nicht verzichten möchte, auf den freundschaftlichen Ton rückhaltloser Aussprache und rückhaltlosen Vertrauens. Unser Unterricht soll ein persönlicher sein und deshalb liegt in der Einheit des Geschlechts nach meiner Überzeugung eine Bedingung seiner vollen Wirkung.«[55]

Emmy Noethers Jahre in der Warteschleife

Obwohl Emmy Noether an der Diskussion von Hilberts Version der Gleichungen zur Allgemeinen Relativitätstheorie beteiligt gewesen war und auch weiterhin an der immer genaueren Ausarbeitung mitwirkte, trat sie wie zuvor nur in einer sehr untergeordneten Rolle in der Öffentlichkeit auf. Für Hilbert bedeutete es eine Niederlage, dass Emmy Noethers Habilitation nicht vorankam. Er hatte von Anfang an Emmy Noethers Genialität erkannt, doch seine Macht hatte nur so weit gereicht, dass er ihr eine unbezahlte Stelle am Institut anbieten konnte. Trotz seiner Unterstützung war ihre mathematische Karriere zunächst ausgebremst.

Eines konnte Hilbert allerdings für Emmy Noether noch im Jahr 1915 in die Wege leiten: Gemeinsam mit zwei Kollegen handelte er in einem persönlichen Gespräch mit dem Ministerium den Kompromiss aus, dass sie Vorlesungen halten durfte. Die Bedingung war, dass Emmy Noether nicht unter eigenem Namen, sondern als Vertretung Hilberts auf dem Podium stand. Ihre erste Vorlesung im Wintersemester 1915/16 wurde im Vorlesungsverzeichnis wie folgt angekündigt:

»Invariantentheorie: Prof. Hilbert mit Unterstützung von Frl. Dr. Nöther, Montag 4–6 gratis.«

Es folgten weitere Kurse über fortgeschrittene algebraische Konzepte, an keinem von ihnen war Hilbert persönlich beteiligt. Insgesamt vier Jahre lang hielt Emmy Noether ihre Vorlesungen »unter falscher Flagge«. Bewegung kam erst in die festgefahrene Situation, als Albert Einstein, der Emmy Noether durch die Diskussion mit Klein und Hilbert über die Relativitätstheorie zu schätzen gelernt hatte, sich für sie einsetzte. Er schrieb im Dezember 1918 an Klein:

> »Beim Empfang der neuen Arbeit von Frl. Noether empfand ich es wieder als große Ungerechtigkeit, daß man ihr die venia legendi vorenthält. Ich wäre sehr dafür, daß wir beim Ministerium einen energischen Schritt unternähmen. Halten Sie dies aber nicht für möglich, so werde ich mir allein Mühe geben. Leider muß ich für einen Monat verreisen. Ich bitte Sie aber sehr, mir kurz Nachricht zu geben bis zu meiner Rückkehr. Wenn vorher etwas gemacht werden sollte, so bitte ich Sie über meine Unterschrift zu verfügen.«[56]

Dieser Brief eines der bedeutendsten Physiker aller Zeiten scheint die Göttinger Professoren beschämt zu haben. Bereits Anfang 1919 genehmigten sie den dritten Antrag Emmy Noethers auf ihre Habilitation innerhalb von nur einem knappen Monat – ein für diesen Verwaltungsakt bemerkenswert schnelles Verfahren. Der mittlerweile emeritierte Felix Klein schrieb in einem Brief vom Januar 1919 an den Ministerialdirektor Naumann:

> »Bei den heutigen Zeitumständen kann es in der Tat nicht fehlen, dass die jetzige Stellung von Frl. Noether von vielen Seiten als eine unbillige Einengung empfunden wird, zumal die wiss. Leistung von Frl. Noether alle von uns gehegte Voraussicht weit übersteigt. Sie hat im letzten Jahre eine Reihe theoretische Untersuchungen abgeschlossen, die oberhalb aller im gleichen Zeitraum von anderen hierorts realisierten

Leistungen liegen (die Arbeiten der Ordinarien mit einge-
schlossen).«[57]

Das muss man sich vorstellen! Der Mann, der Göttingen zum internationalen Zentrum der Mathematik gemacht hatte, bescheinigt einer unbezahlten Assistentin, dass sie bessere Arbeit leistet als jeder der Lehrstuhlinhaber! Die Stellungnahmen der Professoren waren nun weit enthusiastischer als die, die sie vier Jahre zuvor geschrieben hatten.

Würde dieses Mal das zuständige Ministerium der Habilitation Emmy Noethers zustimmen? Der verlorene Weltkrieg hatte die Gesellschaftsordnung durcheinandergewirbelt. Frauen hatten sich inzwischen das Wahlrecht erstritten und waren auch in der Berufswelt auf dem Vormarsch. Tatsächlich beschied das Ministerium für Wissenschaft, Kunst und Volksbildung am 8. Mai 1919, dass es keine Einwände gegen Emmy Noethers Habilitation erhebe. Es war noch eine Ausnahmegenehmigung, denn der generelle Erlass, »daß in der Zugehörigkeit zum weiblichen Geschlecht kein Hindernis gegen die Habilitation erblickt werden darf«, trat erst am 21. Februar 1920 in Kraft.

Zu Emmy Noethers Habilitationsverfahren gehörten ein wissenschaftliches Kolloquium, das sie noch im Mai 1919 abhielt, sowie eine Probevorlesung mit dem Titel »Fragen der Modultheorie« im Juni desselben Jahres. Als Habilitationsschrift wurde ihre 1918 in den Nachrichten der Göttinger Gesellschaft der Wissenschaften erschienene Arbeit *Invariante Variationsprobleme* anerkannt, in der Emmy Noether den Zusammenhang zwischen Erhaltungsgrößen und Invarianzen in den physikalischen Gleichungen gezeigt hatte.

Endlich habilitiert und doch nicht am Ziel

Zwölf Jahre nach ihrer Promotion, mit siebenunddreißig Jahren, war Emmy Noether 1919 endlich außerordentliche Professorin und konnte als Privatdozentin erstmals unter eigenem Namen Vorlesungen anbieten. Ihr Bruder Fritz Noether, der zwei Jahre nach ihr promoviert hatte, war zu diesem Zeitpunkt bereits seit acht Jahren habilitiert und wurde für seine wissenschaftliche Arbeit selbstverständlich bezahlt. Ein Jahr zuvor, 1918, war er zum etatmäßigen außerordentlichen Professor an der Technischen Hochschule Karlsruhe ernannt worden. 1921 folge seine Berufung zum ordentlichen Professor auf den Lehrstuhl für Höhere Mathematik und Mechanik an der Technischen Hochschule Breslau.

Emmy Noethers Karriereschritt war dagegen immer noch nicht mit einem Gehalt verbunden. Nur die Berufung auf einen Lehrstuhl hätte zwingend zu einer Bezahlung ihrer Tätigkeit geführt, doch dazu kam es nie. In der folgenden Zeit wurden in Deutschland zwar mehrere Lehrstühle neu besetzt, die thematisch für sie in Frage gekommen wären, unter anderem in Kiel und Erlangen, doch Emmy Noether erhielt nie einen Ruf oder auch nur einen Listenplatz. Dabei wäre eine ordentliche Professur, gesetzlich gesehen, durchaus möglich gewesen.

Sogar als Emmy Noether sich ein Jahrzehnt später außerhalb der universitären Hierarchie längst einen Weltruf erarbeitet hatte, brachten es ihre Kollegen nicht über sich, ihr die überfällige ordentliche Professur anzubieten. 1928 war in Kiel der Mathematiker Ernst Steinitz gestorben, sein Lehrstuhl passte exakt auf die Fähigkeiten Emmy Noethers. Zu den Gutachtern, die mögliche Kandidaten für Steinitz' Nachfolge diskutierten, gehörten auch Abraham Fraenkel und Helmut Hasse. Am 8. Oktober 1928 schrieb Fraenkel an Hasse:

> *»Hier liegt die Sache beinahe umgekehrt. Dass sie als Mann längst berufen wäre u. dass sie trotz ihrer für Anfängerunter-*

richt sicher schlechten Begabung wissenschaftlich in Kiel erfolgreich würde, ist wohl außer Zweifel.«[58]

Hasses Antwort ist nicht überliefert, seine Einstellung zu Emmy Noether war offenbar negativ. Zwei Tage später schrieb Fraenkel erneut an ihn:

> *»Zu Frl. Noether ermutigen mich ihre Bemerkungen dazu, denen ich mindestens, was große Univers. [Universitäten] betrifft, zustimme, guten Gewissens von ihrer Nennung abzusehen.«*[59]

Beschämend ist auch, dass Emmy Noether nie als Mitglied in die Königliche Gesellschaft der Wissenschaften in Göttingen aufgenommen wurde, was eine weitere offene Diskriminierung darstellte. All diese Zurücksetzungen scheint Emmy Noether aber recht gleichmütig aufgefasst zu haben. Nur eines schmerzte sie erkennbar: Obwohl sie sehr viel Zeit in die Bearbeitung und Bewertung von Beiträgen investierte, die in den *Mathematischen Annalen* erscheinen sollten, blieb sie ausgeschlossen von den Reihen der Herausgeber dieser international renommiertesten und bedeutendsten Zeitschrift, zu denen auch Klein, Hilbert und Einstein gehörten. Der Kommentar eines weiteren Herausgebers, Bartel Leendert van der Waerden, ist einer von vielen, der das Leitmotiv in Emmy Noethers Leben widerspiegelt: Ihre Leistungen wurden gesehen und wertgeschätzt, doch für eine offizielle Anerkennung reichte es nicht.

> *»Sie war uns eine treue Freundin und gleichzeitig eine strenge Richterin. Als solche war sie auch für die Mathematischen Annalen von unschätzbarem Wert.«*[60]

Auch als Emmy Noether längst international hochgeschätzt war, musste immer noch jeder Schritt innerhalb der professoralen

Hierarchie hart erkämpft werden. Am 6. April 1922, drei Jahre nach ihrer Habilitation, sprach ihr das preußische Ministerium für Wissenschaft, Kunst und Volksbildung den Titel eines nicht beamteten außerordentlichen (n.b.a.o.) Professors zu. In der Begründung für diese Nomination hieß es:

> »Frl. Noether, die sich als Forscher mit sehr vielen Inhabern von Ordinariaten wohl messen kann, entwickelt hier eine eifrige Lehrtätigkeit, die vor allem auf einen kleineren Kreis interessierter begabter Studenten wirkt, allerdings weniger auf das Gros der Studenten eingestellt ist.«[61]

Die außerordentliche Professur war der höchste Hierarchieplatz, der zu dieser Zeit einer Frau an einer preußischen Universität zugestanden wurde. Dass die unterdessen von der historisch-philologischen Einheit getrennte naturwissenschaftliche und mathematische Fakultät bei dieser Gelegenheit offiziell erklärte, dass die Ablehnung ihrer Habilitation 1915 ungerechtfertigt gewesen war, konnte nur ein schwacher Trost sein. Denn immer noch besaß Emmy Noether an der Universität nur eingeschränkte Rechte. Eine ordentliche Professur und damit eine gut bezahlte Beamtenstelle blieben ihr weiter verwehrt.

5

DAS NOETHER-THEOREM

Die Brücke zwischen der realen Welt und der theoretischen Physik

> »Wir müssen uns auf theoretische Erkenntnisse und
> Konzepte von Schönheit, Ästhetik und Symmetrie verlassen,
> um Vermutungen darüber anzustellen, wie die Dinge
> funktionieren könnten.«[62]
> FRANK WILCZEK, PHYSIK-NOBELPREISTRÄGER 2004

Am 25. November 1915 hatte Albert Einstein dank der Unterstützung aus Göttingen seine Gleichungen zur Allgemeinen Relativitätstheorie endlich veröffentlichen können. Doch mit der Publikation der Allgemeinen Relativitätstheorie war die Diskussion über diese neue Theorie noch lange nicht abgeschlossen.

Nahezu ohne Unterbrechung setzten Einstein und Hilbert ihre Zusammenarbeit fort, um die noch offenen Fragen zu klären. Wenn sie sich etwa mit den Energien beschäftigten, wie die Allgemeine Relativitätstheorie sie beschrieb, ergaben manche Zusammenhänge keinen Sinn. Schlimmer noch: Das Prinzip der Energieerhaltung schien verletzt zu sein. Zum Beispiel ließen die Gleichungen immer noch den Schluss zu, dass ein Objekt, das durch die Aussendung von Gravitationswellen offensichtlich Energie verliert, schneller werden kann, also Energie aufzunehmen scheint. Nach den gültigen physikalischen Gesetzen muss sich ein Objekt mit weniger Energie jedoch verlangsamen, nicht beschleunigen! Hilbert und Klein waren über diese offensichtliche Unvereinbarkeit der Allgemeinen Relativitätstheorie mit einem der zentralen Grundsätze der Physik zutiefst besorgt.

Der Rahmen aller Dinge

Es zeigte sich, dass diese Unstimmigkeit in der Allgemeinen Relativitätstheorie eine Frage der Symmetrie war. In der Architektur und den bildenden Künsten wird dieser Begriff mit Ebenmaß und idealen Proportionen verbunden – von jeher war Symmetrie ein wesentliches Kriterium für Schönheit und Vollkommenheit. Seit der Renaissance galten auch die Proportionen des menschlichen Körpers als Idealbild harmonischer Verhältnisse. Das berühmte Bild Leonardo da Vincis zeigt den vollkommenen Menschen mit ausgestreckten Armen und Beinen, Hände und Füße berühren dabei die Ecken eines Quadrats und gleichzeitig einen Kreis, dessen Zentrum der Bauchnabel ist.

In der Mathematik und der Physik sind Symmetrien ebenfalls ein Zeichen für Schönheit und Ebenmaß. Ein Kubus etwa – ein Würfel mit gleich langen Seiten – ist spiegelsymmetrisch: Man kann ihn an drei Ebenen spiegeln, ohne dass er nach der Spiegelung anders aussähe. Dazu ist er auch noch rotationssymmetrisch: Kippt man ihn um 90° oder ein Vielfaches davon, sieht er aus wie vorher. Eine ideale Schneeflocke sieht immer gleich aus, wenn sie um 60° oder ein Vielfaches davon gedreht wird. Ähnliche Rotationssymmetrien finden sich in der Natur zum Beispiel auch bei Seeigeln und vielen Blüten. Für eine Kugel gilt die Rotationssymmetrie sogar für beliebige Drehungen um jede Achse, die durch ihren Mittelpunkt geht.

Neben den Spiegel- und Rotationssymmetrien kennen Mathematiker und Physiker noch weitere Symmetrieformen. Seit jeher suchen sie für die Beschreibung der Welt nach sogenannten »symmetrischen Gleichungen«. In diesem Zusammenhang bedeutet Symmetrie, dass sich die Gleichungen nicht ändern (also invariant sind), wenn man sie bestimmten Transformationen aussetzt. In der Physik Newtons betreffen diese Symmetrien Raum, Zeit und räumliche Orientierung.

Das Beispiel einer Kugel, die eine schiefe Ebene herunterrollt, zeigt die Zusammenhänge:

- Symmetrie des Ortes: Die Newtonschen Gesetze gelten unabhängig davon, an welchem Ort man sich auf der Erde – und wahrscheinlich auch im gesamten Universum – befindet. Überall ist die Geschwindigkeit der Kugel nach diesen Gesetzen berechenbar. In der Fachsprache der Physik heißt dies, dass die Gleichungen rauminvariant sind; oder auch: Der Raum, in dem die klassische Mechanik stattfindet, ist homogen.
- Symmetrie der Zeit: Die Newtonschen Gesetze gelten auch unabhängig davon, zu welchem Zeitpunkt die Kugel hinunterrollt. Ob vormittags oder nachmittags, gestern oder nächstes Jahr – das Ergebnis der Gleichungen bleibt dasselbe. Im Umfeld der klassischen Mechanik ist also auch die Zeit homogen; die Gleichungen, die das Geschehen beschreiben, sind zeitinvariant.
- Symmetrie der räumlichen Orientierung: Dasselbe gilt für die Lage einer Kugelbahn im Raum. Sie kann einmal um ihre senkrecht zum Erdmittelpunkt gedachte Achse gedreht werden, ohne dass sich am Verhalten der Kugel etwas ändert. Physiker sprechen davon, dass die sich aus der Transformation der Orientierung im Raum ergebenden Gleichungen räumlich isotrop sind, sich also nach allen Richtungen als gleich erweisen.

Aus unserer Alltagserfahrung heraus kommen wir gar nicht auf die Idee, dass es anders sein könnte. Die Vorstellung, die Kugel würde an verschiedenen Stellen der Welt oder zu verschiedenen Zeiten unterschiedlichen Gesetzen gehorchen, hat etwas sehr Verstörendes. Daran, dass die Kugel bei Veränderung anderer

Parameter – zum Beispiel bei variierten Steigungen der Rampe oder veränderten Reibungseffekten – unterschiedliche Geschwindigkeiten aufnimmt, sind wir dagegen gewöhnt.

Allgemein lassen sich Symmetrien in Mathematik und Physik wie folgt definieren: Objekte sind bezüglich einer bestimmten Transformation symmetrisch, wenn ihre Eigenschaften nach der Transformation dieselben sind wie zuvor.

Den Symmetrien auf der Spur

Dass die Gleichungen der klassischen Physik bei Verschiebungen in Raum oder Zeit nicht ihre Form verändern, wurde bereits im 19. Jahrhundert als eine Invarianz gegenüber Transformationen definiert. Um die Symmetrien in Mathematik und Physik sowie ihre Eigenschaften und Folgen generell zu erkennen und zu beschreiben, brauchte es einen Sprung in abstrakte mathematische Tiefen und eine ganz neue mathematische Disziplin: die Gruppentheorie.

Bereits um 1830 hatte der Franzose Évariste Galois eine neue Struktur eingeführt, die heute als »Gruppe« eine zentrale Rolle in der modernen Mathematik einnimmt. Galois starb mit zwanzig Jahren an einem Bauchschuss, der ihm bei einem Duell zugefügt worden war; in der Nacht vor der für ihn tödlichen Auseinandersetzung hatte er noch eilends seine Ideen niedergeschrieben. Einige Jahrzehnte später baute der Norweger Sophus Lie, ein guter Freund von Felix Klein, die Gruppentheorie weiter aus: Eine Gruppe ist in der Mathematik eine Menge von Elementen und Operationen mit speziellen Eigenschaften. Unter anderem müssen die Ergebnisse ebenfalls Teil der Menge sein, wenn die Elemente durch die Operationen miteinander verknüpft werden. Operationen wiederum sind Verbindungen zweier Elemente, die auf ein drittes Element der Gruppe abgebildet werden. Ein Beispiel ist die Addition zweier Zahlen, die eine dritte Zahl ergeben.

Das folgende Beispiel eines n-Ecks erklärt das Prinzip der Gruppen in der Mathematik: Die Aussage, dass ein um jeweils 60° gedrehtes Sechseck rotationssymmetrisch ist, lässt sich wie folgt verallgemeinern: Regelmäßige, zweidimensionale Vielecke mit n Ecken werden um ihren geometrischen Mittelpunkt gedreht. Alle Drehungen, die jeweils ein Vielfaches des Winkels 360/n Grad betragen, bilden die Figur wieder auf sich selbst ab. Im Falle eines Sechseckes wären dies die Winkel 60°, 120°, 180°, 240°, 300° und 360°. Diese Winkel bilden eine Gruppe, denn wenn zwei beliebige Elemente so einer Gruppe miteinander verknüpft (»hintereinandergeschaltet«) werden, ist die resultierende Drehung ebenfalls ein Element der Gruppe. Bei einem n-Eck handelt es sich um diskrete Drehungen; es muss Sprünge machen, um zum nächsten symmetrischen Winkel zu kommen. Die Drehungen einer Kugel bilden dagegen eine kontinuierliche Gruppe, jeder beliebige Winkel ist Teil dieser Gruppe. Bei Gruppen, deren Elemente kontinuierlich ineinander übergehen, spricht man Sophus Lie zu Ehren von einer »Lie-Gruppe«.[63]

Die bereits erwähnten Symmetrien in der Physik formen solche Lie-Gruppen. Denn Galois und Lie hatten entdeckt, dass die Menge der Transformationen, die bestimmte Vorgänge in der Physik invariant lassen, sich mitsamt den dazugehörenden Operationen durch kontinuierliche Parameter beschreiben lassen und so die Eigenschaft einer kontinuierlichen Gruppe besitzen. Oder andersherum: Transformationen, die den Vorgang unverändert (invariant) lassen, müssen diese Stetigkeit erfüllen. Denn nur wenn eine *stetige* Transformation möglich ist, ergeben auch beliebig kleine (infinitesimal kleine) Veränderungen wieder Elemente der Gruppe.

Das Beispiel der rollenden Kugel auf einer Rampe verdeutlicht dies: Wäre die Invarianz der physikalischen Gleichungen, die diesen Vorgang beschreiben, an bestimmte Sprünge gebunden, wäre ihre Gültigkeit zum Beispiel nur bei Verschiebungen um jeweils genau fünf Minuten oder bei Abweichungen der

Rampe von der Ost-West-Ausrichtung nur in 10°-Schritten gewahrt. Alle Vorgänge dazwischen könnten ganz andere Ergebnisse nach sich ziehen. Die Rampe mit der rollenden Kugel kann jedoch *stufenlos* im Raum und auch in der Zeit verschoben werden, ohne dass sich der Ablauf des Geschehens ändern würde.

Symmetrien beziehungsweise Invarianzen führen zu Ordnung, Struktur und Einfachheit. Man stelle sich vor, bei der Berechnung der rollenden Kugel müssten auch noch Ortskoordinaten, Ausrichtung im Raum und genauer Zeitpunkt des Experiments berücksichtigt werden! Dass viele Gesetze in der Physik geradezu simpel und von klarer mathematischer Struktur sind, ist in den Augen von Naturwissenschaftlern ein Zeichen großer Schönheit. Die meisten von ihnen glauben sogar fest daran, dass sich irgendwann einmal ausnahmslos alle Gesetzmäßigkeiten der Natur relativ einfach und auf elegante Weise darstellen lassen – hier ist der Begriff »einfach« allerdings nicht unbedingt mit »für jedermann verständlich« gleichzusetzen, sondern kann auch »mathematisch elegant« bedeuten.

Im Grunde sind Mathematiker und Physiker auf der Suche nach den einfachen Gleichungen, die die Welt beschreiben – im besten Falle ließen sich alle Phänomene mit *einer einzigen* Weltformel erklären. Diese wird nicht anschaulich sein, aber als »letzte Symmetrie« mathematisch einfach sein. Der Quantenphysiker Werner Heisenberg sagte hierzu 1971:

> »Die endgültige Theorie der Materie wird ähnlich wie bei Platon durch eine Reihe von wichtigen Symmetrieforderungen charakterisiert sein. [...] Diese Symmetrien kann man nicht mehr einfach durch Figuren und Bilder erläutern, so wie es bei platonischen Körpern möglich war, wohl aber durch Gleichungen.«[64]

Die geheime Tür zwischen Invarianzen und Erhaltungsgrößen

Nach den mathematischen Begriffen »Symmetrie« und »Gruppen« geht es nun um eine weitere Bezeichnung, die allerdings der Physik entstammt: die »Erhaltungsgrößen«. Dies sind Strukturen, die in einem abgeschlossenen System bei allen möglichen Veränderungen ihren Wert nicht verändern. Anfang des 20. Jahrhunderts waren fünf Erhaltungsgrößen bekannt:

- Energie: Der Erhaltungssatz der Energie besagt, dass die Summe aller Energien in einem abgeschlossenen System konstant ist. Energie kann also weder erzeugt noch vernichtet werden. Genau hier lag das Problem, das Einstein, Hilbert und Klein mit der Allgemeinen Relativitätstheorie hatten: Die Energie schien im Rahmen der Allgemeinen Relativitätstheorie keine Erhaltungsgröße zu sein.
- Impuls: Das Produkt aus Masse und Geschwindigkeit in einem abgeschlossenen System ist konstant. Aus diesem Impuls-Erhaltungssatz folgen die Stoßgesetze.
- Drehimpuls: Die Vektor-Summe aus Trägheitsmoment und Winkelgeschwindigkeit ist konstant. Wenn ein Eisläufer eine Pirouette dreht, wird das Trägheitsmoment kleiner, je näher er Arme und Beine an den Schwerpunkt seines Körpers führt. Der Effekt ist, dass seine Drehgeschwindigkeit zwingend immer schneller wird. Später zeigte sich, dass der Drehimpuls auch beim Spin des Elektrons eine Rolle spielt.
- Die Lorentz-Transformationen bilden die Brücke zwischen zwei physikalischen Systemen, die unterschiedliche, aber konstante Geschwindigkeiten besitzen. Das von Einstein eingeführte Beispiel des Beobachters auf einem Bahnsteig, an dem ein mit annähernd Lichtgeschwindigkeit fahrender Zug mit einem zweiten Beobachter als Passagier vorbeifährt, ist berühmt geworden. Klassische Transformationen, die soge-

nannten »Galilei-Transformationen«, scheitern bei der Beschreibung dieses Ereignisses, da die Lichtgeschwindigkeit nicht als konstant gesehen, sondern mittransformiert wurde. Die bereits in der Speziellen Relativitätstheorie enthaltene Lorentz-Transformationen sind dagegen so gestaltet, dass auch bei einem Wechsel von dem einen System (zum Beispiel der Beobachter auf dem Bahnsteig) in das andere (zum Beispiel der Beobachter in dem Zug, der mit halber Lichtgeschwindigkeit fährt) – trotz Konstanz der Lichtgeschwindigkeit – alle Gesetze in allen Systemen erhalten bleiben. Mathematiker sprechen von einer Drehung im Raum-Zeit-Sektor des nichteuklidischen Minkowski-Raums.

- Elektrische Ladung: Die Summe der Elementar-Ladungen in einem abgeschlossenen System ist konstant. Ohne äußere Einwirkung kann sich die Gesamtladung nicht verändern.

Erhaltungsgrößen wie diese trennen uns vom absoluten Chaos. Eine Welt, in der zum Beispiel Energie verschwinden oder aus dem Nichts auftauchen könnte, ist für uns unvorstellbar.

Warum nun fehlt die Masse in dieser Auflistung? Sie ist nur in dem Spezialfall, dass die klassische Physik anwendbar ist, eine Erhaltungsgröße. Außerhalb unserer täglichen Erfahrungswelt kann Masse dagegen ihren Wert ändern, wie Einstein mit seiner Speziellen Relativitätstheorie gezeigt hat. Wenn zum Beispiel ein Körper die halbe Lichtgeschwindigkeit erreicht, erhöht sich sein Gewicht um etwa 15 Prozent, bei einem Dreiviertel der Lichtgeschwindigkeit ist der Körper um ungefähr 50 Prozent schwerer. Diese Werte ergeben sich aus der erwähnten Lorentz-Transformation. Einstein dachte weiter und formulierte die berühmte Gleichung $E = mc^2$.

Als Hilbert 1915 in Göttingen an Einsteins Allgemeiner Relativitätstheorie arbeitete, erhoffte er sich von der Invarianten-Expertin Emmy Noether entscheidende Erkenntnisse, um endlich den Durchbruch zu schaffen und die Allgemeine

Relativitätstheorie in konsistenter Form veröffentlichen zu können.

Emmy Noether machte sich gleich an die Arbeit und fand zu ihrer großen Überraschung schon kurz nach ihrer Ankunft in Göttingen 1915 einen Zusammenhang zwischen den Symmetrien von Ort- und Zeit-Transformationen und bestimmten Erhaltungsgrößen: Aus der zeitlichen Homogenität (die Kugel rollt *zu jeder Zeit* auf dieselbe Weise die Rampe hinunter) ergibt sich das Gesetz von der Erhaltung der Energie. Die räumliche Homogenität (die Kugel rollt *überall* auf der Welt auf dieselbe Weise die Rampe hinunter) korrespondiert mit der Erhaltung der Impulse. Aus der räumlichen Isotropie (Rotationsinvarianz) folgt die Drehimpulserhaltung. Als vierter Satz von Erhaltungsgrößen kamen nun die Abstände in der nichteuklidischen Raumzeit hinzu. Sie stehen in Verbindung mit der allgemeinen Invarianz gegenüber Lorentz-Transformationen.

Weil die Abstraktion ihr im Blut lag, entdeckte Emmy Noether auch gleich einen viel allgemeineren Zusammenhang, der später als »Noethers Erstes Theorem« berühmt wurde: Für jede kontinuierliche Symmetrie, die sich in einem mathematischen Naturgesetz der klassischen Physik findet, gibt es eine entsprechende Erhaltungsgröße. Dieser Zusammenhang gilt auch umgekehrt: Jeder physikalischen Erhaltungsgröße lässt sich eine Symmetrie in der Natur zuordnen.

So schlüssig diese Aussage auch war – sie löste nicht Einsteins und Hilberts Problem, dass die Erhaltungsgrößen in der Allgemeinen Relativitätstheorie »verrücktspielten«. Das lag schon allein daran, dass sich Emmy Noethers Erstes Theorem auf Einsteins Spezielle Relativitätstheorie von 1905 bezog. Die Allgemeine Relativitätstheorie sprengte jedoch die Grenzen der klassischen Physik. Emmy Noethers Erstes Theorem fand 1915 also kaum Beachtung; sie veröffentlichte ihre Entdeckung auch nicht, einige Jahre lag sie sozusagen als Kuriosum bei ihr in der Schublade.

Emmy Noether war in anderer Weise erfolgreich. Sie erfüllte die in sie gesetzten Erwartungen und lieferte tatsächlich wesentliche mathematische Zusammenhänge zum Thema »Invarianzen«, mit deren Hilfe Hilbert noch im Jahr 1915 die korrekten Gravitationsgleichungen erstellte. Dass die Allgemeine Relativitätstheorie im November 1915 erstmals von Hilbert veröffentlicht werden konnte, ist also zu einem Teil auch Emmy Noether zu verdanken.

Emmy Noethers Zweites Theorem

Schon bald nach der Veröffentlichung der Einstein'schen Gleichungen wurde Emmy Noether erneut in das »relativistische Getümmel«[65] eingebunden, denn die Frage der Energieerhaltung in der Allgemeinen Relativitätstheorie war immer noch offen. Diesmal arbeitete sie eng mit Felix Klein zusammen.

Die Korrespondenz zwischen Klein, Einstein und Emmy Noether mündete im März 1918 in einen intensiven Austausch über die Interpretation der Gleichungen und vor allem über die Bedeutung der Energieerhaltungssätze. Bei der Frage, welche Transformationen die Einstein'schen Gleichungen invariant lassen, mussten Mathematik und Physik wieder einmal auf unbekanntes Terrain geführt werden – und wieder berührten sich beide Disziplinen intensiv.

Emmy Noether begann, sich immer selbstständiger und gedanklich unabhängiger mit dem Problem der Energieerhaltung in der Allgemeinen Relativitätstheorie zu beschäftigen. Sie erkannte, was Klein zunächst nicht hatte wahrhaben wollen: Es gibt zwei unterschiedliche Formen von mathematisch formulierbaren Erhaltungssätzen. Erhaltungssätze der klassischen Physik, zu der auch Einsteins Spezielle Relativitätstheorie gehört, werden durch endlich-dimensionale Lie-Gruppen dargestellt. Auf diese Symmetriegruppen bezieht sich Emmy Noethers Erstes

Theorem von 1915. Die Allgemeine Relativitätstheorie braucht dagegen einen deutlich komplexeren Ansatz, der auch die Anschauung verlässt und für Nicht-Mathematiker schwer zu verstehen ist, sodass die folgenden Sätze keineswegs zum allgemeinen Wissen gehören. Doch aufgrund der Wichtigkeit für Emmy Noethers Theorem wird er hier so wenig abstrakt wie möglich dargestellt. Das Verständnis ist allerdings nicht zentral wichtig für Emmy Noethers weiteres Wirken, da sie die theoretische Physik schnell wieder verließ. Ihre Erhaltungssätze werden durch *unendlich-dimensionale* Lie-Gruppen dargestellt (es gibt keine endliche Basis, die alle Elemente abbilden kann, wie z. B. im bekannten drei-dimensionalen Raum x, y und z). Bei diesen sehr komplexen mathematischen Gebilden kommen nicht nur Zahlen als Parameter in Frage, sondern auch Funktionen. Im Falle der Allgemeinen Relativitätstheorie sind diese Funktionen die Raum- und Zeitparameter, die sich durch den Einfluss von Massen beziehungsweise Gravitation verändern. Auf die Symmetriegruppen dieser Funktionen bezieht sich Emmy Noethers Zweites Theorem von 1917.

Emmy Noether zeigte, dass die Erhaltungssätze, die mit unendlich-dimensionalen Lie-Gruppen in Zusammenhang stehen, eine Eigenschaft besitzen, die Physikern und Mathematikern als Kovarianz bekannt ist: Unter bestimmten Veränderungen der Variablen – zum Beispiel bei extremen Beschleunigungen – ändern sich beide Seiten der Gleichungen der Theorie synchron, sodass die Symmetrie der Gleichung erhalten bleibt. Diese nicht-traditionelle Struktur für Erhaltungssätze, die eine unendlich-dimensionale Lie-Algebra erfordert, ist nur den kovarianten Theorien eigen. Und die Allgemeine Relativitätstheorie ist eine solche kovariante Theorie.

Nun war auch klar, welcher entscheidende Schritt fehlte, um die Allgemeine Relativitätstheorie konsistent zu machen: In der klassischen Physik Newtons bilden die Zeit- und Ortstransformationen, die die Gleichungen unverändert lassen, je eine (endlich-dimensionale) Lie-Gruppe. In der Speziellen Relativitätstheorie von 1905, die ausschließlich für gleichförmig bewegte Systeme gilt und noch fest in der klassischen Physik verwurzelt war, hatte Einstein Raum und Zeit zur Raumzeit zusammengefasst, entsprechend war aus den beiden Lie-Gruppen für Raum und Zeit eine gemeinsame Gruppe geworden. Die Allgemeine Relativitätstheorie bezieht dagegen auch beschleunigte Systeme und die Gravitation mit ein. Das Problem, mit dem sich Einstein, Hilbert, Klein und Emmy Noether so lange herumgeschlagen hatten, war zustande gekommen, weil sich der klassische Energieerhaltungssatz auf *globale* Raum- und Zeitparameter bezieht. In der Allgemeinen Relativitätstheorie muss jedoch berücksichtigt werden, dass die Schwerkraft die *lokale* Geometrie der Raumzeit beeinflusst.

Emmy Noether zeigte in ihrem Zweiten Noether-Theorem, dass die Allgemeine Relativitätstheorie zu den kovarianten Theorien gehört und damit der Erhaltungssatz der Energie nicht verletzt ist. Allerdings darf hier mit Materie und Schwerkraft nicht als getrennten Größen gerechnet werden, sondern sie müssen als eine einheitliche Größe betrachtet werden. Auf diese Weise klärte Emmy Noether unter anderem, warum ein Objekt, das durch die Aussendung von Gravitationswellen nach den klassischen Gesetzen Energie verliert und trotzdem schneller werden kann: Das Objekt nimmt Energie auf, da die Gravitationsenergie – in Form von Wellen – selbst gravitativ wirksam ist.

Emmy Noethers Zweites Theorem transportierte ihr Erstes Theorem von der klassischen Physik, in der das gesamte betrachtete System durch die Transformationen *global,* also quasi wie ein einziger Klotz entlang einer Raum- oder Zeitachse beziehungsweise um eine Rotationsachse bewegt wird, ohne dass sich der Inhalt des Würfels verändert, in die Physik der Allgemeinen Relativitätstheorie. In dieser werden die Transformationen auf *lokaler* Ebene betrachtet. Denn in der Allgemeinen Relativitätstheorie muss die masseabhängige Krümmung der Raumzeit für jeden Raumzeit-Punkt (also für jeden Ort und für jeden Zeit-punkt) getrennt berechnet werden. Entsprechend aufwändig und komplex wird die Mathematik.

Heute gehört es zum Allgemeinwissen in der theoretischen Physik, dass der klassische Energieerhaltungssatz mit getrennten Raum- und Zeitparametern in der Allgemeinen Relativitätstheorie nicht gilt. Der Grund ist, dass es dort keine lokalisierbaren Energien gibt. Alles Energetische ist mit der Masse verkoppelt ($E = mc^2$).

Emmy Noethers Zweites Theorem erweitert ihr Erstes Theorem, denn an die Stelle der endlich-dimensionalen Symmetrien ihres Ersten Theorems treten nun die unendlich-dimensionalen Symmetrien: Eine unendlich-dimensionale Symmetriegruppe, die von einer beliebigen Funktion abhängt und sich in einem kovarianten Naturgesetz findet, ergibt eine physikalische Erhaltungsgröße. Dieser Zusammenhang gilt auch umgekehrt: Jeder physikalischen Erhaltungsgröße lässt sich eine unendlich-dimensionale Symmetrie zuordnen.

Mathematiker sprechen davon, dass zwischen den Euler-Lagrange-Gleichungen von Symmetriegruppe und Erhaltungsgröße eine nicht-triviale Differentialbeziehung besteht.

Eine Anerkennung zweiter Klasse

Emmy Noethers fundamentale Einsicht in den Zusammenhang von physikalischen Erhaltungsgrößen und mathematischen Symmetrien war von größter Relevanz für den theoretischen Unterbau der Allgemeinen Relativitätstheorie. Mit diesem signi-fikanten eigenen Ergebnis – Emmy Noether bezeichnete es als die »größtmögliche gruppentheoretische Verallgemeinerung der Allgemeinen Relativitätstheorie« – löste sie sich endgültig aus den Schatten der großen Meister Einstein, Hilbert und Klein. Diese waren sehr angetan von Emmy Noethers mathematischer

Leistung. Hilbert schrieb an Einstein am 27. Mai 1916, also ein halbes Jahr nach den Veröffentlichungen der Gleichungen zur Allgemeinen Relativitätstheorie:

> »Mein Energiesatz wird wohl mit dem ihrigen zusammenhängen; ich habe Frl. Nöther diese Frage schon übergeben [...] Ich lege der Kürze wegen den beiliegenden von Frl. Nöther bei.«[66]

Ab Ende 1916 begann auch Klein, sich mit dem Energieinvarianz-Problem intensiver zu beschäftigen. Hierbei stütze er sich stark auf die Fähigkeiten seiner Assistentin Emmy Noether, die ihm wohl in vielen Dingen voraus war. So schrieb Klein zu Beginn des Jahres 1918 in einer Zusammenfassung seiner Arbeit zu diesem Thema:

> »[...] daß mich Frl. Noether bei meinen Arbeiten fortgesetzt berät und daß ich eigentlich nur durch sie in die vorliegende Materie eingedrungen bin. Als ich nun Frl. Noether letzthin von meinem Ergebnis betr. Ihren Energievektor sprach, konnte sie mir mitteilen, daß sie dasselbe aus den Entwicklungen Ihrer Note [...] schon vor Jahresfrist abgeleitet und damals in einem Manuskript festgelegt habe.«[67]

Einstein dagegen schien der Göttinger Ansatz weniger zu interessieren. Für ihn lag die Lösung nicht in mathematischen Spitzfindigkeiten. Am 15. Dezember 1917 schrieb er an Klein:

> »Es scheint mir doch, dass Sie den Wert rein formaler Gesichtspunkte sehr überschätzen.«[68]

Doch als Einstein von Emmy Noethers Theorem erfuhr, begriff er sofort, dass ihr mit ihrem rein mathematischen Vorgehen etwas gelungen war, was nur ganz selten gelingt: eine Verbindung zwischen der wahrnehmbaren Welt und ihrer wissenschaftlichen Beschreibung herzustellen, die unmittelbar einsichtig und von größter Schönheit ist. Genau diese Verknüpfung von mathematischen Strukturen und konkreten physikalischen Gegebenheiten ist seit Platons Zeiten das Ideal für jeden Wissenschaftler.

Am 24. Mai 1918 schrieb Einstein in einem für seine Verhältnisse geradezu euphorischen Brief an David Hilbert:

> »Gestern erhielt ich von Fr. Noether eine sehr interessante Arbeit über Invariantenbildung. Es imponiert mir, dass man die Dinge von so allgemeinem Standpunkt übersehen kann. Es hätte den Göttinger Feldgrauen nichts geschadet, wenn sie zu Frl. Noether in die Schule geschickt worden wären. Sie scheint ihr Handwerk gut zu verstehen!«[69]

Trotz ihres einzigartigen Erfolgs durfte Emmy Noether ihre Ergebnisse nicht selbst der Öffentlichkeit vorstellen. Am 23. Juli 1918 präsentiere Felix Klein ihre Erkenntnisse zur Allgemeinen Relativitätstheorie der Göttinger Mathematischen Gesellschaft, denn trotz Emmy Noethers offensichtlicher Kompetenz und dem Ansehen, dass sie sich unter ihren männlichen Kollegen inzwischen erworben hatte, war ihr als Frau die Mitgliedschaft in dieser Gesellschaft versagt. Immerhin durfte sie die Veröffentlichung in den *Göttinger Mathematischen Nachrichten* unter ihrem eigenen Namen einreichen. In ihrem Artikel *Invariante Variationsprobleme*[70] verschmolzen Erstes und Zweites Noether-Theorem zu einem einzigen Theorem: dem Noether-Theorem.

Die Allgemeine Relativitätstheorie wird erwachsen

Drei Jahre nach der Erstveröffentlichung 1915 war Einsteins Theorie dank der Entdeckung, dass es in der Allgemeinen Relativitätstheorie keine Widersprüche bezüglich der Energieerhaltung gibt, zu einer konsistenten Theorie gereift. Kurz darauf konnte sie endlich auch experimentell bestätigt werden: So, wie es die Allgemeine Relativitätstheorie vorhersagt, wird Licht tatsächlich durch Masse von seiner Bahn abgelenkt.

Bereits 1912 waren Wissenschaftler nach Südamerika gereist, um dort eine totale Sonnenfinsternis zu beobachten. Sie wollten gezielt Ausschau nach Sternen halten, die direkt neben der verdunkelten Sonne sichtbar wurden. Wäre Einsteins Theorie korrekt, müsste sich eine winzige Veränderung ihrer Position am Himmel zeigen. Leider spielte das Wetter nicht mit. Mitte August 1914 hätte es in Russland die nächste Gelegenheit zur experimentellen Überprüfung der Allgemeinen Relativitätstheorie gegeben. Der nur drei Wochen zuvor ausgebrochene Erste Weltkrieg machte jedoch den zeitig aus Deutschland angereisten Beobachtern einen Strich durch die Rechnung; sie wurden von Russen inhaftiert. Ihren amerikanischen Kollegen, die nahe Kiew ihre Apparate aufgestellt hatten, war ebenfalls kein Glück beschieden: Wieder war der Himmel bedeckt. Die totale Sonnenfinsternis Ende Mai 1919 sollte von Brasilien und auch von der Westküste Afrikas von zwei englischen Teams beobachtet werden. Fast wären auch diese Expeditionen erfolglos geblieben. In Südamerika waren die Bedingungen nicht sehr günstig, in Afrika waren sie noch schlechter. Es regnete den ganzen Morgen, nur genau zur Zeit der totalen Bedeckung der Sonne durch den Mond riss die Wolkendecke ein wenig auf, sodass Fotografien gemacht werden konnten. Nach Monaten der Rückreise und der Auswertung der Fotoplatten war klar: Das Sternenlicht war tatsächlich durch die massereiche Sonne um einen sehr kleinen, aber messbaren Betrag abgelenkt worden, der exakt mit dem von Einstein vorhergesagten Wert von 8 Bogensekunden übereinstimmte.

Ab den 1920er-Jahren wurde die Allgemeine Relativitätstheorie kaum noch angezweifelt und zu einer Grundlage der modernen Physik. *Warum* ihre Mathematik Gültigkeit besaß, geriet aber in Vergessenheit, und so auch Emmy Noethers Theorem. Emmy Noether hatte zu dieser Zeit die theoretische Physik – die ihr immer noch viel zu konkret gewesen war – endgültig hinter sich gelassen und sich vollends der abstrakten Algebra zugewendet. Auf diesem Gebiet gelangen ihr weitere große Erfolge.

In der theoretischen Physik wurde Emmy Noethers Leistung lange Zeit kaum anerkannt. Warum begehrte sie gegen diese Ignoranz ihr gegenüber nicht auf? War sie zu bescheiden? War sie an ihren Ergebnissen, die für die damalige theoretische Physik so wichtig waren, gar nicht interessiert, weil die abstrakte Algebra für sie einen höheren Stellenwert hatte? Hatte sie vielleicht die Bedeutung ihrer Arbeit selbst nicht erkannt? Diese Fragen lassen sich bis heute nicht eindeutig beantworten.

Erst in den frühen 1960er-Jahren wurde das Noether-Theorem aus seinem Dornröschenschlaf geholt und entfaltete in einem Teilbereich der Physik, der zu Lebzeiten Emmy Noethers noch in den Kinderschuhen steckte, eine durchschlagende Wirkung – in der Quantenphysik.

Gedränge im Teilchenzoo

Das Planck'sche Strahlungsgesetz (1900) und Einsteins Auffassung von Lichtquanten (1905) führte zu einem Vorstoß in die subatomare Welt, aus dem sich ab 1920 die Quantenphysik entwickelte. Wieder spielte Göttingen eine führende Rolle. Während aber die Göttinger Mathematiker unangefochten ihr Fach dominierten, mussten sich die Quantenphysiker am Göttinger Physikalischen Institut die Vorherrschaft mit ihren Kollegen aus Kopenhagen, wo Niels Bohr arbeitete, und Berlin, wo Albert Einstein wirkte, teilen. Es war für sie auch nicht leicht, sich neben der übermächtigen Mathematik zu behaupten. Trotzdem erarbeiteten vier von ihnen als Pioniere die ersten Gesetze der Quantenmechanik:

Max Born (1879–1968) war Privatassistent von David Hilbert und promovierte 1905 bei Felix Klein. Mit Einstein verband ihn eine tiefe Freundschaft. 1921 kehrte er nach Göttingen zurück und erfand 1924 den Begriff »Quantenmechanik«. 1954 wurde ihm – mit großer Verspätung – der Nobelpreis für seine Arbeiten auf dem Gebiet der Quantenphysik zugesprochen.

Peter Debye (1884–1966) war von 1914 bis 1920 Professor für theoretische Physik in Göttingen. Er erhielt 1936 den Nobelpreis für Chemie, unter anderem für seine Arbeiten auf dem Gebiet der Quantentheorie.

Werner Heisenberg (1901–1976) studierte von 1923 bis 1924 in Göttingen, unter anderem bei David Hilbert. Nach seiner Promotion in München kehrte er nach Göttingen zurück, bevor er dann als Professor nach Leipzig ging. Er wurde berühmt für seine Unschärferelation, nach der es unmöglich ist, Ort und Impuls eines Elektrons gleichzeitig zu bestimmen. 1932 erhielt er den Nobelpreis für Physik.

Pascual Jordan (1902–1980) promovierte 1924 mit nur zweiundzwanzig Jahren bei Max Born. Er war einer der Begründer der Quantenfeldtheorie, einer wesentlichen Weiterentwicklung der Quantenmechanik. Dass er als Einziger der vier Väter der Quantenphysik bei der Vergabe der Nobelpreise leer ausging, lag wohl an seiner politischen Gesinnung: Gleich 1933 war er in die NSDAP eingetreten.

Weitere weltberühmte Physiker bauten die ersten Theorien aus:

Niels Bohr (1885–1962) war ein dänischer Physiker, der im Jahr 1913 grundlegende Beiträge zum Verständnis der Atomstruktur lieferte und damit die Grundlage der späteren Quantentheorie leistete, wofür er 1922 den Nobelpreis für Physik erhielt.

Paul Dirac (1902–1984) war 1926 als Postdoc in Göttingen. 1928 kehrte er für zwei Monate zurück und stellte hier seine revolutionäre relativistische Elektronentheorie vor. 1933 erhielt er zusammen mit Erwin Schrödinger den Physik-Nobelpreis.

Wolfgang Pauli (1900–1958) überraschte schon mit einundzwanzig Jahren, in seinem ersten Studienjahr, mit seinen profunden Kenntnissen zu Einsteins Allgemeiner Relativitätstheorie. Direkt nach seiner Dissertation ging er von München nach Göttingen, wo er Borns Assistent wurde. Schon nach kurzer Zeit wechselte er nach Hamburg und war dort am Aufbau eines weiteren Zentrums der Quantenphysik beteiligt.

Erwin Schrödinger (1887–1964) arbeitete vor allem in Berlin und Zürich. Sein Gedankenexperiment von 1935, in dem eine Katze gleichzeitig lebendig und tot ist, machte ihn auch außerhalb der Physik berühmt. Von größerer Bedeutung für die Quantenphysik ist jedoch seine Grundgleichung von 1925.

Richard Feynman (1918–1988) war ein amerikanischer theoretischer Physiker, der bedeutende Beiträge zur Theorie der Quantenelektrodynamik sowie zur Teilchenphysik leistete. Bekannt ist er auch für seine kreative Formulierung von Pfadintegralen in der Quantenmechanik.

Die neue Wissenschaft von den Quanten war sehr erfolgreich darin, bestimmte Beobachtungen zu erklären, bei denen Newtons Physik an ihre Grenzen gestoßen war. Doch je weiter man sich in die Tiefen der Quantenphysik vorwagte, desto rätselhafter wurde es. Es sammelten sich immer mehr Bausteine an: Mal wurden subatomare Teilchen experimentell nachgewiesen, mal wies die Mathematik auf ihre Existenz hin. Doch niemand wusste, wie sich das Flickwerk zu einem konsistenten System zusammenfügen ließe.

1932 war nach Proton und Elektron das dritte Teilchen experimentell nachgewiesen worden: das Neutron. 1933 sagte Wolfgang Pauli die Existenz von Neutrinos voraus. Experimente hatten gezeigt, dass bei manchen radioaktiven Zerfällen Energie und Impuls verloren zu gehen schienen. Einige Wissenschaftler forderten daher, den Energie- und den Impulserhaltungssatz in der Quantenphysik preiszugeben. Doch Pauli verließ sich auf die universelle Gültigkeit der Erhaltungssätze. Es dauerte noch ein Vierteljahrhundert, bis auch im Experiment ein Beleg für seine Existenz gefunden werden konnte. 1935 wurde eine neue Teilchenklasse vorausgesagt: Neben den Leptonen (»Leichtgewichten«), zu denen das Elektron gehört, und den Baryonen (»Schwergewichten«), zu denen Protonen und Neutronen zählen, sollte es auch sogenannte »Mesonen« geben. 1947 wurde das erste Meson gefunden; bis heute sind viele Dutzend bekannt. 1936 wurde das zu den Leptosomen gehörende Myon aufgespürt. Um 1950 wurden mehrere Kaonen und Hyperonen nachgewiesen.

Geradezu verzweifelt suchten die Physiker nach Möglichkeiten, sich in der überaus komplexen Welt des subatomaren Kosmos zurechtzufinden – sie suchten also nach Symmetrien. Ab 1952 wurde die Lage dank einer neuen Experimentiertechnik noch verworrener, denn jetzt gingen die ersten Teilchenbeschleuniger in Betrieb. Zuvor hatte man mühsam in der Höhenstrahlung nach neuen Teilchen suchen müssen. Jetzt wurden in noch schnellerer Folge weitere Entdeckungen gemacht – der Teilchenzoo füllte sich immer weiter auf.

Ein Leitstern für die theoretische Physik

Bis 1960 waren die Physiker wie blind und konnten sich nur sehr langsam in die Quantenwelt vortasten. In diesem Jahr stieß der amerikanische Physiker Murray Gell-Mann, einer der Pioniere der Teilchenphysik, auf das 1918 veröffentlichte und danach kaum wieder erwähnte Noether-Theorem. Der vor Emmy Noether entdeckte Zusammenhang von Symmetrien und Erhaltungsgrößen war eine vielversprechende Spur. War das Theorem vielleicht eine Möglichkeit, den dringend gesuchten Invarianzen in der Quantenphysik auf die Spur zu kommen? Zu seiner großen Überraschung fand Gell-Mann heraus, dass sich mit Emmy

Noethers Theorem abstrakteste Zusammenhänge und grundlegende Eigenschaften der Strukturen in der Quantenphysik beschreiben ließen.[71]

Es war zwischenzeitlich bekannt, dass auch die elektrische Ladung eine Erhaltungsgröße war; doch nach der dazugehörigen Invarianz war noch nicht gesucht worden. Nun stellte sich heraus, dass eine vergleichsweise einfache Symmetrie (die mit der Abel'schen Gruppe U(1) beschrieben wird), mit der Erhaltung der elektrischen Ladung in Zusammenhang steht. In den 1960er-Jahren entdeckte Gell-Mann für die »Starke Kernkraft« weitere, sehr viel verborgenere Symmetrien mit weitaus komplexeren Eigenschaften. In den 1970er-Jahren entdeckten Kollegen analoge Symmetrien auch für die »Schwache Kernkraft«. Aus diesen Symmetrien ergaben sich noch abstraktere Erhaltungsgesetze als die bis dahin bekannten. Je weiter sich die Physiker in die Abstraktion vorwagten, desto schlüssiger wurde das Bild, das vor ihren Augen von der Quantenwelt entstand.

Emmy Noethers Theorem gab den Physikern sozusagen eine Taschenlampe in die Hand, mit der sie sich in den abstrakten Räumen der Quantenphysik einen gewissen Grad an Orientierung verschaffen konnten. Nach und nach entdeckten sie damit immer mehr Erhaltungsgrößen und zugehörige Symmetrien, die allerdings sehr abstrakte Formen annahmen. (Details finden sich im Anhang in der Rubrik »Expertenwissen«.)

Emmy Noethers Theorem wies nicht nur den Weg zu neuen Teilchen und Zusammenhängen, sondern stützte auch den unter Physikern so weit verbreiteten Glauben an die Einheit der Natur. Müssten heutige Physiker das wohl bedeutendste und entscheidende Prinzip der Natur benennen, würden sie wohl mehrheitlich das Noether-Theorem nennen.

Der US-Amerikaner Frank Wilczek ist einer der bedeutendsten theoretischen Physiker der Welt. 2004 bekam er den Nobelpreis für seine Entdeckung, dass die »Starke Wechselwirkung« zwischen den fundamentalen Partikeln in Atomkernen, die

Quarks und deren Entfernung zueinander umgekehrt proportional ist: Je näher die Quarks einander sind, umso schwächer ist die »Starke Wechselwirkung« und umgekehrt. Mit Teilchenphysik kennt er sich also aus, und es hat einen guten Grund, dass er über das Noether-Theorem (zu dessen 100. Geburtstag) sagte:

> »*Dieses Theorem war ein Leitstern für die Physik des 20. und 21. Jahrhunderts.*«[72]

Noch haben es die theoretischen Physiker nicht geschafft, die Kräfte der Quantentheorie (die auch die Newton'sche Physik enthält) mit der Gravitation zu vereinen. Erst wenn es ihnen gelingt, eine konsistente Quantengravitationstheorie zu formulieren, ist die Erfassung der Welt abgeschlossen und die letzten weißen Flecken auf der Landkarte der Physik wären verschwunden. Auf dem Weg dorthin spielt das Noether-Theorem weiterhin eine zentrale Rolle.

Auch die Physik, die sich mit dem Menschen näher stehenden Größenordnungen beschäftigt, stützt sich zuweilen auf das Noether-Theorem. Die Erhaltungssätze, die es impliziert, spielen zum Beispiel eine Rolle bei der Simulation von Meereswellen, Wettergeschehen, Luftströmungen über und unter Flugzeugtragflächen, Schwingungen von Brücken und Auswirkungen von Atombombenexplosionen. Die entsprechenden Computersimulationen ahmen das reale Geschehen nach, indem sie die beobachteten Systeme in kleine Raum- und Zeiteinheiten zerlegen. Für jede Zelle wird dann eine eigene Berechnung durchgeführt. Genau hieraus ergibt sich eine grundlegende Problematik: Computer können nur diskret rechnen – am Ende geht es immer um 0 und 1. Das Noether-Theorem geht aber von stetigen Transformationen aus. So kommt es, dass Programmierer bei Computersimulationen bei bestimmten Schritten aufwändig nachkorrigieren müssen, um zu realistischen Ergebnissen zu kommen.

Ein diametral aufgebautes Leben

Emmy Noethers Beschäftigung mit Einsteins Allgemeiner Relativitätstheorie war nur ein kurzer Ausflug in die Physik gewesen. Zwar gingen daraus mit großen Verzögerungen, die wohl den Kriegswirren geschuldet waren, bis 1918 einige Veröffentlichungen hervor, doch Emmy Noethers signifikanter Beitrag zur Allgemeinen Relativitätstheorie geriet wie beschrieben in Vergessenheit – genauso wie ihr Theorem. Sie selbst hatte bald mit diesem für sie nicht besonders interessanten Thema abgeschlossen. Abstrakter als die Allgemeine Relativitätstheorie konnte zu jener Zeit Physik nicht sein, doch auf dem Feld der Mathematik winkten noch viel abstraktere Problemstellungen. Je weiter sich ihr Forschungsfeld von jeder Anschaulichkeit entfernte, desto mehr kam Emmy Noethers Genie zum Tragen.

Die Wahrnehmung ihrer Arbeiten und die Wertschätzung ihrer Person in Mathematik und Physik verlief also geradezu gegenläufig: Gegen alle gesellschaftlichen Hemmnisse und auch gegen die Widerstände der etablierten (männlichen) Player der wissenschaftlichen Welt wurde Emmy Noether zu einer Schlüsselperson der abstrakten Mathematik und kam auf diesem Gebiet ab den 1920er-Jahren verdienterweise zu Weltruhm. Im Laufe der Jahre verblasste ihr Stern jedoch ein wenig, nicht zuletzt, weil ihre Leistungen von Kollegen vereinnahmt wurden. In Mathematiker-Kreisen ist Emmy Noether deshalb heute nur jenen bekannt, die sich gezielt mit abstrakter Algebra beschäftigen.

Unter Physikern dagegen nimmt das Noether-Theorem in der Erklärung der Welt die höchste Stellung ein – es gibt gegenwärtig kaum einen Physiker, der den Namen »Emmy Noether« nicht mit Ehrfurcht aussprechen würde. Dabei wurde Emmy Noethers Beitrag, abgesehen von ihrem Nutzen für Einsteins Allgemeine Relativitätstheorie, ursprünglich als vergleichsweise unwichtig angesehen; zu ihren Lebzeiten wurde ihr diesbezüglicher Artikel fast nirgendwo zitiert. Erst nach drei Jahrzehnten im Dämmer des Vergessens nahm Emmy Noethers Theorem für die moderne theoretische Physik, bestehend aus Allgemeiner Relativitätstheorie *und* Quantenfeldtheorie, eine zentrale und entscheidende Rolle ein. Bis heute ergeben sich daraus – insbesondere in der Teilchenphysik – immer wieder neue, fundamentale Theorieansätze.

Als »Mutter der modernen Algebra« erkämpfte sich Emmy Noether den Respekt der Fachwelt. Und doch wird diese enorme Leistung, für die sie zu Lebzeiten geehrt wurde, von ihrer Entdeckung des Noether-Theorems in den Jahren 1915 bis 1918 überstrahlt. Als unbezahlte, noch nicht habilitierte Assistentin schuf sie eine der wichtigsten Forschungsgrundlagen in der gesamten Physik.

6

IN DEN HÖCHSTEN SPHÄREN DER ABSTRAKTION

Wie Emmy Noether die moderne Algebra formte

> »Die Maxime, von der sich Emmy Noether immer hat
> leiten lassen, könnte man folgendermaßen formulieren:
> Alle Beziehungen zwischen Zahlen, Funktionen und
> Operationen werden erst dann durchsichtig, verallgemeine-
> rungsfähig und wirklich fruchtbar, wenn sie von ihren
> besonderen Objekten losgelöst und auf allgemeine begriff-
> liche Zusammenhänge zurückgeführt werden.«[73]
> BARTEL LEENDERT VAN DER WAERDEN, 1935

Bis zum 19. Jahrhundert beschäftigten sich Mathematiker zumeist mit praktischen Methoden zur Lösung von Gleichungen,
wie es zum Beispiel quadratische (x^2), kubische (x^3) und quinti-
sche (x^5) Gleichungen sind. Der Weg zu diesen Lösungen führte
über die Geometrie. Zum Beispiel fußte die Infinitesimalrechnung in der Regel auf der kunstvollen Konstruktion regelmäßiger
Vielecke, die sich möglichst genau an die zu berechnenden Kurven schmiegen. Teilweise wurde tatsächlich mit Zirkel und
Lineal gearbeitet.

Genau solche Ansätze hatte Emmy Noethers Doktorvater Paul
Gordan noch vertreten. Immer mehr Definitionen und Regeln
lösten sich von der anschaulichen Geometrie; Begriffe und Konzepte in der Mathematik wurden immer abstrakter und zugleich
immer universeller.

Den Beginn machte Carl Friedrich Gauß' Beweis von 1832, dass Primzahlen in Gauß'sche Zahlen zerlegt werden können. Évariste Galois führte im Jahr 1832 die mathematische Struktur der Gruppen ein; aufgrund seines frühen und plötzlichen Todes wurde diese Neuerung erst 1846 veröffentlicht. William Hamilton entdeckte 1843 eine Möglichkeit, komplexe Zahlen zu verallgemeinern, die sogenannte »Quaternion«. Arthur Cayley definierte 1854 zum ersten Mal die moderne Form mathematischer Gruppen. 1868 hatte Paul Gordan das Theorem der Endlichkeit von Generatoren für binäre Formen noch mit einem komplexen, aber traditionellen rechnerischen Ansatz bewiesen.[74] David Hilbert erkannte, dass in Zukunft wesentlich abstraktere Wege notwendig sein würden, um Probleme der höheren Algebra zu lösen. 1888 gelang ihm so der Nachweis seines berühmten Endlichkeitssatzes.

Zunächst langsam, ab dem Beginn des 20. Jahrhunderts immer schneller bewegte sich die Mathematik in Richtung Abstraktion. Dank Emmy Noether trat sie endgültig aus dem Schatten der Geometrie heraus, ihr Beitrag war die endgültige Verankerung der Abstraktion in der Algebra.

Ab ihrem Wechsel an die Universität Göttingen lässt sich das Wirken Emmy Noethers in drei Phasen unterteilen:

- ca. 1915 bis 1919/20: Emmy Noether lieferte in dieser Phase wertvolle Beiträge zu den Theorien der algebraischen Invarianten. Ihre Arbeit über differentielle Invarianten in der Variationsrechnung, das Noether-Theorem, kann, wie wir sahen, als eines der wichtigsten mathematischen Theoreme, die jemals für die Entwicklung der modernen Physik bewiesen wurden, betrachtet werden.
- ca. 1919/20 bis 1927: In der zweiten Phase ihres Wirkens begann Emmy Noether mit Arbeiten, die das Gesicht der abstrakten Algebra veränderten und diese bis heute prägen. In ihrem klassischen Werk *Idealtheorie in Ringbereichen* von

1921 entwickelte Emmy Noether die Theorie der Ideale in kommutativen Ringen zu einem Werkzeug mit weitreichenden Anwendungen, die heute ihr zu Ehren »Noetherianisch« bzw. »Noether'sch« genannt werden.

- ca. 1928 bis 1935: In der dritten Phase geriet Emmy Noether in immer abstraktere mathematische Strukturen. So veröffentlichte sie Arbeiten über nichtkommutative Algebren und hyperkomplexe Zahlen und vereinte die Darstellungstheorie von Gruppen mit der Theorie der Moduln und Ideale.

Für die weitere Beschäftigung mit der Invariantentheorie war Emmy Noether 1915 als Expertin auf diesem Gebiet von Klein und Hilbert nach Göttingen geholt worden. Im Nachhinein erweist sich die Publikation ihres Noether-Theorems 1918 als Höhepunkt dieser Zeit. Dieses Theorem war ein Spin-off der Mitarbeit Emmy Noethers an der Vervollständigung von Einsteins Allgemeiner Relativitätstheorie. Erst vierzig Jahre später, als Quantenphysik und abstrakte Mathematik so weit gediehen waren, dass die Noether-Theoreme ihre Kraft entfalten und die Physik revolutionieren konnten, stellte sich, wie wir sahen, seine Bedeutung heraus.

Für Emmy Noether jedoch war diese Beschäftigung mit einer theoretischen Physik, die nur die wenigsten Fachleute auf der Welt nachvollziehen konnten, immer noch nicht abstrakt genug. 1919/20, die Weimarer Republik war gerade gegründet worden, begann daher die zweite Phase in Emmy Noethers Wirken, nun in der reinen Mathematik: Sie wandte sich endgültig von der theoretischen Physik ab; an konkreten mathematischen Problemen hatte sie jedes Interesse verloren. Von nun an widmete sie sich mit der ganzen Kraft ihres Geistes der abstrakten Algebra.

Totale Abkehr vom Konkreten

Zu diesem Zeitpunkt war Emmy Noether bereits siebenunddreißig Jahre alt – ein Alter, in dem viele Naturwissenschaftler sich in ihrem Spezialgebiet eingerichtet haben und nicht selten bis ans Ende ihrer akademischen Laufbahn von den in jüngeren Jahren vollbrachten Leistungen zehren. Emmy Noether dagegen, die bereits für die Allgemeine Relativitätstheorie Hervorragendes geleistet hatte, machte sich jetzt erst das Fachgebiet zu eigen, auf dem sie ihr einmaliges mathematisches Talent zur vollen Entfaltung bringen konnte: die Erfassung der Zusammenhänge zwischen abstrakten mathematischen Strukturen.

Hilbert hatte ab 1900 daran gearbeitet, die Mathematik auf eine neue Grundlage zu stellen. Sie sollte aus sich selbst heraus erklärbar sein, möglichst wenig sollte vorausgesetzt werden. Wirklich erfolgreich waren seine Versuche nicht gewesen. Erst Emmy Noether ließ jede Anschaulichkeit hinter sich und wagte sich in die im wahrsten Sinne des Wortes unvorstellbaren Tiefen der Mathematik. Ab etwa 1920 wollte sie keinen Satz, keinen Beweis und keine Rechnung mehr in ihren Geist aufnehmen und verarbeiten, ehe sie diese nicht abstrakt erfasst hatte. Mit anderen Worten: Emmy Noether wollte von nun an nur noch in abstrakten Begriffen, nicht mehr in Formeln und Funktionen denken. Der russische Spitzenmathematiker Pawel Alexandrow, der zeitweise ihr Student gewesen war, drückte es so aus:

> *Sie begann, ihren total eigenständigen Weg in der mathematischen Wissenschaft zu beschreiten.*[75]

Der folgende fiktive Dialog soll verdeutlichen, worum es geht:

- Mathematiker 1: »Wir wollen das Haus der Mathematik von Grund auf neu bauen. Was brauchen wir dazu?«

- Mathematiker 2: »Als Erstes gießen wir eine Bodenplatte, auf der dann die Mauern aufgebaut werden. An die geeigneten Stellen kommen Türen und Fenster. Zum Schluss setzen wir ein Dach obendrauf.«
- Emmy Noether: »Ihr denkt noch zu sehr in Bildern. Was ist denn zum Beispiel ein Fenster? Für ein echtes Haus könnt ihr ein Fenster kaufen, aber in der Mathematik müsst ihr erst einmal klären, was ein Fenster ist und wie es funktioniert.«
- Mathematiker 1: »Das ist doch einfach: Ein Fenster besteht aus einem Rahmen und Glas, man kann es ganz öffnen oder auch nur kippen.«
- Emmy Noether: »Das ist immer noch nicht abstrakt genug. Was bedeutet ›kippen‹? Und was ist ein Rahmen, was ist Glas?«
- Mathematiker 2: »Rahmen und Glas sind miteinander verbunden. Eine Dichtung verhindert, dass Luft von innen nach außen oder umgekehrt gelangt.«
- Emmy Noether: »Ihr seid immer noch auf der konkreten Ebene unterwegs. Auf der wird aber viel zu viel vorausgesetzt. Wir können uns jetzt weiter darüber unterhalten, wie Glas aus Sand hergestellt wird und viele andere Faktoren mehr. Doch wenn wir in der konkreten Ebene nur immer mehr in die Einzelheiten gehen, kommen wir nicht an den wahren Kern eines Fensters. Dazu müssen wir diesen Begriff mit einem noch viel abstrakteren Inhalt verbinden. In der neuen Mathematik müssen wir die Begriffe so definieren, dass sie weder auf unsere Erfahrungen noch auf unsere Möglichkeiten, bestimmte Erfahrungen zu machen, Bezug nehmen.«
- Mathematiker 1: »Aber was ist denn dann ein Fenster?«
- Emmy Noether: »Genau das ist die Frage!«

Emmy Noether trennte die bekannten mathematischen Begriffe von konkreten Zahlensystemen, sodass nur noch rein logische

Konstruktionen in abstrakten Räumen erhalten blieben. Dieser Abstraktionsgrad war damals noch recht neu und keineswegs unumstritten. »Wozu soll das gut sein?«, fragten sich viele Mathematiker.

Doch Emmy Noether ließ sich nicht beirren. Sämtliche wahren Beziehungen zwischen Zahlen, Funktionen und Operationen, angefangen bei einfachsten Additionen, waren für Emmy Noether erst dann klar und damit verallgemeinerungsfähig, wenn sie sich von ihren Objekten loslösen und auf allgemeine begriffliche Zusammenhänge zurückführen ließen. Einer ihrer Postdoc-Studenten, Bartel Leendert van der Waerden, fand für dieses Denkmuster die folgenden Worte:

> »Ihr [Emmy Noethers] Denken weicht in der Tat in einigen Hinsichten von dem der meisten anderen Mathematiker ab. Wir stützen uns doch alle so gern auf Figuren und Formeln. Für sie waren diese Hilfsmittel wertlos, eher störend. Es war ihr ausschließlich um Begriffe zu tun, nicht um Anschauung oder Rechnung. Die deutschen Buchstaben, die sie in typisch-vereinfachter Form hastig an die Tafel oder auf das Papier warf, waren die Repräsentanten von Begriffen, nicht Objekte einer mehr oder weniger mechanischen Rechnung.«[76]

Es wäre allerdings irreführend, sich den Wechsel zwischen Emmy Noethers Wirkphase 1 (Invarianten à la Gordan) und -phase 2 (Erschaffung einer neuen abstrakten Algebra) wie einen Schnitt vorzustellen. Bereits während sie in Göttingen noch an der Allgemeinen Relativitätstheorie arbeitete, fand Emmy Noether 1915 eine Lösung für ein sehr abstraktes Problem, an dem Hilbert gescheitert war. Emmy Noethers Invariantentheorie für endliche Gruppen zeigte nämlich, dass der Ring der Invarianten durch homogene Invarianten erzeugt wird, deren Grad kleiner oder gleich der Ordnung der endlichen Gruppe ist. Dieses Konstrukt wurde bald »Noether-Schranke« genannt. Die entsprechende Veröffentlichung[77] enthielt zwei Beweise für diese Schranke, aber Emmy Noether war nicht in der Lage, zu bestimmen, ob die Schranke unter allen Bedingungen korrekt ist. Die fehlende Bestimmung der Richtigkeit oder Falschheit dieser Schranke für einen ganz bestimmten, in der Mathematik geradezu berüchtigten Fall wurde als »Noether'sche Lücke« bezeichnet.

Wie weit sich Emmy Noether mit bereits dieser frühen Arbeit in die moderne Mathematik vorgewagt hatte, zeigt die weitere Geschichte der Noether'schen Lücke: Erst im Jahr 2000 wurde das Problem von Peter Fleischmann und unabhängig von ihm 2001 von Neville Fogarty gelöst. Beide zeigten, dass die Schranke wahr bleibt.

Eine neue Welt aus reiner Abstraktion

Nicht-Mathematikern und Nicht-Mathematikerinnen die Mathematik Emmy Noethers nahezubringen, ist eine Herausforderung. Um ihr und ihren Verdiensten gerecht zu werden, sollen hier trotzdem die wesentlichen Erkenntnisse Emmy Noethers dargestellt werden. Leser ohne besondere mathematische Kenntnisse bekommen so zumindest einen Eindruck von Emmy Noethers vielfältigen Erkenntnissen, die die abstrakte Mathematik bis heute prägen.

Konsequent baute Emmy Noether die abstrakte Algebra aus konsistenten Axiomen auf – ganz so, wie Hilbert es sich erträumt hatte. Noch einmal dazu Pawel Alexandrow:

> »Wenn wir an Emmy Noether als Mathematikerin denken, haben wir nicht diese frühen Arbeiten vor Augen, so wichtig sie auch in ihren konkreten Ergebnissen waren, sondern eher die Hauptperiode ihrer Forschung, die etwa 1920 begann, als sie zur Schöpferin einer neuen Richtung in der Algebra und

zur führenden, konsequentesten und prominentesten Vertre-
terin einer bestimmten allgemeinen mathematischen Doktrin
wurde.«[78]

Ein Vorbild für ihre neuen begrifflichen Deutungen fand Emmy
Noether in erster Linie in der Modultheorie von Richard Dedekind (1831–1916). Er war Schüler von Gauß gewesen, hatte noch
vor Hilbert die Entwicklung der Algebra in Richtung Abstraktion
vorangetrieben und grundlegende Konzepte eingeführt, darunter mathematische Strukturen wie Ringe, ideale Ringe, Körper,
Moduln, Restklassen, Isomorphismus.

All diesen Begriffen, die für heutige Mathematiker zum
Tagesgeschäft gehören, schenkte Emmy Noether Definitionen
von höchster Abstraktion und damit tiefgründigster Wahrheit.
Für Nicht-Mathematiker (und sogar auch für viele Mathematiker) ist Emmy Noethers abstrakte Mathematik kaum verständlich. Dennoch sollen die genannten Grundbegriffe hier kurz
vorgestellt werden.

Das Konzept der Ringe führte Richard Dedekind ein. Bei ihm
hießen sie noch »Ordnungen«, in »Ringe« wurden sie später
durch Hilbert umbenannt. In der Mathematik beschreibt ein
Ring nicht etwa eine geometrische Struktur, sondern eine Menge, für die folgende Eigenschaften gelten:

- Ihre Elemente können Zahlen (zum Beispiel ganze, rationale,
  reelle oder auch komplexe Zahlen) sein, aber auch nicht-
  numerische Objekte wie Polynome, quadratische Matrizen,
  Funktionen oder Potenzreihen.
- Diese Elemente sind durch zwei binäre Operationen miteinander verbunden. Ein Beispiel ist die Menge der ganzen Zahlen mit Addition und Multiplikation als binären Operationen
  mitsamt deren Umkehroperationen Subtraktion und Division.
- Bezüglich der Addition ist jeder Ring eine Abel'sche Gruppe.
  Das heißt: Sie ist kommutativ: $a+b = b+a$. Werden die

Operationen in umgekehrter Reihenfolge ausgeführt, erzeugen sie die gleichen Ergebnisse.
- Für alle Ringe gelten Assoziativgesetz $a+(b+c) = (a+b)+c$ sowie das Distributivgesetz $a*(b+c) = a*b+a*c$.
- Es gibt ein multiplikatives Identitätselement, das jedes Element durch Multiplikation auf sich selbst abbildet. In dem Beispiel der Gruppe der ganzen Zahlen ist das die Zahl 1.

Ein Körper ist zusätzlich zu den Eigenschaften, die ein Ring besitzt, auch in Bezug auf die Multiplikation Abel'sch. In der klassischen Multiplikation ist $a*b$ immer gleich $b*a$. Doch bei Ringen lassen sich die Faktoren im Gegensatz zum Körper nicht unbedingt vertauschen. Ein Körper hat zu jedem Element $a \neq 0$ ein inverses Element $(1/a)$, sodass beide miteinander multipliziert 1 ergeben.

Ein Ideal eines Rings ist eine Teilmenge aus Elementen eines Rings, die in sich geschlossen ist und so einen Unterring bildet. Zum Beispiel bilden im Ring der ganzen Zahlen die geraden Zahlen oder die Vielfachen von 3 solche Ideale. Bei der Addition und Multiplikation gerader Zahlen (und auch bei Subtraktion und Division) bleibt die Geradzahligkeit erhalten. Das Gleiche gilt für die Vielfachen von 3 oder jeder anderen Zahl.

Ein Modul M ergibt sich, wenn ein kommutativer Ring R mit einer Abel'schen Gruppe G ergänzt wird. Operationen, die zwischen den Elementen aus diesen beiden mathematischen Strukturen durchgeführt werden, ergeben immer ein Element der Gruppe G.

Die Restklasse einer Zahl a in Bezug auf eine Zahl m ist die Menge aller Zahlen, die bei Division durch m denselben Rest lassen wie a. Zum Beispiel sind bei einer Division durch 5 die Zahlen 2, 7, 12, 17, 22 usw. Elemente der Restklasse 2.

Ein Isomorphismus besteht, wenn jedem Element der einen Gruppe genau ein Element der anderen Gruppe zugeordnet werden kann (und umgekehrt). Die Elemente, die aufeinander abgebildet werden, können zum Beispiel Punkte in zwei Räumen sein oder Mengenelemente in zwei Mengen. Entscheidend ist, dass diese Abbildung durch eine inverse Abbildung so rückgängig gemacht werden kann, dass sich exakt wieder die ursprüngliche Gruppe ergibt. Bei der Gleichung $y = x^2$ ist dies zum Beispiel nicht der Fall, denn wenn $x = 2$ ist, ergibt sich $y = 4$. Soll aber von $y = 4$ wieder zurück auf x geschlossen werden, kommen die Lösungen 2 und –2 in Frage. Dahingegen stellen die Funktionen $y = x$ oder $y = x^3$ Isomorphismen dar.

Begriffe wie diese machen deutlich, dass Emmy Noether nicht mit Zahlen arbeitete, sondern mit mathematischen Strukturen, die sie auf fast alle Teilbereiche der Mathematik übertragen konnte. Unter anderem gelang ihr auf diese Weise eine Neubegründung der Zahlentheorie. (Für mathematisch Versierte: Hierfür schuf sie die axiomatische Grundlage für die Faktorisierung von Idealen in Primideale, auch als Dedekind'sche Ringe ganzer Zahlen in einem algebraischen Zahlenfeld bekannt.)

Genau diese Erweiterung von Dedekinds Arbeit trug Emmy Noether auf der Tagung der Deutschen Mathematischen Gesellschaft 1924 in Innsbruck vor. Es ist typisch für Emmy Noethers uneitles Wesen, dass sie ihren bahnbrechenden Beitrag mit der Bemerkung relativierte:

»Alles steht schon bei Dedekind«.[79]

Diese Bemerkung zeigt auch, dass sich Emmy Noether in erster Linie in den Fußstapfen Dedekinds sah, weniger in denen Fischers, Hilberts oder Kleins – und gewiss nicht in denen ihres Doktorvaters Gordan.

Dedekind hatte in Göttingen studiert und dort auch habilitiert. Er lehrte unter anderem in Zürich und Berlin, blieb aber den größten Teil seines Lebens in seiner Heimatstadt Braunschweig. Er emeritierte 1894 und starb 1916. Er und Emmy Noether haben sich vermutlich nie gesehen. Trotzdem war Emmy Noether ihrem geistigen Vorgänger so verbunden, dass sie später Mitherausgeberin des dreibändigen Vermächtnisses Dedekinds wurde.[80]

Die Noether'schen Ringe

Wir Menschen sind es gewohnt, in Bildern zu denken. Emmy Noether dagegen liebte es, sich Gedanken um wesentlich abstraktere Probleme als invariante Transformationen in konkret gegebenen Polynomen zu machen, mit denen sie sich noch in ihrer von Gordan betreuten Doktorarbeit herumgeschlagen hatte. Van der Waerden beschrieb ihren Ansatz sehr viel später so:

> *»Emmy Noether [...] pflegte in solchen Fällen zu sagen: ›Der Beweis ist nun abstrakt gefaßt und durchsichtig gemacht‹. Denn das war für sie der Sinn der modernen, abstrakten Algebra, daß alle speziellen Rechnungen mit Matrizen usw. vermieden wurden, daß man von allen unwesentlichen Zügen des speziellen Problems abstrahierte und daß durch diese Abstraktion das wesentliche sichtbar wurde, die Begriffe an die Spitze gestellt wurden und die ganzen Beweise durchsichtig wurden.«*[81]

Dieser hohe Abstraktionsgrad verlangt Lesern ohne mathematische Vorbildung einiges ab; daher finden sich detailliertere Ausführungen zu den mathematischen Ringen Emmy Noethers im Anhang (Rubrik »Expertenwissen«) – zum Nachlesen bei vertieftem Interesse. Allerdings wird auch der eher kurze Anhang der Komplexität der Noether'schen Mathematik kaum gerecht.

Die wichtigsten Arbeiten Emmy Noethers

Ihre erste Arbeit zur abstrakten Theorie der Ringe veröffentlichte Emmy Noether 1920 gemeinsam mit Werner Schmeidler, den

sie bei dessen Promotion betreut hatte: *Moduln in nichtkommutativen Bereichen, insbesondere aus Differential- und Differenzenausdrücken*[82]. Auf diese Publikation bezog sich Hermann Weyl
unter anderem, als er mit Blick auf Emmy Noether feststellte:

> *»Denn du warst eine große Mathematikerin, ich trage kein
> Bedenken zu sagen, die größte, von der die Geschichte zu
> berichten weiß. Die Algebra hat ein anderes Gesicht bekom-
> men durch dein Werk.«*[83]

1921 machte Emmy Noether durch ihre geschickte Verwendung
des Teiler-Kettensatzes und des Vielfachen-Kettensatzes auf sich
aufmerksam. Was hatte es damit auf sich?

Der Begriff von aufsteigenden und absteigenden Kettenbedingungen ist in der abstrakten Algebra von fundamentaler Bedeutung. Eine Folge von nicht leeren Teilmengen A1, A2, A3 usw.
einer Menge S wird gewöhnlich als aufsteigend bezeichnet,
wenn jede eine Teilmenge der nächsten ist.

$$A_1 \subseteq A_2 \subseteq A_3 \subseteq \ldots \quad (\subseteq \text{ bedeutet: »ist Element von } \ldots \text{«})$$

Umgekehrt wird eine Folge von Teilmengen von S als absteigend
bezeichnet, wenn jede die nächste Teilmenge enthält.

$$A_1 \supseteq A_2 \supseteq A_3 \supseteq \ldots$$

In manchen Fällen werden solche Ketten nach einer endlichen
Anzahl von Schritten konstant (es gilt: $A_n = A_m$ für alle $m \geq n$).
Aufsteigende und absteigende Kettenbedingungen können auf
viele mathematische Objekte angewandt werden. Auf den ersten
Blick scheinen solche Kettenbedingungen nicht sehr bedeutend
zu sein. Doch Emmy Noether nutzte sie optimal aus und zeigte
zum Beispiel, dass jede Menge von Teilobjekten ein maximales
beziehungsweise minimales Element hat und dass ein komplexes

Objekt durch eine kleinere Anzahl von Elementen erzeugt werden kann. Diese Schlussfolgerungen sind oft ein entscheidender Schritt in mathematischen Beweisen.

In demselben Jahr 1921 folgte eine Veröffentlichung, in der Emmy Noether ihre besonderen Ringe – die späteren Noether'schen Ringe – einführte und deren Eigenschaften bewies: *Idealtheorie in Ringbereichen*[84]. Diese heute als »klassisch« bezeichnete Arbeit mit einer ungewöhnlichen Länge von mehr als vierzig Seiten wird von vielen Mathematikern als Emmy Noethers wichtigste Arbeit angesehen (für Physiker ist natürlich der 1918 erschienene Artikel über Erhaltungsgrößen und Invarianzen Noethers bedeutendste Arbeit). Zuvor waren die meisten Ergebnisse der kommutativen Algebra auf spezielle Beispiele kommutativer Ringe beschränkt gewesen, zum Beispiel auf Ringe ganzer Zahlen. Noethers *Idealtheorie in Ringbereichen* überschritt durch Abstraktion diese Grenze und wurde zur Grundlage der kommutativen Ringtheorie. Für mathematisch Versierte lassen sich weitere Details im Anhang in der Rubrik »Expertenwissen« finden.

Zu abstrakt, um berühmt zu sein

Die moderne axiomatische Definition mathematischer Ringe und die Entwicklung der Grundlagen der kommutativen Ringtheorie waren nur ein Teil der großen Erfolge Emmy Noethers. Darüber hinaus arbeitete sie auf den Gebieten der kommutativen Zahlenkreise, der linearen Transformationen und der nichtkommutativen Algebren.

Emmy Noethers Beitrag zur Relativitätstheorie hatte nicht dazu geführt, dass sie in Fachkreisen weithin bekannt wurde. Nur ihre direkten Mitstreiter wussten von ihren Leistungen. Auch die unvergleichliche Bedeutung des Noether-Theorems für die Quantenphysik wurde erst lange nach ihrem Tod erkannt.

Dagegen stießen ihre Leistungen auf dem Gebiet der abstrakten Algebra auf große Begeisterung. Damit wurde sie zu einer weltweit führenden Persönlichkeit der Mathematik im ersten Drittel des 20. Jahrhunderts.

Bis heute finden der Name »Emmy Noether« und ihr Werk unter Mathematikern eine angemessene Würdigung. Begriffe wie »Noether-Ring«, »Noether-Gruppe«, »Noether-Modul«, »Noether-Schema«, »Noether-Raum«, »Noether-Problem«, »Noether-Normalisierung« und »Noether-Induktion« bezeugen dies. Dazu kommt eine Vielzahl an Theoremen, die mit dem Namen Emmy Noethers verbunden sind. Neben dem Noether-Theorem sind dies: »Albert-Brauer-Hasse-Noether-Theorem«, »Lasker-Noether-Theorem« und »Skolem-Noether-Theorem«. Ihre Ideen und Beiträge in diesem Bereich der Mathematik sind sogar so grundlegend, dass Emmy Noethers Name die Funktion eines beschreibenden Adjektivs besitzt – ähnlich wie die aristotelische Philosophie und die Newton'sche Physik.

Der Mathematiker Nathan Jacobson schreibt in seiner Einführung zu Emmy Noethers gesammelten Papieren:

> »Die Entwicklung der abstrakten Algebra, die eine der markantesten Neuerungen der Mathematik des 20. Jahrhunderts darstellt, ist größtenteils ihr [Emmy Noether] zu verdanken – in veröffentlichten Arbeiten, in Vorträgen und im persönlichen Einfluss auf ihre Zeitgenossen.«[85]

Während aber brillante Köpfe wie Gauß und Einstein, Hilbert und von Neumann auch außerhalb der Welt der Mathematik und Physik berühmt wurden, schaffte Emmy Noether nie den Sprung in das Allgemeinwissen. Der Grund lag nicht etwa darin, dass sie eine Frau war, denn diese Tatsache hatte vor allem Einfluss darauf, dass ihr *zu Lebzeiten* die akademische Karriere verwehrt wurde. Dass Emmy Noether auch *viele Jahrzehnte nach ihrem Tod* zumindest in der Wissenschaft ganz allgemein nicht annähernd den Bekanntheitsgrad besitzt, den sie verdient hätte, hat neben männlicher Ignoranz noch weitere Ursachen.

Nur wenige Physiker und Mathematiker konnten Emmy Noethers auf Deutsch abgefasste Originalartikel lesen. Bis 1971 gab es keine Übersetzung ihrer bahnbrechenden Arbeiten ins Englische. Diese Sprache war zu Emmy Noethers Zeiten für die Physik und Mathematik eher unbedeutend gewesen; die Sprache der Wissenschaft war bis zum Zweiten Weltkrieg das Deutsche. Erst ab den 1950er-Jahren wurde Englisch zur Universalsprache. Ein weiterer Grund: Der Abstraktionsgrad der von Emmy Noether ins Leben gerufenen Mathematik war enorm. Nur die wenigsten Menschen konnten und können ihr folgen. Sogar die Relativitätstheorie Einsteins ist – zumindest in ihren wesentlichen Aussagen – leichter zu begreifen als die Noether'schen Abstraktionen.

Vorträge und Vorlesungen

So wie ihre Veröffentlichungen zeigen auch die Titel von Emmy Noethers Vorlesungen in Göttingen ihren Weg in die Abstraktion.[86] Teils wurden aus den Inhalten der Vorlesungen Publikationen mit gegebenenfalls leicht verändertem Titel:

- 1919: *Analytische Geometrie*
- 1920, 1920/21, 1921: *Höhere Algebra (Endlichkeitssätze, Körpertheorie)*
- 1922: *Zur Theorie der Polynomideale und Resultanten*
- 1923: *Algebraische und Differentialinvarianten*
- 1924: *Eliminationstheorie und Idealtheorie*
- 1925: *Gruppencharaktere und Idealtheorie*
- 1927: *Körpertheorie*

Mathematiker erkennen hier den Sprung vom bekannten und eher konkreten Feld der analytischen Geometrie (1919) zur abstrakten Theorie der Polynomideale (1922), der Idealtheorie (1924, 1925 und 1930) sowie der Körpertheorie (1927). Der Inhalt der meisten dieser Vorlesungen wurde jeweils kurz darauf von Emmy Noether selbst oder einem ihrer Schüler in den *Mathematischen Annalen* publiziert.

Auch ihre im Ausland gehaltenen Vorträge reflektieren Emmy Noethers mathematische Entwicklung:

- Leipzig 1922: *Algebraische und Differentialinvarianten – Invarianzen in algebraischen und infinitesimalen Umständen*
- Marburg 1923: *Eliminationstheorie und Idealtheorie – Neubegründung der algebraischen Geometrie*
- Innsbruck 1924: *Abstrakter Aufbau der Idealtheorie im algebraischen Zahlkörper – Neubegründung der Zahlentheorie*
- Danzig 1925: *Gruppencharaktere und Algebren – Neubegründung der Darstellungstheorie*

Der Schritt in die Hyper-Komplexität

Die dritte und letzte Phase im Wirken von Emmy Noether dauerte von 1928 bis 1935. In diesen Jahren vereinheitlichte Emmy Noether einige ihrer früheren Arbeiten und konzentrierte sich auf zwei weitere Bereiche der Mathematik, für die sie bedeutende Grundlagen schuf: hyperkomplexe Zahlen sowie nicht-kommutative Algebren.

- Hyperkomplexe Zahlen existieren in vier-, acht- oder sechzehndimensionalen Zahlenräumen. Einige Mathematiker beschäftigten sich im 19. und frühen 20. Jahrhundert mit ihnen. Emmy Noether vereinigte die damals verfügbaren Ergebnisse und schuf die erste allgemeine Darstellungstheorie von entsprechenden Gruppen und Algebren. Knapp formuliert: Sie fasste die Strukturtheorie assoziativer Algebren und die Darstellungstheorie von Gruppen in einer einzigen arithmetischen Theorie von Moduln und Idealen in Ringen zusammen, die aufsteigenden Kettenbedingungen genügen. Ihre Veröffentlichung *Hyperkomplexe Größen und Darstellungstheorie*[87] erwies sich als grundlegend für die Entwicklung der modernen Algebra.

- Nichtkommutative Algebra: In der gemeinsam mit Helmut Hasse und Richard Brauer veröffentlichten Arbeit *Beweis eines Hauptsatzes in der Theorie der Algebren*[88] befasste Emmy Noether sich mit algebraischen Systemen, in denen eine Division möglich ist. Darin wurden zwei wichtige Theoreme bewiesen. Eines von ihnen ist das lokal-globale Theorem: Wenn eine endlich-dimensionale zentrale Divisionsalgebra über einem Zahlenfeld überall lokal geteilt wird, wird sie auch global geteilt (ist also trivial). Der von Emmy Noether daraus abgeleitete Hauptsatz lautet: »Jede endlich-dimensionale zentrale Divisionsalgebra über einem algebraischen Zahlenfeld F spaltet sich über einer zyklischen zyklotomischen Erweiterung.«

Diese Theoreme erlauben es, alle endlich-dimensionalen zentralen Divisions-Algebren über einem gegebenen Zahlenfeld zu klassifizieren. Ein späteres Papier von Emmy Noether[89] zeigte als Spezialfall eines allgemeineren Theorems, dass alle maximalen Unterfelder einer Divisionsalgebra D Spaltfelder sind.

In diese dritte Phase ihres Wirkens fallen die folgenden Vorlesungen Emmy Noethers:

- 1927/28: *Hyperkomplexe Größen und Gruppencharaktere*
- 1928: *Nicht-kommutative Algebra*
- 1929: *Nicht-kommutative Arithmetik*
- 1929/30: *Algebra hyperkomplexer Größen*
- 1930/31: *Allgemeine Idealtheorie*
- 1931: *Seminar über neue algebraische Arbeiten*

- 1931/1932: *Darstellungstheorie*
- 1933: *Hyperkomplexe Methoden in der Zahlentheorie.* Da sie zu dieser Zeit aufgrund der nationalsozialistischen Aktionen, die auch die Juden in Universitätsbetrieben stark betrafen, bereits aus der Universität ausgeschlossen worden war, hielt Emmy Noether diese Vorlesung im privaten Rahmen ab.

Bis die Nationalsozialisten in Deutschland an die Macht kamen, wurde Emmy Noether auch ins Ausland eingeladen, um auf den bedeutendsten Konferenzen Vorträge zu halten:

- Bologna, Internationaler Mathematikerkongress (IMC) 1927: *Hyperkomplexe Größen und Darstellungstheorie in arithmetischer Auffassung – Über Strukturen, die über die reellen und komplexen Zahlen hinausgehen*
- Prag, 5. Deutsche Physiker und Mathematikertagung 1929: *Idealdifferentiation und Diskriminanten – Verzweigungstheorie in Arithmetik und algebraischer Geometrie*
- In Zürich, Internationaler Mathematikerkongress (IMC) 1932, hielt Emmy Noether den Hauptvortrag: *Hyperkomplexe Systeme in ihren Beziehungen zur kommutativen Algebra und zur Zahlentheorie – Beziehungen der über die reellen und komplexen Zahlen hinausgehende Strukturen zur abstrakten Algebra und den Zahlen im Allgemeinen.*

Insbesondere der Vortrag in Zürich wurde zu einem Triumph für die von Emmy Noether ausformulierten algebraischen Methoden als neuem Teilbereich der Mathematik.

Ein Platz im Olymp

Emmy Noether leistete in Mathematik und Physik Bedeutendes: In der theoretischen Physik entdeckte sie den Zusammenhang zwischen Symmetrien (Invarianten) und Erhaltungsgrößen. Dank ihres Theorems konnte das heute gültige Standardmodell der Teilchenphysik entwickelt werden. Wenn in Zukunft der Traum der Wissenschaftler in Erfüllung geht und diese Standardtheorie mit der Allgemeinen Relativitätstheorie vereinheitlicht werden kann, wird das Noether-Theorem voraussichtlich einen wichtigen Anteil an diesem Erfolg haben. In der Mathematik sind Emmy Noethers Arbeiten der »Urknall« der abstrakten Algebra. Van der Waerden schrieb in seinem Nachruf 1935, ihre mathematische Originalität sei »absolut unvergleichlich«, und Hermann Weyl sagte beim gleichen Anlass, Emmy Noether habe »durch ihre Arbeit das Gesicht der Algebra verändert«.

Die tiefgreifende Krise der Mathematik, die in den letzten fünfundzwanzig Jahren des 19. Jahrhunderts begonnen hatte und in der die Mathematiker ihr Fach von Grund auf neu aufstellen mussten, fand auf dem Gebiet der Algebra nicht zuletzt durch Emmy Noether ein Ende. Gemeinhin wird das Ende dieser Krise mit dem Jahr ihres unerwartet frühen Todes in Verbindung gebracht: 1935. Bis zu diesem Zeitpunkt hatte sie in unermüdlicher Arbeit ihrem Fach ein neues Fundament geschenkt, auf dem folgende Mathematiker-Generationen aufbauen konnten.

Völlig zu Recht wird Emmy Noether als größte Mathematikerin des 20. Jahrhunderts bezeichnet. Einige Mathematiker, darunter Pawel Alexandrow und Jean Dieudonné, bezeichnen sie sogar als größte Mathematikerin der gesamten Menschheitsgeschichte. Dass Emmy Noether eine Frau war und ihre Bewunderer sie als »Mathematikerin« bezeichnen konnten, bewahrte sie davor, sie direkt mit ihren männlichen Kollegen vergleichen zu müssen. Sie konnten ihr den Titel »beste Mathematikerin aller Zeiten« überreichen, ohne den eigenen Status allzu sehr in Frage stellen zu müssen. Die Mehrzahl von Emmy Noethers Fachkollegen taten sich jedoch selbst mit dieser eingeschränkten

Würdigung von Emmy Noethers Leistung schwer: Sie vermieden es komplett, ihre Wertschätzung öffentlich zu machen.

Die erste Biografie zu Emmy Noether erschien erst 1970, und dies auch nur als schmale Beilage einer mathematischen Zeitschrift.[90] Aus heutiger Sicht jedoch ist klar: Emmy Noether gehört zu den bedeutendsten Mathematikern, Mann oder Frau, aller Zeiten – und steht damit in einer Reihe mit Carl Friedrich Gauß, David Hilbert und John von Neumann.

7

DIE »NOETHER-JUNGS« (UND -MÄDELS)

Emmy Noethers Dachstübchen als Magnet für die mathematische Weltelite

> »Noether hat im letzten Jahrzehnt wohl mehr als irgend
> ein anderer Göttinger Docent junge Mathematiker zu
> productiver Arbeit angeregt.«
> CARL LUDWIG SIEGEL, 1933

Emmy Noether beeindruckte nicht nur auf dem Gebiet der reinen Mathematik durch ihre herausragenden Leistungen. Sie schaffte es auch, aufstrebende junge Talente nach Göttingen zu ziehen und um sich zu scharen.

Ab Anfang der 1920er-Jahre hatte sich bei Mathematik-Studenten in aller Welt herumgesprochen, dass man in Göttingen bei einer Frau namens »Emmy Noether« völlig neue Überlegungen zur mathematischen Beweisführung lernen konnte. In der Aufbruchstimmung nach dem Ersten Weltkrieg fand eine Gruppe von Mathematikern und Mathematikerinnen zusammen, die sich begeistert der neuen, von Emmy Noether in großen Schritten vorangetriebenen mathematischen Disziplin verschrieb: der abstrakten Algebra. Bald wurden ihre Mitglieder »Trabanten« oder »Noether-Knaben« genannt – auch wenn einige wenige junge Frauen Teil dieser Gruppe waren. Während Emmy Noethers etablierte Göttinger Kollegen sich teilweise noch in der 1930er-Jahren mit dem von ihr angestrebten hohen Abstraktionsgrad schwertaten und ihrer Forschungsrichtung keinen rechten Sinn abgewinnen konnten, stürzte sich die mathematische Jugend unbelastet in das neue Abenteuer,

Erst später, als sich die Macht der neuen Mathematik zu erweisen begann, stießen auch Mathematiker, die von anderen Lehrern ausgebildet worden waren, zu dem Kreis um Emmy Noether. Aus weit entfernten Weltgegenden pilgerten angesehene Wissenschaftler nach Göttingen, um sich die faszinierende Denkweise anzueignen, die die Mathematik weit über alle bisher gültigen Grenzen hinaus in bisher unbekannte Gebiete führte und gleichzeitig ihre Fundamente zu erklären vermochte.

Noethers Live-Mathematik

Was machte die große Anziehungskraft Emmy Noethers auf die begabten Nachwuchskräfte aus? Dass sie eine charmante, herzensgute Person mit mütterlichen Zügen ihren Studenten und Studentinnen gegenüber war, mag zu der Bindung innerhalb der Gruppe beigetragen haben. Doch aus diesem Grund allein hätten sich die talentiertesten jungen Menschen – teils aus fernen Ländern wie Japan und China kommend – kaum derart begeistert um Emmy Noether geschart.

Von pädagogischen Fähigkeiten, die eine breitere Studentengruppe hätte in den Bann ziehen können, konnte bei Emmy Noether keine Rede sein. Ihre Vorlesungen waren alles andere als didaktisch ausgefeilt. Sie galten als sehr schwierig und wurden von vielen Studenten und Studentinnen sogar als chaotisch oder zumindest sehr verwirrend wahrgenommen. Das lag daran, dass Emmy Noether ihrer Zuhörerschaft keine fertigen Theorien vortrug, sondern mit ihnen völlig ergebnisoffen aktuelle mathematische Fragestellungen diskutierte. Nicht selten leitete sie während ihrer Vorlesungen einen für sie selbst neuen Beweis spontan an der Tafel her. Nur die wenigsten Studentinnen und

Studenten konnten bei diesen gedanklichen Höhenflügen mithalten, viele gaben bald frustriert und entnervt auf – manchmal zur Erleichterung der Verbleibenden, die sich nun umso konzentrierter den Noether'schen Abstraktionen zuwenden konnten. Einer der Noether-Jungs sagte in einem solchen Fall einmal etwas abfällig:

> *»Der Feind ist besiegt, er hat sich aus dem Staub gemacht.«*[91]

Die Verbleibenden schlossen sich zu einem umso engeren Kreis zusammen. Van der Waerden beschrieb die einzigartige Atmosphäre von Emmy Noethers Vorlesungen so:

> *»Sie hatte keine didaktische Begabung [...] Und doch: Wie unerhört groß war trotz allem die Wirkung ihres Vortrags! Die kleine, treue Hörerschar, meistens bestehend aus einigen fortgeschrittenen Studenten und häufig ebenso vielen Dozenten und auswärtigen Gästen, mußte sich ungeheuer anstrengen, um mitzukommen. War das aber gelungen, so hatte man weit mehr gelernt als aus dem tadellosesten Kolleg. Es wurden fast nie fertige Theorien vorgetragen, sondern meistens solche, die erst im Werden begriffen waren. Jede ihrer Vorlesungen war ein Programm, und keiner freute sich mehr als sie selbst, wenn ein solches Programm von ihren Schülern ausgeführt wurde.«*[92]

Ihren besten Unterricht erteilte Emmy Noether informell. Denn sie beschränkte ihre Lehre nicht auf die geplanten Stunden an der Universität. Jeder konnte direkt an Emmy Noether herantreten und mit ihr über offene mathematische Probleme diskutieren. Sie war immer und überall zu sprechen, nach ihren Vorlesungen, auf den Gängen in der Universität, beim Mittagessen und vor allem auf gemeinsamen ausgedehnten Spaziergängen. Oft sah man Emmy Noether im Göttinger Umland wandern, umgeben von einer Schar ihrer Studenten und Studentinnen. Dabei ging es fortwährend um Mathematik.

Als sie 1933 nicht mehr in den Räumen der Universität lehren durfte, lud sie die Studenten und Studentinnen kurzerhand zu sich in ihre kleine Wohnung unter dem Dach ein, um mit ihnen weiter mathematische Konzepte zu diskutieren und sich über ihre Zukunftspläne unterhalten zu können.

>>*Berühmt, geradezu sprichwörtlich waren gewaltige Schüsseln von Pudding, bei dessen Verzehr höchste Mathematik in einer Mansardenwohnung getrieben wurde.*<<[93]

Zu Emmy Noethers Beliebtheit bei ihren Studenten und Studentinnen trug auch bei, dass sie völlig vorbehaltlos in ihrer Forschung war. Da sie finanziell nicht viel zu verlieren hatte, war sie vergleichsweise unabhängig in der Wahl ihrer Themen. Niemand gab ihr die Richtung ihres Denkens vor – auch sie selbst war keinen Glaubenssätzen unterworfen. Emmy Noether war in ihren Gedanken so frei, dass es ihr nicht in den Sinn kam, bestimmte Annahmen verteidigen zu müssen. Wenn traditionelle Denkansätze ihren logischen Anforderungen nicht genügten, wurden sie ohne Rücksicht auf ihr eigenes Ego oder das anderer Mathematiker über Bord geschmissen. Denkverbote hatten bei Emmy Noether keine Chance. Manch andere Wissenschaftler tappen auch heute noch in diese Falle: Sie haben sich lange mit einem Thema beschäftigt und sich eine Meinung gebildet. Wenn dann Fakten bekannt werden, die gegen diese Annahme sprechen, ist es nicht einfach, alte Überzeugungen über Bord zu werfen. So erging es zum Beispiel jenen Mathematikern, die im späten 19. Jahrhundert an die Abzählbarkeit aller Zahlen glaubten und sich deshalb lange gegen die Einführung der aktualen Unendlichkeiten wehrten.

Mit ihrer Unvoreingenommenheit wurde Emmy Noether zur Anführerin und Leitfigur einer neuen Mathematiker-Generation, die sich von den Denkweisen der etablierten Professoren löste und ganz neue, sehr fruchtbare Wege beschritt.

Wirkung durch selbstlosen Fokus

Neben Emmy Noethers eigenwilligem Unterrichtsstil gab es eine weitere Besonderheit in der Beziehung zwischen ihr und ihren Studenten und Studentinnen: Sie sorgte dafür, dass ihre Doktoranden und Doktorandinnen die volle Anerkennung für ihre Arbeit erhielten. Sogar dann, wenn Emmy Noether selbst den wesentlichen Beitrag zu einer Arbeit geleistet hatte, durfte ihr Schützling das Ergebnis unter eigenem Namen veröffentlichen. Dank dieser uneingeschränkten Unterstützung kamen viele ihrer Schüler auf der akademischen Karriereleiter schnell voran. Noch einmal soll hier van der Waerden zu Wort kommen:

> »Ich ging also in die Vorlesung von Emmy Noether und kam bald mit ihr auch persönlich zusammen. [...] sie war durch und durch ein guter Mensch, frei von jedem Egoismus, frei von aller Eitelkeit, frei von Pose, und sie half immer jedem Menschen, wo sie konnte.«[94]

Schon in Erlangen hatte Emmy Noether drei Doktoranden betreut, deren offizieller Doktorvater ihr gesundheitlich angegriffener Vater Max Noether war. In Göttingen durfte sie offiziell erst ab 1922, als sie endlich habilitiert worden war, Doktoranden als Referentin – auch »Erstgutachterin« genannt – betreuen. Meist war Emmy Noether es, die das Thema der Dissertation vorschlug. Sie hatte dann die Aufgabe, die Arbeit zu begleiten und sie später gemeinsam mit einem Koreferenten zu begutachten und zu bewerten. In der relativ kurzen Zeit, die ihr bis zu ihrem frühen Tod 1935 blieb, nahm Emmy Noether zwölf Doktoranden und zwei Doktorandinnen unter ihre Fittiche.

Seit jeher wird der Referent als »Doktorvater« bezeichnet; dieser Ausdruck beschreibt sehr gut die besondere Beziehung zwischen dem Studenten und seinem Mentor, der seinem Schüler auf dessen Weg zu akademischen Weihen zur Seite steht. Allerdings kommen Erstreferenten nicht immer ihrer Verpflichtung zur Betreuung ihrer Doktoranden in einem der Sache dienlichen Umfange nach; zu voll kann der Terminkalender sein, zu stark das Interesse an eigenen Arbeiten. Doch Emmy Noether war eine Doktormutter par excellence. Selbstlos setzte sie sich insbesondere für ihre Doktoranden und Doktorandinnen ein. Ihr fachliches Wissen und ihr unbestechlicher Sinn für Abstraktion halfen ihren Schützlingen aus so mancher Sackgasse heraus.

Da Emmy Noether in ihren Vorlesungen an den neuesten Ideen und Konzepten arbeitete, waren ihre Studenten und Studentinnen in der Lage, recht früh in ihrer Laufbahn eigene Forschungsarbeiten zu veröffentlichen. Van der Waerden, von dem viele Zitate zu Emmy Noether überliefert sind, erinnerte sich noch Jahrzehnte später mit Dankbarkeit an seine Förderin:

>»Völlig unegoistisch und frei von Eitelkeit beanspruchte sie
>nie etwas für sich, sondern förderte vor allem die Werke ihrer
>Schüler. Sie schrieb für uns alle immer die Einleitungen, in
>denen die Leitgedanken unserer Arbeiten erklärt wurden, die
>wir selbst anfangs niemals in solcher Klarheit bewußt machen
>und aussprechen konnten. Sie war uns eine treue Freundin
>und gleichzeitig eine strenge, unbestechliche Richterin. Als
>solche war sie auch für die Mathematische Annalen von
>unschätzbarem Wert.«[95]

Obwohl die Publikationen, die Emmy Noether selbst veröffentlichte, internationale Anerkennung erfuhren, kam ihre eigene Karriere nicht voran. Viele ihrer Schüler und Doktoranden wurden nach und nach auf Ordinariatslehrstühle berufen oder kamen anderweitig im Staatsdienst unter. Emmy Noether blieb dagegen die relativ ungesicherte Stellung als unbezahlte Assistentin beziehungsweise Lehrbeauftragte mit geringer Vergütung.

Eine Übersicht der Noether-Jungs und -Mädels

Von Emmy Noethers siebzehn Doktoranden und Doktorandinnen – drei »inoffizielle« aus Erlanger und vierzehn »offizielle« aus Göttinger Zeit – wurden acht zu Mathematik-Professoren mit eigenem Lehrstuhl, darunter auch Grete Hermann, ein weiterer wurde Privatdozent. Dies ist eine erstaunlich hohe Quote. Zehn ihrer Doktoranden lieferten Dissertationen von so hoher Qualität, dass diese in führenden mathematischen Journalen publiziert wurden. Insgesamt brachte Emmy Noether sieben Doktoren mit der besten Note *summa cum laude* (ausgezeichnet) hervor und weitere sechs mit *magna cum laude* (sehr gut). Dies sind Noten, die zu jener Zeit bei Weitem nicht selbstverständlich waren.

Die drei noch in Erlangen von Emmy Noether betreuten Doktoranden waren Hans Falckenberg, Fritz Seidelmann und Kurt Hentzelt.

Hans Falckenberg (1885–1946) promovierte am 18. April 1912. Das Thema seiner mit *magna cum laude* bewerteten Doktorarbeit lautete »Über Verzweigung von Lösungen nichtlinearer Differentialgleichungen«. Es war von der nur drei Jahre älteren Emmy Noether angeregt worden, die zu jener Zeit ohne Vertrag und Gehalt in Erlangen arbeitete. Der offizielle Referent war Ernst Fischer. Weitere Lebensstationen von Hans Falckenberg: 1914 Habilitation an der TH Braunschweig mit abschließender Stellung als Privatdozent; 1919 Privatdozent an der Universität Königsberg; 1922 außerordentlicher Professur an der Universität Gießen; 1931 ordentliche Professur in Gießen; 1943 Emeritus. Wie so viele Mathematiker seiner Generation wurde die akademische Karriere Falckenbergs durch den Ersten Weltkrieg unterbrochen. In allen vier Kriegsjahren von 1914 bis 1918 war er zum Kriegsdienst einberufen, konnte dann aber seine Laufbahn fortsetzen.

Fritz Seidelmann (1890–?) promovierte zum Thema »Die Gesamtheit der kubischen und biquadratischen Gleichungen mit Affekt bei beliebigem Rationalitätsbereich«. Auch in diesem Fall hatte Emmy Noether das Thema der Arbeit vorgeschlagen. Offiziell war ihr Vater Max Noether der Doktorvater, doch Emmy war es, die Seidelmann im Wesentlichen betreute und ihrem Schüler am 5. April 1916 die Bestnote *summa cum laude* ermöglichte. Seidelmann wurde Lehrer an der Erlanger Lehrerinnenbildungsanstalt und war von 1936 bis mindestens 1951 Studienprofessor an der Oberrealschule Ansbach.

Der dritte Mathematik-Student Emmy Noethers aus der Erlanger Zeit war **Kurt Hentzelt**. Er starb im Ersten Weltkrieg, kurz bevor er seine Promotion beenden konnte. Aufbauend auf seiner Arbeit publizierte Emmy Noether später den Artikel *Über eine Arbeit des im Kriege gefallenen K. Hentzelt zur Eliminationstheorie*.[96]

Es folgen die vierzehn offiziell von Emmy Noether in Göttingen betreuten und geprüften Doktorandinnen und Doktoranden.

Grete Hermann (1901–1984) studierte ab 1921 in Göttingen, zwischenzeitlich wechselte sie für zwei Semester nach Freiburg. Am 4. Mai 1926 wurde sie in Göttingen zum Thema »Die Frage der endlich vielen Schritte in der Theorie der Polynomideale. Unter Benutzung nachgelassener Sätze von Kurt Hentzelt«[97] mit der Note *sehr gut (magna cum laude)* promoviert. Koreferent war Edmund Landau. Für diese Arbeit nutzte Hermann einige Vorarbeiten von Kurt Hentzelt, der im Ersten Weltkrieg gefallen war. Nach der Promotion war sie Privatassistentin des Philosophen Leonard Nelson. 1934/35 folgte ein Aufenthalt als Physikerin bei Werner Heisenberg und Team in Leipzig. 1936 emigrierte sie, zuerst nach Dänemark, dann nach England. Im Exil war sie im Widerstand gegen die Nationalsozialisten aktiv.

Ab 1950 war Grete Hermann ordentliche Professorin für Mathematik, Philosophie und Physik an der PH Bremen, 1966 wurde sie emeritiert. Grete Hermann war neben Emmy Noether eine weitere Ausnahme-Mathematikerin und gleichzeitig eine anerkannte Physikerin und Philosophin.

Heinrich Grell (1903–1974) promovierte am 4. November 1926 in Göttingen mit der Note *sehr gut*; das Thema seiner Dissertation »Beziehungen zwischen den Idealen verschiedener Ringe«[98] hatte Emmy Noether vorgeschlagen, Koreferent war Edmund Landau. Grells Vita lässt auf ein bewegtes Leben schließen: 1926 erfolgte seine Aufnahme in die Deutsche Mathematiker-Vereinigung; von 1928 bis 1930 war er wissenschaftlicher Assistent an der Universität Jena; 1930 habilitierte er sich, war 1934 Privatdozent in Jena, wurde 1935 aufgrund des Verdachtes auf Homosexualität seines Amtes enthoben und verbrachte einige Zeit im Konzentrationslager. Von 1935 bis 1939 war er Privatgelehrter in Lüdenscheid, von 1939 bis 1945 wissenschaftlicher Mitarbeiter und Gruppenleiter in der Augsburger Messerschmitt AG, 1944/45 Mitarbeiter im Reichsforschungsrat, 1946/47 Assistent an der Universität Erlangen. 1947/48 hatte Grell einen Lehrauftrag an der Hochschule Bamberg, war 1948 Oberassistent und außerordentlicher Professor mit Lehrauftrag an der Humboldt-Universität Berlin, 1950 dann Professor mit vollem Lehrauftrag an der HU Berlin und 1953 ordentlicher Professor mit Lehrstuhl an der HU Berlin. 1959 wurde er Direktor am Institut für Reine Mathematik der Deutschen Akademie der Wissenschaften Berlin. Grell bildete als Professor elf Studenten aus.

Wilhelm Dörnte (1899–?) promovierte am 30. Juni 1927 an der Universität Göttingen bei Emmy Noether; Koreferent war wieder Edmund Landau. Dörntes Dissertationsthema »Untersuchungen über einen verallgemeinerten Gruppenbegriff« war von Emmy Noether angeregt worden; seine Arbeit wurde mit der Note *sehr gut* bewertet und 1929 in der *Mathematischen Zeit-*

schrift veröffentlicht. 1925/26 war er wissenschaftlicher Assistent für reine Mathematik an der TH Danzig (bei Mangoldt, Sommer). Über Dörntes weiteren Lebensweg ist nicht viel bekannt. Ab 1930 bis mindestens 1950/51 war er als Studienrat im höheren Schuldienst tätig.

Werner Weber (1906–1975) promovierte am 14. Juni 1929 in Göttingen über die »Idealtheoretische Deutung der Darstellbarkeit beliebiger natürlicher Zahlen durch quadratische Formen«[99]. Auch dieses Thema wurde von Emmy Noether vorgeschlagen. Gemeinsam mit Koreferent Edmund Landau bewertete sie Webers Arbeit mit der Note *ausgezeichnet*. Bereits 1928 war Weber wissenschaftlicher Assistent an der Universität Göttingen. 1929 wurde er DMV-Mitglied. 1931 habilitierte Weber in Göttingen, 1935 wurde er Dozent an der Universität Berlin. Von 1935 bis 1937 hatte er eine Vertretung (ohne Professur) an der Universität Heidelberg, 1938 war er außerordentlicher Professor in Heidelberg, und von 1939 bis 1945 hatte er eine außerplanmäßige Professur an der Universität Berlin inne. In dieser Zeit arbeitete Weber als Krypto-Analytiker in der Chiffrierabteilung des Oberkommandos der Wehrmacht. Nach dem Krieg wurde er aufgrund seiner Mitgliedschaft in der NSDAP entlassen. Ab 1946 arbeitete er als Verlagskorrektor in Hamburg. 1951 wurde er wissenschaftlicher Lehrer am Institut Dr. Brechtefeld in Hamburg. Weber führte insgesamt drei Studenten zur Promotion.

Jakob Levitzki (auch: Yaakov Levitzky, 1904–1956) stammte aus der Ukraine. Er promovierte am 12. August 1929 in Göttingen bei Emmy Noether mit dem von ihr angeregten Thema »Über vollständig reduzible Ringe und Unterringe«[100]. Koreferent war Edmund Landau. Note: *ausgezeichnet*. 1928/29 war Levitzki Hilfsassistent am Mathematischen Institut der Universität Kiel, 1929/30 Sterling-Stipendiat an der Yale-University, USA, 1931 Dozent in Yale. 1948 hatte er eine Professur an der Shimshon Amitsur Hebrew University in Jerusalem. 1954 erhielt er den Israel-Preis für seine Beiträge zu nicht-kommutativen

Ringen. Levitzki ist für seine Beiträge zur Ringtheorie recht bekannt. Er begleitete einen Doktoranden zur Promotion.

Hans Fitting (1906–1938) promovierte am 23. März 1932 in Göttingen; Koreferent war Richard Courant. Seine Dissertation »Zur Theorie der Automorphismenringe Abel'scher Gruppen und ihr Analogon bei nichtkommutativen Gruppen« wurde mit der Note *ausgezeichnet* bewertet und in den *Mathematischen Annalen* publiziert.[101] Auch in diesem Fall hatte Emmy Noether das Thema angeregt. Von 1932 bis 1934 war Fitting Stipendiat der Notgemeinschaft der Deutschen Wissenschaften (aus der später die Deutsche Forschungsgemeinschaft DFG hervorging) an den Universitäten in Göttingen und Leipzig. 1934 wurde er Assistent an der Universität Königsberg, 1936 Mitglied der DMV; in diesem Jahr wurde er auch habilitiert. 1937 wechselte Fitting als Privatdozent nach Königsberg. Hans Fitting bildete keine Doktoranden aus, da er bereits 1938 an Knochenkrebs verstarb. Sein Name ist noch heute durch das Fitting-Theorem und das Fitting-Lemma bekannt.

Max Deuring (1907–1984) promovierte mit der Note *ausgezeichnet* am 6. Juni 1931 in Göttingen; Koreferent war Edmund Landau. Der Titel der Promotion lautete »Zur arithmetischen Theorie der algebraischen Funktionen«[102]. Das Thema hatte Emmy Noether vorgeschlagen. Von 1931 bis 1937 arbeitete Deuring als Assistent an der Universität Leipzig bei Bartel Leendert van der Waerden. 1932/33 ging Deuring als Sterling-Stipendiat nach Yale, USA. 1935 erfolgte seine Habilitation in Göttingen, er veröffentlichte sein Werk *Algebren*, das die neue Algebra zusammenfasst; Emmy Noether war als Koautorin beteiligt. 1936 wurde Deuring Mitglied der DMV. Von 1937 bis 1943 lehrte er als Dozent an der Universität Jena. Von 1943 bis 1945 hatte er eine außerordentliche Professur an der Universität Posen inne. 1947 wurde er ordentlicher Professor an der Universität Marburg. 1948 wechselte er an die Universität Hamburg. 1950 kehrte er als ordentlicher Professor an die Universität Göttingen zurück. 1976 wurde er emeritiert. Deuring zeichnete sich bereits als Student aus und leistete später einen bedeutenden Beitrag zur arithmetischen Geometrie. Er war der in der Lehre produktivste Schüler Emmy Noethers: Er selbst brachte dreiundvierzig Studenten zur Promotion.

Ludwig Schwarz (1915–?): Seine Dissertation trug den Titel »Zur Theorie des nichtkommutativen Polynombereichs und Quotientenrings«. Emmy Noether hatte diese Arbeit angeregt und anfangs betreut. Nachdem sie 1933 vom universitären Betrieb ausgeschlossen worden war, übernahmen Hermann Weyl und Gustav Herglotz als Referenten. Schwarz' Promotion erfolgte – wohl auch wegen des inzwischen ausgebrochenen Zweiten Weltkrieges – erst am 2. Juni 1944, seine Arbeit wurde mit der Note *ausgezeichnet* bewertet und in den *Mathematischen Annalen* publiziert.[103] Von 1933 bis 1938 war Schwarz Assistent an der Universität Halle, 1933 wurde er Mitglied der DMV. Von 1938 bis 1945 arbeitete er als wissenschaftlicher Mitarbeiter an der Aerodynamischen Versuchsanstalt Göttingen. Für einige Wochen im Frühjahr 1946 war er als wissenschaftliche Hilfskraft in Frankfurt am Main tätig. Für 1948 ist ein Aufenthalt in Paris bekannt. Später lebte er in Darmstadt, es existiert ein Rentenantrag aus dem Jahr 1973.

Zeng Jiongzhi (nach alter Schreibweise Chiungtze Chiung Tsen; 1898–1940) war 1928 als Stipendiat nach Europa gekommen und studierte ab 1929 in Göttingen. Emmy Noether hatte sein Dissertationsthema angeregt – »Algebren über Funktionenkörpern« – und auch betreut. Zeng promovierte am 20. Februar 1934 in Göttingen. Emmy Noether konnte ihn noch als Referentin prüfen, Koreferent war Friedrich Karl Schmidt. Die Note, mit der Zengs Arbeit bewertet wurde, war *sehr gut*. Von 1934 bis 1935 sind weitere Studien bei Emil Artin in Hamburg bekannt. 1935 kehrte Zeng nach China zurück, obwohl dort Bürgerkrieg herrschte und er wusste, dass seine Lebensverhältnisse sehr schwierig sein würden. Er war als Associate Professor an der

Universität Zhejang angestellt. 1937 wurde er Professor am Beijang Institute of Technology in Tianjin. Ab 1939 lehrte er in der Provinz Xikang, dem östlichen Tibet, am National Xikang Institute of Technology. Früh verstarb Zeng im Jahr 1940 wegen eines Magengeschwürs. Zeng ist neben Serge Lang der Namensgeber des Tsen-Lang-Theorems. Tsens diesbezügliche Erkenntnis war außerhalb Chinas kaum bekannt. Erst in den 1970er-Jahren entdeckte sie Serge Lang wieder und verwendete sie in seiner Dissertation. Ein Zitat aus dem Gutachten, das Emmy Noether zur Dissertation Zengs schrieb, zeigt, wie eng verzahnt ihre eigenen Arbeiten mit denen ihrer Studenten waren.

> »Es handelt sich um eine interessante und wichtige Arbeit, an die seitdem (durch E. Witt) schon weiter angeknüpft worden ist. Der erste Teil – algebraisch abgeschlossener Konstantenkörper – ist unter starker Anregung meinerseits entstanden; Verfasser ist aber in verschiedenen Punkten darüber hinausgegangen. So hat er den Satz, dass unter den gegebenen Voraussetzungen jedes Element des Grundbereichs Norm ist – auf dem alles Folgende beruht – gleich in Bezug auf Schiefkörper (nicht nur kommutative Körper) bewiesen, und dadurch zwei neue Beweise, von E. Artin und mir, ermöglicht. Auch hatte ich ursprünglich die Existenz von Schiefkörpern vermutet, und erst durch seine Beispiele kam ich auf die richtige Vermutung. Der zweite Teil – reeller Konstantenkörper – ist in der Einzeluntersuchung über Zerfällungskörper völlig unabhängig von mir entstanden, sowohl in Fragestellung wie Methode.«[104]

Ernst Witt (1911–1991) promovierte am 20. Juli 1934 in Göttingen. Das von Emmy Noether angeregte Thema von Witts Dissertation lautete: »Riemann-Rochscher Satz und Zeta-Funktion im Hyperkomplexen«[105]. Die Arbeit wurde mit *ausgezeichnet* bewertet. Ursprünglich war Emmy Noether als Erstreferentin vorgesehen. Da sie zur Zeit von Witts Promotion als Jüdin infolge des »Gesetzes zur Wiederherstellung des Berufsbeamtentums« von 1933 vom öffentlichen und also auch universitären Dienst schon suspendiert war, musste Gustav Herglotz diese Rolle übernehmen. Inoffizielle Doktormutter blieb sie jedoch: Witt besuchte das Seminar, das Emmy Noether bei sich zu Hause abhielt. Dass er dort in SA-Uniform erschien, irritierte die anderen Anwesenden zwar, doch sie kannten Witt als im Grunde unpolitischen Menschen. 1934 wurde er wissenschaftlicher Assistent in Göttingen. 1937 erfolgte seine Habilitation. 1938/39 war er Privatdozent an der Universität Göttingen, 1939 planmäßig außerordentlicher Professor an der Universität Hamburg. 1941 wurde Witt zum Kriegsdienst in Russland eingezogen. 1942 leistete er Dechiffrierdienst in Berlin, wo ihm – ähnlich wie Turing in Bletchley Park – durch den Bau einer Maschine die Dechiffrierung der verschlüsselten Nachrichten der polnischen Exilregierung in London gelang. 1954 wurde er außerordentlicher Professor in Hamburg, war dort ab 1957 ordentlicher Professor, wurde 1979 emeritiert. Ernst Witt heiratete die Mathematikerin Dr. Erna Bannow. Als einer der bedeutendsten Noether-Knaben führte er eine Reihe neuer Strukturen in die Mathematik ein. Nach ihm sind unter anderem der Witt-Vektor und der Witt-Ring benannt. Witt bildete fünfzehn Doktoranden aus.

Otto Schilling (1911–1973) promovierte 1934 in Marburg. Seine Arbeit zum Thema »Über gewisse Beziehungen zwischen der Arithmetik hyperkomplexer Zahlsysteme und algebraischer Zahlkörper«[106] wurde zunächst von Emmy Noether betreut, die auch das Thema vorgeschlagen hatte. 1933 wechselte Schilling nach Marburg, wo Helmut Hasse seine Betreuung übernahm und die abgeschlossene Dissertation mit der Note *sehr gut* bewertete. 1934 war Schilling Postdoc am Trinity College in Cambridge, wurde DMV-Mitglied. 1935 emigrierte er in die USA. Von 1935 bis 1937 war er als Postdoc am Institute for Advanced Study tätig, 1937 bis 1939 als Postdoc an der Johns Hopkins University. 1939 war Schilling Lehrassistent in Chicago, ab 1943 Assistant Professor an der University of Chicago, 1945 Associate Professor, 1958 full Professor an der University of Chicago, ab 1961 Professor an der Purdue University. Sein wichtigstes und bekanntestes Werk war *The Theory of Valuations: Mathematical Surveys* von 1950. Er bildete drei Doktoranden aus.

Ruth Stauffer (1910–1993) promovierte 1935 am Bryn Mawr College, USA. Da Emmy Noether kurz zuvor verstorben war, hielt Richard Brauer das Rigorosum ab. Stauffers Dissertation *The construction of a normal basis in a separable extension field* wurde im *American Journal of Mathematics* publiziert.[107] 1936 nahm sie ihre Lehrtätigkeit an der Bryn Mawr School in Baltimore und die Zusammenarbeit mit Oscar Zariski auf. 1937 erfolgte der Wechsel an die Miss Fine's School in Princeton; in diesem Jahr heiratete sie George McKee. Nachdem ihre Kinder herangewachsen waren, arbeitete Ruth Stauffer in der Research Agency der Joint State Government Commission in Harrison, Pennsylvania. Emmy Noethers letzter Brief an Helmut Hasse nach Deutschland hatte die Doktorarbeit von Ruth Stauffer zum Thema.

Werner Vorbeck (1909–?) promovierte am 13. Februar 1936 in Göttingen. Seine Arbeit über »Nichtgaloissche Zerfällungskörper einfacher hyperkomplexer Systeme« wurde mit der Note *gut* bewertet. Das Thema hatte Emmy Noether angeregt, sie durfte Vorbeck aber nicht mehr als Doktormutter prüfen. Referent war Friedrich Karl Schmidt. Vorbeck wurde Studienrat in Niedersachen.

Wolfgang Wichmann (1912–1944) promovierte am 3. September 1936 in Göttingen über »Anwendungen der p-adischen Theorie im Nichtkommutativen«[108]. Wichmann war Emmy Noethers letzter Doktorand in Göttingen. Da sie selbst hatte fliehen müssen und 1935 verstorben war, sprang auch bei dieser Prüfung Friedrich Karl Schmidt für Emmy Noether ein. Wichmann erhielt die Note *sehr gut*; er starb 1944 an der Ostfront.

Viele Studentinnen und Studenten wurden durch Emmy Noethers Vorlesungen beeinflusst. Wie weit dieser Einfluss reichte, kann nur vermutet werden. Doch bei ihren Doktoranden und Doktorandinnen kann man davon ausgehen, dass sie alle durch die Denkweise Emmy Noethers nachhaltig geprägt wurden. Unter den insgesamt siebzehn Doktoranden und Doktorandinnen sind einige, die durch den Krieg ihr Leben verloren. Andere entschlossen sich zu einer Lehrtätigkeit außerhalb der Universitäten. Doch der Großteil dieser Gruppe wurde habilitiert und lehrte seinerseits das, was sie bei Emmy Noether gelernt hatten: abstraktes mathematisches Denken. Werden auch die Schüler dieser Schüler berücksichtigt, trugen bereits in zweiter Generation an die 1.600 Mathematiker und Mathematikerinnen Emmy Noethers »mathematische DNA«.[109]

Ein Spaziergang auf den Nikolausberg bei Göttingen, wahrscheinlich im Juli 1933. Von links nach rechts: Ernst Witt, Paul Bernays, Helene Weyl, Hermann Weyl, ihr gemeinsamer Sohn Joachim Weyl, Emil Artin, Emmy Noether, Ernst Knauf, eine unbekannte Person, Chiungtze Tsen, Erna Bannow, die 1940 Ernst Witt heiratete.

Der Kreis der Postdocs und etablierten Mathematiker

Sehr viele Mathematiker und Mathematikerinnen wurden stark von Emmy Noether geprägt, promovierten jedoch nicht bei ihr. Ab 1933 lag das vor allem daran, dass Emmy Noether, da Jüdin, bereits vom öffentlichen Dienst suspendiert war und als Doktormutter daher nicht mehr zur Verfügung stehen dürfte. Aus den späteren Arbeiten dieser Mathematikergruppe ist aber klar der Einfluss Emmy Noethers erkennbar.

Ab Mitte der 1920er-Jahre veränderte sich die Teilnehmerstruktur ihrer Seminare. Nun kamen auch zahlreiche Postdocs aus dem Ausland nach Göttingen, um sich im weltweiten Zentrum der Mathematik mithilfe der Gedanken der ungewöhnlichsten und modernsten Mathematikerin ihrer Zeit weiterzubilden.

Bartel Leendert van der Waerden (1903–1996) promovierte Ostern 1926 an der Universität Amsterdam bei Hendrik de Vries. Seine Dissertation *De algebraiese grondslagen der meetkunde van het aantal* wurde in diesem Jahr in den *Mathematischen Annalen* publiziert.[110] Seine Doktorarbeit war stark von Emmy Noether beeinflusst, die auch einen Teil der Betreuung übernommen hatte. 1979 sagte van der Waerden in einem Interview:

> »*In Göttingen hatte ich vor allem Emmy Noether kennengelernt. Sie hat eine ganz neue Algebra, viel allgemeiner als die bisherige Algebra, geschaffen, und sie war eigentlich meine Lehrerin in Göttingen. Mit den Methoden, die sie entwickelt hat, habe ich dann meine Sätze bewiesen.*«[111]

1924 hielt van der Waerden sich in Göttingen auf, 1927 erfolgte seine Habilitation und anschließende Privatdozentur an der Universität Göttingen. 1928 wurde er ordentlicher Professor in Groningen. 1930/31 erschien sein Buch *Moderne Algebra*, das auf den Vorlesungen Emmy Noethers beruhte. Von 1931 bis 1945 war van der Waerden ordentlicher Professor an der Universität Leipzig,

1947/48 hatte er eine Gastprofessur an der Johns Hopkins University in Baltimore, USA. 1949 wurde er ordentlicher Professor an der Universität in Amsterdam, 1951 ordentlicher Professor an der Universität Zürich und Direktor des Mathematischen Instituts. 1972 erfolgte seine Emeritierung.

Van der Waerden war ein begeisterter Anhänger Emmy Noethers. Von ihm sind besonders viele Anmerkungen zu seiner alten Lehrerin erhalten. Sein folgendes Zitat beschreibt, wie Emmy Noether ihn zur Abstraktion führte.

> *»Meine Probleme waren vor allem Probleme der algebraischen Geometrie, [...]. Ich legte ihr [Emmy Noether] also meine Grundlagenprobleme vor, mit denen ich mich in Amsterdam schon gequält hatte. Zum Beispiel: [---] was meinen die Italiener, wenn sie von einem punto generico, einem allgemeinen Punkt, einer Varietät sprechen? [...] vom allgemeinen Punkt wird verlangt, daß er keinerlei spezielle Eigenschaften hat, die nicht allen Punkten zukommen. Gibt es das überhaupt? Die Antwort auf diese Frage fand ich in einer Arbeit von Emmy Noether über die Elimination.«*[112]

Dank Emmy Noether kam van der Waerden als gerade einmal Vierundzwanzigjähriger auf eine interessante Idee über Nullmengen von Polynomen. Emmy Noether wies ihn auf ein paar Verbesserungsmöglichkeiten in seiner Darstellung hin und ermutigte ihn, dieses Ergebnis zu publizieren. Dass Emmy Noether selbst bereits auf diese Idee gekommen war und sie ein halbes Jahr, bevor van der Waerden nach Göttingen gekommen war, in einer ihrer Vorlesungen ausgeführt hatte, erfuhr er erst ein halbes Jahrhundert später von einem Kollegen, der diese Vorlesung gehört hatte.

Van der Waerden verdankte auch große Teile seines Buches *Moderne Algebra*, das ab 1930 für viele Jahrzehnte den Unterricht an den Universitäten bestimmte und ihn berühmt machte, seiner Lehrerin Emmy Noether. Wie so viele Mathematiker seiner Zeit erwähnte er diesen Umstand in seinem Werk aber nicht. Erst sehr viel später fand er in seinen Erinnerungen an seine Göttinger Zeit Worte der Anerkennung für Emmy Noether:

> »Der Titel der ersten Vorlesung, die ich von ihre hörte, war: ›Gruppentheorie und hyperkomplexe Zahlen‹. Drei Jahre später, als ich mich in Göttingen habilitiert hatte, gab sie wieder eine Vorlesung mit demselben Titel, aber in verbesserter Form, sie hatte inzwischen sehr viele schöne Sachen gemacht, besonders über die Darstellungstheorie der Gruppen und die der hyperkomplexen Zahlen. Ich machte eine Mitschrift dieser Vorlesung. Sie hat die Mitschrift noch verbessert und sie in der Mathematischen Zeitschrift publiziert, als Arbeit über die Darstellungstheorie der Gruppen und hyperkomplexen Zahlen. Nachher wurde der Inhalt auch in Band 2 meiner Algebra aufgenommen.«[113]

Hermann Weyl (1885–1955) wurde 1930 Nachfolger von David Hilbert in Göttingen. Er verdankte Emmy Noether unter anderem die Darstellung nichtkommutativer Algebren durch lineare Transformationen und deren Anwendung auf das Studium kommutativer Zahlenfelder und deren Arithmetik für seinen eignen mathematischen Ruhm.

Helmut Hasse (1898–1979) war ein führender Algebraiker und Zahlentheoretiker seiner Zeit. Er war bereits ordentlicher Professor in Halle, als sich ab 1925 eine intensive Korrespondenz zwischen ihm und Emmy Noether entwickelte, die sie bis 1935 aufrechterhielten.[114] Nach und nach ließ er sich von der abstrakten Denkweise Emmy Noethers überzeugen. Gemeinsam mit Richard Brauer entwickelten sie das bedeutende sogenannte »Brauer-Hasse-Noether-Theorem«. Als Hermann Weyl, der Nachfolger Hilberts, 1933 nach Princeton emigrierte, übernahm Hasse den Göttinger Lehrstuhl. Doch nach Auffassung der neuen Machthaber war seine Gesinnung nicht ideologisch genug. 1938 beugte sich Hasse dem Druck und stellte einen Antrag auf Mitgliedschaft in der NSDAP. Diesem Gesuch wurde nie stattgegeben, weil er jüdische Vorfahren hatte. Trotzdem hatte er nach Ende des Zweiten Weltkrieges Schwierigkeiten, wieder Teil des akademischen Betriebs zu werden.

Olga Taussky (1906–1995) hatte 1930 in Wien promoviert und war von 1931 bis 1934 Assistentin in Göttingen. Als junge Mathematikerin war sie in Göttingen mit der Aufgabe betraut worden, die vielen mathematischen Fehler in den Werken von David Hilbert zu finden und zu korrigieren. Die verbesserten Schriften konnten so in einem Band zusammengefasst werden, der Hilbert zu seinem Geburtstag geschenkt wurde. Olga Taussky folgte Emmy Noether 1934 nach Bryn Mawr in USA und wurde später bekannt für ihre neuen Rechenverfahren mit Matrizen, aber auch für ihre Beiträge zur algebraischen Zahlentheorie, zur Gruppentheorie und zu numerischen Analysen.

Rudolf Hölzer (1903–1927) arbeitete zum Thema »Zur Theorie der primären Ringe«. Noch vor Erlangung des Doktorgrades starb er an Tuberkulose. Seine Arbeit hatte er aber noch in den *Mathematischen Annalen* publizieren können.[115]

Wolfgang Krull (1899–1971) promovierte 1921 in Freiburg über das von Alfred Loewy angeregte Thema »Über Begleitmatrizen und Elementarteilertheorie«. Diese Arbeit wurde durch seinen Aufenthalt in Göttingen methodisch stark geprägt. Emmy Noether arbeitete eng mit Wolfgang Krull zusammen, der mit seinem Hauptidealsatz und seiner Dimensionstheorie für kommutative Ringe die kommutative Algebra entscheidend vorantrieb. Auch seine Habilitationsschrift *Algebraische Theorie der Ringe* zeigt deutlich den Bezug zu Emmy Noethers Konzept. Darin bedankt sich Krull:

>*»... bei Herrn Professor Loewy und Fräulein Professor Noether, welche mir nicht nur wertvolle Anregungen gaben,*

sondern mir auch jederzeit freundlichst mit Rat und Tat zur Seite standen.«[116]

Ab 1926 war Krull außerordentlicher Professor in Göttingen, ab 1928 dann ordentlicher Professor in Erlangen. 1933 wurde er Mitglied des Nationalsozialistischen Lehrerbundes. Sein Buch *Idealtheorie* von 1935 basiert auf einer Vorlesung, die Krull 1920 als Gastdoktorand in Göttingen bei Emmy Noether hörte. 1939 wurde er als ordentlicher Professor nach Bonn berufen, wohin er nach einer vorübergehenden Abberufung ins Marineobservatorium Greifswald, wo er sich mit mathematischen Problemen der Hygrometrie befasste, zurückkehrte und wo er bis zu seiner Emeritierung lehrte. Nach ihm sind mehrere abstrakte mathematische Strukturen benannt, darunter die Krull-Dimension und die Krull-Ringe.

Werner Schmeidler (1890–1969) studierte von 1910 bis 1914 in Göttingen. 1917 kehrte er zurück an diese Universität, um bei Edmund Landau zu promovieren. Er gilt aber dennoch als ein Schüler Emmy Noethers. 1921 erhielt er in Breslau als erster Noether-Schüler ein Ordinariat. In diesem Jahr ging auch Emmy Noethers Bruder Fritz als Professor nach Breslau.

Kenjiro Shoda (1902–1977) erhielt 1926, seinem zweiten Graduierten-Studienjahr, ein Stipendium, das ihm einen Forschungsaufenthalt in Deutschland ermöglichte. Nach einem Jahr in Berlin kam Shoda nach Göttingen, wo er sich dem Kreis um Emmy Noether anschloss und ihre Vorlesungen über hyperkomplexe Systeme und Darstellungstheorie besuchte. 1929 kehrte er nach Japan zurück und begann die Arbeit an seinem Buch *Abstrakte Algebra*. Dieses Lehrbuch für Fortgeschrittene wurde erstmals 1932 veröffentlicht und zu einem Schlüsselwerk für die japanische Mathematik. Über Emmy Noether schrieb Shoda im kritischen Jahr 1933:

»Von Herrn Takagi erfuhr ich, dass Frl. Prof. Dr. E. Noether in Göttingen beurlaubt worden ist und voraussichtlich ent-

lassen werden wird. Wir alle bedauern das sehr um der großen Verdienste willen, die Frl. E. Noether um die Entwicklung der gesamten modernen Algebra hat. Für uns Ausländer gilt Frl. Noether, die so viele neue und grundlegende Ideen in die Theorie der hyperkomplexen Zahlen, die Darstellungstheorie, die Idealtheorie u. a. hineingebracht hat, wohl als der hervorragendste Repräsentant der deutschen Algebra. Mit besonderem Dank erinnere ich mich [...] der Zeit, als ich in Göttingen bei Frl. Noether studierte und von ihr so viele unschätzbare wissenschaftliche und persönliche Förderung erfahren habe. Wir wünschen alle sehr, dass es Ihren Bemühungen gelingen möge, Frl. Noether der deutschen Mathematik zu erhalten.«[117]*

Pawel Alexandrow (1896–1982) war ein russischer Spitzenmathematiker und enger Freund des berühmten Andrej Kolmogorow. In den Jahren 1923 bis 1932 war er mehrere Male in Göttingen zu Gast, wo er insbesondere mit Emmy Noether kommunizierte und arbeitete. Von 1927 bis 1928 war er in Princeton an der Entwicklung der Topologie beteiligt, von 1928 bis 1964 war er Professor an der Lomonossow-Universität in Moskau. Als junger Mathematiker gründete er gemeinsam mit Pawel Uryson die Moskauer topologische Schule. Nach dem frühen Tod Urysons, er ertrank 1924 mit nur sechsundzwanzig Jahren vor der bretonischen Küste, führte Alexandrow diesen Zweig der Topologie zur internationalen Anerkennung. Eine Reihe von Konzepten und Theoremen der Topologie tragen Alexandrows Namen: die Alexandrow-Kompaktierung, das Alexandrow-Hausdorff-Theorem über die Kardinalität von a-Mengen, die Alexandrow-Topologie und die Alexandrow-Cech-Homologie und -Kohomologie.

Nathan Jacobson (1910–1999) wurde nach Emmy Noethers Tod ihr Nachfolger am Bryn Mawr College. Ab 1949 war er Professor in Yale, 1951/52 und 1957/58 hatte er eine Gastprofessur in Paris inne, 1956 lehrte er an der University of California, Berkeley, und 1964/65 in Chicago und Japan. In seiner Einführung zu Emmy Noethers gesammelten Papieren schreibt er:

> »Die Entwicklung der abstrakten Algebra, die eine der markantesten Neuerungen der Mathematik des 20. Jahrhunderts darstellt, ist größtenteils ihr zu verdanken – in veröffentlichten Arbeiten, in Vorträgen und im persönlichen Einfluss auf ihre Zeitgenossen.«[118]

Die Noether-Schule

Die ungewöhnlich enge und von gegenseitiger Wertschätzung geprägte Verbindung zwischen den genannten Mathematikern und Mathematikerinnen und ihrer Lehrerin Emmy Noether lässt den Gedanken zu, dass es sich um eine ganz eigene Schule handelte. Doch was ist eigentlich eine wissenschaftliche Schule?[119]

Wissenschaftshistoriker halten eine Reihe von Merkmalen fest: Es existieren ein starker Teamgeist, ein gutes Gruppenbewusstsein und ein von gegenseitigem Vertrauen getragenes Lehrer-Schüler-Verhältnis. Lehrer und Schüler bearbeiten ein Forschungsprogramm mit übereinstimmender inhaltlicher Grundlage und mit einem gemeinsamen Ziel. Um das Ziel zu erreichen, müssen Ideen durchgesetzt werden, die in der mathematischen Welt noch nicht anerkannt sind. Die Gruppe wird von einer Persönlichkeit (es können auch mehrere Personen sein) angeführt, die die Denkrichtung anregt und für ein Umfeld sorgt, in dem sich jedes Gruppenmitglied möglichst optimal entfalten kann. Es gibt eine institutionelle Struktur, innerhalb derer die Gruppe arbeitet. Zu guter Letzt: Die Schüler setzen später das Programm fort, bereichern es und differenzieren es.

All diese Merkmale treffen zweifellos auf die Studenten, Studentinnen und Postdocs um Emmy Noether zu. Das klare Ziel des Forschungsprogramms war die Etablierung der abstrakten Algebra. Emmy Noethers Schüler und Schülerinnen führten diese Arbeit fort und standen dabei in intensivem Austausch (über Briefe und Postkarten) miteinander. Es entstanden neben unzähligen Veröffentlichungen auch mehrere Standard-Lehrwerke: Van der Waerden schrieb 1930/31 das mehrbändige Werk *Moderne Algebra*, der Hauptteil des zweiten Teils bezieht sich dabei direkt auf Emmy Noethers Arbeit; *Topologie* von Pawel Alexandrow und Heinz Hopf[120], Max Deurings *Algebra*[121] und Wolfgang Krulls *Idealtheorie*[122] erschienen allesamt 1935.

Auch die besondere Bindung zwischen Emmy Noether und ihren Schülern und Schülerinnen kann nicht bezweifelt werden. Hermann Weyl ließ diese besonders enge Beziehung in seiner Ansprache auf der Trauerfeier für Emmy Noether am 17. April 1935 noch einmal aufleben:

> *»Deinen Schülern hast Du nicht nur im Geiste gegeben, ohne Rückhalt und aus der Fülle, sondern sie scharten sich um Dich wie Küchlein unter den Flügeln einer großen Klucke; Du liebtest sie, sorgtest um sie und lebtest mit ihnen in enger Gemeinschaft.«[123]*

Eines der genannten Kriterien für eine eigene wissenschaftliche Schule erfüllte die Noether-Gruppe jedoch nicht: Es gab keine institutionelle Struktur, die der Gruppe einen Rahmen lieferte. Emmy Noether war nicht als vollwertiges Mitglied der Göttinger Professorenschaft anerkannt, die Zusammenkünfte mit ihrem Schülerkreis liefen informell ab. Die Seminare und Vorlesungen Emmy Noethers im Hörsaal waren auch keine üblichen Lehrveranstaltungen, sondern eher Diskussionsgruppen. Vieles wurde auf den legendären Spaziergängen oder in Emmy Noethers Dachwohnung erörtert.

Bereits 1927 sprach Helmut Hasse in einer Rezension des Buches eines amerikanischen Mathematikers, die auch im Jah-

resbericht der Deutschen Mathematischen Vereinigung veröffentlicht wurde, von einer »Noether'schen Schule«:

> »Man könnte, gerade für die deutsche Ausgabe, daran den-
> ken, in diesen Kapiteln die durch E. Noether und ihre Schule
> gut eingebürgerte idealtheoretische Ausdrucksweise [...] ein-
> zuführen.«[124]

Die Noether'sche Algebra war zu dieser Zeit also unter Mathematikern bereits als etwas Distinktives bekannt, wenn auch noch
nicht von allen verstanden.

Emmy Noethers erste Biografin Auguste Dick verweist explizit darauf, dass neben den Doktoranden und Doktorandinnen
auch viele etablierte Mathematiker zu ihrer Schule zu zählen
sind:

> »Bei dem Begriff Noether-Schule denkt man gar nicht so sehr
> an die Menge der Dissertanten als vielmehr an den Kreis jener
> Mathematiker, die im gleichen Geist wie E. Noether, meist
> durchaus selbstständig, häufig in regem Gedankenaustausch
> mit ihr, gelegentlich auch in engster Zusammenarbeit, zur
> Entwicklung der abstrakten Algebra beigetragen haben.«[125]

Gerade über die aus dem Ausland angereisten Mathematiker verbreitete sich Emmy Noethers Mathematik auf direktem Wege
nach China, Japan, den USA und Israel, um von dort aus endgültig den gesamten Erdkreis zu umspannen.

8

GRETE HERMANN

Wie die Noether-Schülerin den König der Quanten-Mathematik widerlegte

> *»Damit aber entfällt ein notwendiger Schritt*
> *im NEUMANN'schen Beweis«*[126]
> GRETE HERMANN, 1935

Die Entwicklung der Quantentheorie war eine der bedeutendsten intellektuellen Herausforderungen des 20. Jahrhunderts. Die Newton'schen Naturgesetze für die Mechanik und Maxwells Gesetze der Elektrodynamik, auf denen alle Wissenschaft beruhte, verloren spätestens um 1900 mit Plancks Quantengesetz für elektromagnetische Strahlung ihre allgemeine Gültigkeit. Auch die Philosophie wurde in ihren Grundfesten erschüttert, denn vieles, was selbstverständlich schien und seit der Antike das Denken im westlichen Kulturkreis bestimmt hatte, musste verworfen und durch neue Weltdeutungen ersetzt werden. Emmy Noether hatte durch ihre Mitarbeit an der Allgemeinen Relativitätstheorie einen gewissen Anteil an dieser Entwicklung. Doch ihr Interesse galt allein der abstrakten Mathematik. Es spielte für sie kaum eine Rolle, dass ihre Erkenntnisse auch für die Physik eine große Bedeutung haben sollten.

Grete Hermann, Emmy Noethers erste Doktorandin, hatte ganz andere Interessen. Sie wendete sich nach ihrer Mathematik-Promotion gezielt der Quantenphysik zu – genau zu einer Zeit, in der die Diskussion um diese neue Wissenschaft am intensivsten geführt wurde. Dank ihrer genialen Lehrerin Emmy Noether beherrschte Grete Hermann die abstrakte Mathematik, zudem war sie mit Leib und Seele Philosophin. Exakt diese Kombination war die Voraussetzung, sich den komplexen Fragen der neuen Physik zu nähern. Denn die Erfassung sowohl der neuen abstrakten Mathematik als auch der Bedeutung der neuen Quantenphysik für die Philosophie setzt ein absolut klares und unbestechliches Denken jenseits aller Routinen voraus. Grete Hermann verfügte in hohem Maße über diese Geisteshaltung.

Als der damals größte Mathematiker John von Neumann den Streit zwischen zwei ganz unterschiedlichen Auffassungen von der Quantenwelt scheinbar entschieden hatte, war Grete Hermann die Einzige, die 1933 den Denkfehler in Neumanns Beweis entdeckte (sie kommunizierte ihn wohl erst 1934 und publizierte ihn 1935). All ihre männlichen Kollegen hatten ihn übersehen oder auch nicht sehen wollen. Leider wurde Grete Hermanns Gegenbeweis komplett ignoriert. Erst dreißig Jahre später wurde offenbar, dass die Quantenphysik die ganze Zeit auf einer falschen Annahme beruht hatte.

Es lohnt sich, dem Wirken der Noether-Schülerin Grete Hermann, der unbeirrbaren Physikerin und beeindruckenden Philosophin, ein wenig genauer nachzugehen, denn es steht nicht nur beispielhaft für die Gedanken und Probleme der Pioniere der Quantentheorie, sondern auch für die Macht der abstrakten Mathematik Emmy Noethers.

Gruppenbild mit Dame

So wie überall in der Wissenschaft früherer Jahrhunderte scheint es sich auf den ersten Blick auch bei den Pionieren von Relativitätstheorie und Quantenphysik um einen reinen Männerclub gehandelt zu haben. Dessen Mitglieder waren Max Planck,

Albert Einstein, Niels Bohr, Erwin Schrödinger, Werner Heisenberg, Wolfgang Pauli, Max Born, Paul Dirac und Enrico Fermi, um nur die bekanntesten von ihnen zu nennen. Später kamen Namen wie Richard Feynman und Freeman Dyson hinzu. Doch die Entstehung der neuen Physik, die ab 1900 die Physik Newtons zu verdrängen begann, wurde auch von Frauen entscheidend vorangetrieben. Neben Emmy Noether sind vor allem Marie Curie und Lise Meitner zu nennen.

Marie Curie (1867–1934), die polnische, später französische Physikerin und Chemikerin, führte bahnbrechende Forschungen zur Radioaktivität durch. Sie war die erste Frau, die einen Nobelpreis erhielt, die erste Person, die ihn ein zweites Mal bekam und die einzige Person, die den Nobelpreis in zwei unterschiedlichen wissenschaftlichen Bereichen erhielt. Und: Sie wurde 1906 die erste Professorin an der Universität von Paris.

Die österreichische, später auch schwedische Physikerin **Lise Meitner** (1878–1968) war 1917 an der Entdeckung des Elements Protactinium wesentlich beteiligt. 1938 entdeckte sie gemeinsam mit Otto Hahn die Kernspaltung, die sie als erster Mensch korrekt erfasste. Albert Einstein lobte Lise Meitner als »deutsche Marie Curie«.

Neben Emmy Noether, Marie Curie und Lise Meitner war Grete Hermann die vierte bemerkenswerte Frau, die die Quantenphysik beeinflusste. Während Marie Curie und Lise Meitner heute zumindest als Namensgeberinnen für dutzende Schulen den meisten Menschen ein Begriff sind und der Name der Mathematikerin Emmy Noether immerhin in der wissenschaftlichen Fachwelt bekannt ist, ereilte Grete Hermann ein besonders ungerechtes Schicksal: Ihr Name ist nicht nur der Allgemeinheit, sondern auch den allermeisten Physikern und Mathematikern völlig unbekannt. Dabei war Grete Hermann es gewesen, die die Erkenntnisse zur neuen Quantentheorie erstmals philosophisch einordnete. Ihre Philosophie der Quantenphysik verwendete später der Physiker und Philosoph Carl

Friedrich von Weizsäcker, um sein eigenes Gedankengebäude aufzubauen.

Grete Hermann steht exemplarisch für die talentierten oder gar genialen Frauen, die fast das gesamte 20. Jahrhundert hindurch von ihren Kollegen zwar wahrgenommen, aber kaum angehört wurden. Als Physikerin und Mathematikerin war sie qualifiziert, mit großen Physikern vom Schlage eines Heisenberg, Einstein oder Schrödinger auf Augenhöhe zu diskutieren. Doch ihre weitreichenden Überlegungen zu den Vorgängen auf atomarer Größenebene konnten sich zu ihren Lebzeiten nicht durchsetzen. Dass sie John von Neumann, der zusammen mit David Hilbert und Emmy Noether das Dreigestirn der größten Mathematiker der damaligen Zeit bildete, zweifelsfrei widerlegt und gezeigt hatte, dass dessen Beweis, auf dem die damalige Quantenphysik basierte, nicht mehr als eine Vermutung war, wurde schlichtweg ignoriert.

Grete Hermann wurde 1901 geboren, gehört also einer Altersgruppe an, die auf Emmy Noethers Generation folgte. Trotzdem hatte auch sie noch mit wesentlichen Hindernissen zu kämpfen, bis sie an einer Universität studieren durfte. Als drittes von sieben Kindern wuchs sie in einer protestantischen Bremer Kaufmannsfamilie auf. Mit neunzehn Jahren erwarb sie das Abitur, das Frauen auch um 1920 herum nur in Ausnahmefällen machen durften. So wie Emmy Noether entschied sie sich, sich zur Lehrerin ausbilden zu lassen. Nach erstaunlich kurzer Zeit erhielt sie die Lehrbefähigung für Volks- und Mittelschulen. Und weiter lassen sich Parallelen zu Emmy Noether erkennen: Grete Hermann bewarb sich nach Abschluss ihrer Ausbildung nicht an Schulen, sondern begann mit dem Studium der Mathematik in Göttingen. Anders als Emmy Noether interessierte sie sich aber auch für die Fächer Physik und Philosophie, die sie teilweise in Freiburg studierte.

Mit gerade einmal vierundzwanzig Jahren – also nur ein Jahr später als das gleichaltrige Physik-Genie Werner Heisenberg –

promovierte Grete Hermann als einzige Frau in Deutschland bei Emmy Noether über das Thema »Die Frage der endlich vielen Schritte in der Theorie der Polynomideale unter Benutzung nachgelassener Sätze von Kurt Henzel«. Während für Emmy Noether die Ausbildung zur Lehrerin wohl von Anfang an nur ein Mittel zum Zweck gewesen war, eine Universität besuchen zu dürfen, hing Grete Hermann der Idee, junge Menschen auszubilden, auch zu dieser Zeit weiter an: Im Jahr ihrer mit *sehr gut* bewerteten Dissertation bestand sie auch das Staatsexamen für das Lehramt an höheren Schulen mit Auszeichnung.

Von nun an erlahmte Grete Hermanns Interesse für die reine Mathematik. 1926 und 1927 arbeitete sie als Privatassistentin des Göttinger Philosophen Leonard Nelson, der sich um die Weiterentwicklung der kritischen Philosophie Kants bemühte. Gleichzeitig setzte sie ihre wissenschaftliche Arbeit in der Physik fort. Insbesondere die Quantentheorie hatte Grete Hermanns Neugier geweckt. Ab den frühen 1930er-Jahren korrespondierte sie mit Carl Friedrich von Weizsäcker, Werner Heisenberg, Niels Bohr und anderen Physikern über die philosophischen Implikationen, die sich aus den erstaunlichen, teilweise auch bizarren Erkenntnissen über die neue Physik ergaben.

Verstörende Experimente

Was war los in der Quantenwelt? Im ersten Quartal des 20. Jahrhunderts hatten zahlreiche Experimente gezeigt, dass vieles von dem, was uns aus der Welt des menschlichen Maßstabes bekannt ist, in der Größenordnung der Atome seine Anwendbarkeit verliert. Die vier wichtigsten Eigentümlichkeiten der Quantenphysik haben zu tun mit dem Fehlen von sicheren Kategorien wie »Vorhersagbarkeit«, »Kausalität«, »Realität/Objektivität« und »Unabhängigkeit«.

- Vorhersagbarkeit: In unserer Erfahrungswelt können wir für einen Gegenstand eine ganze Reihe von Parametern – Temperatur, Gewicht, Energiegehalt und vieles mehr – zweifelsfrei bestimmen. Wenn wir zum Beispiel Ort, Geschwindigkeit und Bewegungsrichtung eines Balles kennen, dazu einige weitere Größen wie Reibung oder Luftwiderstand, können wir für beliebige Zeitpunkte in der Vergangenheit und in der Zukunft den Ort bestimmen, wo sich der Ball aufgehalten hat beziehungsweise aufhalten wird. In der Quantenwelt fehlen diese sicheren Größen. Heisenberg hatte 1925 mit seiner Unschärferelation gezeigt, dass es unter anderem unmöglich ist, gleichzeitig den Ort und den Impuls eines Teilchens genau zu bestimmen. Dem Aufenthaltsort eines Photons oder eines Elektrons kann man sich nur noch mit Wahrscheinlichkeiten nähern.
- Kausalität: Unser gesamtes Leben basiert auf der Erfahrung, dass zu jeder Ursache eine Wirkung gehört und umgekehrt. Doch in der Quantenwelt ersetzen statistische Wahrscheinlichkeiten diese direkte Kausalität.
- Realität/Objektivität: In der Welt, die wir Menschen wahrnehmen und erleben, ist es selbstverständlich, dass es eine objektiv messbare Realität gibt. Doch in der Quantenwelt übt jede Beobachtung eine nicht vernachlässigbare Wechselwirkung mit dem beobachteten Objekt aus. Das Ergebnis eines Versuches ist also davon abhängig, ob und wie er gemessen wird. In der Quantenwelt existiert also keine objektive Realität. Werner Heisenberg meinte hierzu, dass Dinge erst dann real werden, wenn sie beobachtet werden.
- Unabhängigkeit: In unserer Makrowelt existieren Dinge einzeln und unabhängig voneinander. Wenn zum Beispiel auf einem Billardtisch zwei Kugeln liegen, dann haben sie keinen Einfluss aufeinander, solange nicht jemand mit einem Queue die eine Kugel anstößt und mit ihr die zweite Kugel bewegt. In der Welt der Quanten dagegen können zwei Quantenteil-

chen, die weit voneinander entfernt sind, miteinander verkoppelt sein und sich gegenseitig beeinflussen, ohne dass sie über Materie oder Kräfte miteinander verbunden sind.

Seit Menschengedenken hatte sich die Wahrnehmung von Homo sapiens auf Vorhersagbarkeit, Kausalität, Realität und Unabhängigkeit gestützt und so das Überleben unserer Art ermöglicht. Die Quantenwelt schien dagegen eine Welt zu sein, die unter völlig anderen Voraussetzungen funktioniert und in der menschliche Erfahrungen ihren Sinn verlieren. Wie sollten die Physiker dieses Problem physikalisch und philosophisch erklären?

Die sogenannte »Kopenhagener Deutung« – benannt nach der Stadt, in der Niels Bohr mit einem Kreis von Anhängern und Schülern wirkte – ging von zwei getrennten Welten aus: An dem einen Ende der Größenskala existieren Quantensysteme, die den Gesetzen der Quantentheorie gehorchen; ihr Verhalten ist somit weder vorhersagbar, kausal verknüpft und real/objektiv, noch agieren deren Bestandteile (Elektronen, Photonen etc.) unabhängig voneinander. Im anderen, dem makroskopischen Bereich der Skala haben dagegen die Gesetze der klassischen Physik Geltung, die zu Vorhersagbarkeit, Kausalität, Realität/Objektivität und Unabhängigkeit führen. Beide Welten unterscheiden sich grundlegend und existieren parallel nebeneinander. Eine Zone auf der Größenskala, in der Quantengesetze und Newton'sche Gesetze gleichzeitig existieren, war undenkbar. Deshalb ging man davon aus, dass es einen plötzlichen Wechsel geben müsse. Nach einer 1934 erschienenen Veröffentlichung von Heisenberg wurde dieser Übergang von der Quanten- zur Makrowelt »Heisenberg'scher Schnitt« genannt. Doch wo sich dieser genau befand, darüber waren sich die Physiker nicht einig.

Die Kopenhagener Deutung war einige Jahre hart umkämpft. Zu den berühmtesten und unerbittlichsten Gegnern gehörten Albert Einstein und Erwin Schrödinger. Beide entwickelten

Gedankenexperimente, mit denen sie die Kopenhagener Zwei-Welten-Theorie ad absurdum führen wollten. Während Einstein mit seinem Versuch scheiterte, gelang es Schrödinger mit seiner berühmten Katze, von der noch die Rede sein wird, die Kopenhagener Deutung in ihren Grundfesten zu erschüttern.

Einsteins X-Faktor und ein Schuss, der nach hinten losgeht

Einstein rückte zeit seines Lebens nie von der Überzeugung ab, dass es *eine* Welt gibt, die sich mit ein und denselben Gesetzen mathematisch beschreiben lässt. Mehr noch: Sein Bestreben war es, die mathematische Beschreibung der Welt auf *eine* allumfassende Formel zu bringen. Mit seinem $E = mc^2$ und der Allgemeinen Relativitätstheorie war er auf diesem Weg schon weit gekommen. Eine Zwei-Welten-Philosophie – eine Theorie für den Makrokosmos und eine andere für den Mikrokosmos – war für ihn mit dem »gesunden Menschenverstand« nicht vereinbar. Einsteins Auseinandersetzung mit Niels Bohr, dem geistigen Vater der Kopenhagener Deutung, zählt zu den bedeutendsten philosophischen Diskussionen des 20. Jahrhunderts.

Einstein erklärte die scheinbare Existenz von zwei Welten damit, dass es sogenannte »verborgene Variablen« gibt. So nannte er die von ihm postulierten Faktoren, die unsere Erfahrungswelt, in der die Newton'schen Gesetze gelten, mit der Quantenwelt vereinen sollten. Würden die Formeln der Quantenwelt mit ihnen ergänzt werden, würde man erkennen können, dass auch im Mikrokosmos Kausalität, Objektivität, Realität und Unabhängigkeit der Dinge existieren. Doch bisher hatte noch niemand eine dieser verborgenen Variablen entdeckt.

1932 stand Einsteins Theorie der verborgenen Variablen vor dem Aus: John von Neumann hatte in jenem Jahr auf mathematischem Wege bewiesen, dass es verborgene Variablen im Mikrokosmos nicht geben *kann* – weder entdeckbare noch unentdeckbare. In diesem Jahr setzte sich die Kopenhagener Deutung endgültig in der Fachwelt durch. Alles sprach gegen Einstein: Mit den brillanten Gleichungen der Quantenphysik, die ohne verborgene Variablen auskamen, waren Berechnungen von nie zuvor gekannter Exaktheit möglich. Es war paradox: Gerade die Unbestimmtheit der Quantenwelt führte zu einer Genauigkeit der Voraussagen, die in der Makrowelt unerreichbar ist. Fast alles passte wunderbar ineinander – nur der genaue Ort der Größenskala, an dem Quantenwelt in die erfahrbare Makrowelt übergeht, musste noch definiert werden.

Doch Einstein weigerte sich, seine philosophischen Überzeugungen aufzugeben. Schon im Dezember 1926 hatte er in einem Brief an Max Born geschrieben:

> *»Die Quantenmechanik ist sehr achtunggebietend. Aber eine innere Stimme sagt mir, daß das noch nicht der wahre Jakob ist. Die Theorie liefert viel, aber dem Geheimnis des Alten bringt sie uns kaum näher. Jedenfalls bin ich überzeugt, daß der nicht würfelt.«*[127]

Mit dem »Alten« meinte Einstein Gott, und das Würfeln bezog sich auf den Ansatz der Quantenphysiker, dass Geschehnisse in der neuen Physik nur noch mit Wahrscheinlichkeiten beschrieben wurden und so eine strikte Kausalität nicht mehr galt. Auch ein knappes Jahrzehnt später blieb er bei dieser Aussage: »Gott würfelt nicht.« Denn 1935 nahm er den intellektuellen Kampf um die Philosophie der Quantenphysik noch einmal auf. Mit seinen beiden amerikanischen Kollegen Boris Podolski und Nathan Rosen veröffentlichte er das Einstein-Podolski-Rosen-Paradoxon (EPR-Paradoxon). Die Konsequenz dieses Gedankenexperiments empfanden die drei Wissenschaftler als so lächerlich, dass sie glaubten, damit die Kopenhagener Zwei-Welten-Theorie erschüttern zu können.

In vereinfachter Form basiert das EPR-Gedankenexperiment auf folgender Argumentation: Zwei benachbarte Elektronen (oder auch andere Quantenobjekte) wechselwirken miteinander. Nach den Gesetzen der Quantenwelt besitzt in diesem System eines der Elektronen den Zustand »spin up«, das andere »spin down«. Eines der Elektronen wird an einen beliebig weit entfernten Ort verbracht. An einem der beiden Elektronen – Teilchen 1 – wird eine Messung durchgeführt, das Ergebnis ist zum Beispiel »spin up«. Somit muss die Ausrichtung des anderen, weit entfernten Teilchens 2 gemäß den Gesetzen der Quantenmechanik »spin down« sein. Bis hierher sind die Vorgänge noch kausal erklärbar. Nun wird eine weitere Messung vorgenommen. Weil jede Messung die Eigenschaften eines Teilchens beeinflusst, kann sich der Spin des gemessenen Teilchens 1 verändern. Weil Teilchen 1 und 2 immer noch miteinander verbunden sind, muss sich in diesem Fall auch der Zustand von Teilchen 2 instantan, also ohne jeden Zeitverzug verändern.

Diese instantane Veränderung an Teilchen 2, das in keinem direkten Kontakt mehr zum manipulierten Teilchen 1 steht, verletzt scheinbar Einsteins Relativitätstheorie, denn wie soll die notwendige Information ohne jeden Zeitverzug von Teilchen 1 auf Teilchen 2 überspringen? Für Einstein war die instantane Überragung, die zwingend aus den Gesetzen der Quantenphysik hervorgeht, eine absurde Vorstellung, denn seiner Relativitätstheorie zufolge kann nichts auf der Welt schneller als mit Lichtgeschwindigkeit geschehen. Er bezeichnete das vorhergesagte Phänomen deshalb als »spukhafte Fernwirkung«. Für ihn war sein Gedankenexperiment ein wichtiges Argument gegen die Quantenphysik der 1930er-Jahre.

Einstein irrte. Denn den im EPR-Gedankenexperiment beschriebenen Effekt gibt es tatsächlich. Es stellte sich heraus, dass er nicht im Widerspruch zur Relativitätstheorie steht, denn die Quantenwelt ist so bizarr, dass für die spontane Beeinflussung der Teilchen untereinander keinerlei Information übertragen werden muss. Der französische Quantenphysiker Alain Aspect konnte die »spukhafte Fernwirkung« 1982 sogar experimentell nachweisen. Dies war der Urknall für die Entwicklung des Quantencomputers und vieler weiterer technischer Anwendungen, darunter die Quantenkryptografie und bildgebende Verfahren, die sich auf Quantensensoren stützen.

Dass die Quantengesetze die beobachteten Phänomene sehr gut beschreiben und berechnen, war schon lange bekannt. Mit Alain Aspect war nun auch klar, dass bestimmte Konsequenzen aus diesen Gesetzen tatsächlich beobachtbar sind. Doch was war mit der größten Schwachstelle der Kopenhagener Deutung? Was war mit dem Heisenberg'schen Schnitt?

Tot oder lebendig

Erwin Schrödinger, der andere große Skeptiker der Kopenhagener Deutung, wählte einen ganz anderen Weg, sie zu widerlegen. Während Einstein sich vor allem an der *philosophischen* Dimension einer Zwei-Welten-Theorie störte, leuchtete Schrödinger nicht ein, wie es *physikalisch* gesehen zwei Welten geben könnte. Wo genau sollte denn der Übergang zwischen den beiden diskreten Systemen liegen? Auch Bohr konnte keine Antwort darauf liefern, wo sich der Heisenberg'sche Schnitt befinden sollte. Auf Molekül-Ebene? Bei einer Größenordnung von einigen Mikrometern? Oder kommt der Schnitt etwa noch näher an Menschen-Maß heran?

Erwin Schrödingers Gedankenexperiment stammt aus demselben Jahr, in dem auch Einstein, Podolsky und Rosen ihr EPR-Paradoxon veröffentlichten: 1935. Es ist bis heute auch unter Nicht-Physikern berühmt und machte deutlich, dass eine willkürliche Trennung zwischen einer Mikrowelt und einer Makrowelt keine Lösung sein kann. Schrödinger schrieb:

»*Eine Katze wird in eine Stahlkammer gesperrt, zusammen mit folgender Höllenmaschine (die man gegen den direkten Zugriff der Katze sichern muss): in einem Geigerschen Zählrohr befindet sich eine winzige Menge radioaktiver Substanz, so wenig, dass im Laufe einer Stunde vielleicht eines von den Atomen zerfällt, ebenso wahrscheinlich aber auch keines; geschieht es, so spricht das Zählrohr an und betätigt über ein Relais ein Hämmerchen, das ein Kölbchen mit Blausäure zertrümmert. Hat man dieses ganze System eine Stunde lang sich selbst überlassen, so wird man sich sagen, dass die Katze noch lebt, wenn inzwischen kein Atom zerfallen ist. Der erste Atomzerfall würde sie vergiftet haben. Die Psi-Funktion des ganzen Systems würde das so zum Ausdruck bringen, dass in ihr die lebende und die tote Katze zu gleichen Teilen gemischt oder verschmiert sind. Das Typische an solchen Fällen ist, dass eine ursprünglich auf den Atombereich beschränkte Unbestimmtheit sich in grobsinnliche Unbestimmtheit umsetzt, die sich dann durch direkte Beobachtung entscheiden lässt. Das hindert uns, in so naiver Weise ein ›verwaschenes Modell‹ als Abbild der Wirklichkeit gelten zu lassen.*«[128]

Mit diesem Gedankenexperiment zeigte Schrödinger, dass Zustände, die es der Kopenhagener Deutung nach nur in der Quantenwelt geben darf, sich in die Makrowelt hineinmogeln können. Damit war die strikte Trennung zwischen Mikro- und Makrowelt als eine reine Hilfskonstruktion entlarvt. Schrödinger folgerte, dass es keinen Heisenberg'schen Schnitt gibt. Aber wie erklärte er dann das Phänomen, dass in Quantenwelt und unserer Erfahrungswelt gänzlich unterschiedliche Gesetze herrschen?

In der Quantenphysik werden Eigenschaften von Teilchen durch sogenannte »Wellenfunktionen« (Ψ-Funktionen, Psi-Funktionen) mathematisch beschrieben. Schrödinger ging davon aus, dass sich Systeme von zwei oder mehr Teilchen nicht als Kombination unabhängiger Ein-Teilchen-Wellenfunktionen beschreiben lassen. Für sie gibt es nur einen *gemeinsamen* Zustand, der mit *einer einzigen* Wellenfunktion beschrieben werden muss. Im Prinzip müssten bei der Berechnung der Vorgänge in dem mit der Katze besetzten Kasten alle Teilchen – von den Atomen der radioaktiven Substanz in dem Glasgefäß bis zu den Atomen, aus denen die Katze besteht, und sogar darüber hinaus alle Atome des gesamten Universums – in die Berechnung mit einbezogen werden. Ähnliches machten die Physiker bereits. Sie hatten schon lange gelernt, nicht mit einzelnen Parametern wie Ort oder Impuls zu rechnen – die Unschärfe macht das ja unmöglich –, sondern mit gemeinsamen Wellenfunktionen.

Schrödingers Katzenbeispiel hatte gezeigt, dass nicht nur Quantenobjekte miteinander *eine* Wellenfunktion bilden, sondern auch Quantenobjekte mit den Atomen von Makro-Objekten wie einer Katze. Das heißt: Die Quantengesetze gelten eigentlich auch in der von uns erfahrbaren Welt. Wir *leben* in der Quantenwelt. Bestimmte Umstände sorgen dafür, dass in der vom Menschen erfahrbaren Größenordnung die Newton'schen Gesetze als Vereinfachung annäherungsweise gelten. So kommt es, dass sich die Bahn des Mondes mit der Newton'schen Physik nur mit etwa 99,3 Prozent Genauigkeit berechnen lässt. Bei einem mittleren Abstand von 384.000 Kilometern gibt es also eine Unsicherheit von etwa 2.700 Kilometern. Wird bei der Berechnung die Einstein'sche Allgemeine Relativitätstheorie berücksichtigt, wird die Differenz zwischen berechneter und gemessener Position des Mondes deutlich kleiner. Mit der Quantenfeldtheorie sinkt der Ungenauigkeitsbereich auf unter einen Zentimeter.

Schrödinger sprach als Erster aus, dass in der Quantenwelt, die ja auch die Basis der uns bekannten Welt bildet, alle Teile eines Systems miteinander in Verbindung stehen. In seinem Artikel von 1935 schrieb er etwas salopp:

>*Sie [die ψ-Funktion des Messobjektes] hat sich, nach dem zwangsläufigen Gesetz der Gesamt-ψ-Funktion, mit der des Messinstrumentes verheddert [...]«*

Aufgrund der Erkenntnis, dass die Separierung der gemeinsamen Wellenfunktion eines Systems in getrennte Wellenfunktionen für einzelne Teilchen nicht möglich ist, führte Schrödinger in seinem Artikel einen Begriff ein, der die Quantenphysik bis heute prägt: »Verschränkung«. Genau dies war das Phänomen, das Einstein, Podolski und Rosen in ihrem EPR-Paradoxon beschrieben hatten. Sie hatten mit ihm die Kopenhagener Deutung nicht lächerlich gemacht, sondern ein tatsächlich existierendes Phänomen der Quantenwelt erstmals – noch vor Schrödinger – in der Theorie beschrieben. In der gleichen Ausgabe, in der auch sein Artikel mit der Katze erschienen war, veröffentlichte Schrödinger einen zweiten richtungsweisenden Aufsatz über die Verschränkung, in dem er schrieb:

>*Diese Eigenschaft ist nicht **eine**, sondern **die** Eigenschaft der Quantenmechanik, die eine, in der sich die gesamte Abweichung von der klassischen Denkweise manifestiert, die heute zu sehr aufregenden Möglichkeiten ganz neuer Quantentechnologien führt!«*[129]

Genau diese Verschränkung ist es, die zu der spukhaften Fernwirkung führt, an die Einstein nicht glauben wollte und konnte.

Ein entscheidender Irrtum

Die Arbeiten Schrödingers und Einsteins führten tief in das philosophische Herz der Quantenwelt. Die Kopenhagener Deutung war 1935 insbesondere durch Schrödingers Katze, aber auch durch das EPR-Paradoxon noch einmal ins Wanken gekommen.

Dass sie trotzdem die gängige philosophische Deutung der Quantentheorie blieb, lag nicht zuletzt an dem Beweis John von Neumanns in dessen epochalem Buch von 1932: *Mathematische Grundlagen der Quantenmechanik.* Dieser Beweis zeigte anhand der mathematischen Struktur verborgener Variablen scheinbar eindeutig und mathematisch exakt, dass sie unmöglich in der Quantenwelt existieren können. Damit schien die von Einstein ins Spiel gebrachte Alternative für die Kopenhagener Deutung vom Tisch zu sein.

Doch hatte von Neumanns scheinbar unwiderlegbarer Beweis ein großes Problem: Er war schlicht und einfach falsch. Über dreißig Jahre lang kam es niemandem in den Sinn, dem großen John von Neumann zu widersprechen. Die bedeutendsten Physiker des 20. Jahrhunderts, von Bohr über Heisenberg bis zu Pauli, von Dirac über von Weizsäcker bis zu Feynman, nahmen den Beweis widerspruchslos als gültig an. Sogar Schrödinger und Einstein, die doch ein starkes Interesse daran hatten, jedes Argument zu hinterfragen, das die Kopenhagener Deutung stützte, kamen nicht auf die Idee, von Neumanns Beweis in Zweifel zu ziehen. Nur eine einzige Person erkannte gleich zu Beginn den Fehler in der mathematischen Herleitung von Neumanns: Grete Hermann.

Als Grete Hermann sich Ende der 1920er-Jahre und Anfang der 1930er-Jahre mit der Quantenphysik beschäftigte, fiel dies genau in die Zeit, in der besonders heftig um die grundlegenden Probleme der Quantentheorie gerungen wurde. Sie war überzeugt, dass die Antworten allein in der Philosophie zu finden seien. Dabei folgte sie der Argumentation von Immanuel Kant und dessen kritischer Philosophie sowie deren Fortentwicklung durch den Philosophen Jakob Friedrich Fries im frühen 19. Jahrhundert. So wie Einstein nahm sie an, dass die Quantentheorie die Existenz bisher noch unbekannter Bestimmungsvariablen nicht ausschließen könne.

In ihrer Arbeit *Die naturphilosophischen Grundlagen der Quan-*

tenmechanik von 1935[130] – also dem Jahr, in dem sowohl Einstein als auch Schrödinger mit ihren Gedankenexperimenten gegen die Kopenhagener Deutung argumentierten – beschäftigte sich Grete Hermann mit einer eigenen philosophischen Deutung der Quantentheorie. Sie wollte herausfinden, ob das Kausalitätsprinzip nicht doch auch für atomare Prozesse gilt. In den philosophischen Ausführungen dieser Veröffentlichung findet sich ein kurzer Paragraf, der sich mit dem grundlegenden Fehler des großen Mathematikers befasst:

> *»Für die so mit einer Schar physikalischer Systeme definierten Erwartungswertfunktion E(R), die jede physikalischen Größe eine Zahl ergibt, setzt von Neumann voraus, dass E(R + S) = E(R) + E(S) ist. In Worten: Der Erwartungswert einer Summe von physikalischen Größen ist gleich der Summe der Erwartungswerte beider Größen. Mit dieser Voraussetzung steht und fällt der Neumannsche Beweis.«[131]*

Physikalische Erwartungswertfunktionen sind die Mittelwerte von zwei physikalischen Größen R und S, das können zum Beispiel Ort und Impuls sein. Solche Erwartungswerte werden eingesetzt, wenn die konkreten Werte (noch) nicht bekannt sind beziehungsweise wenn es eine Wahrscheinlichkeitsverteilung der möglichen Werte gibt. Es ergeben sich verteilte Funktionen, die Grete Hermann »Scharen« nannte.

Weiter argumentierte Grete Hermann in der genannten Publikation:

> *»Er muss es hingegen, um anwendbar zu bleiben, offen lassen, ob dieser Erwartungswert auch in allen Teilmengen solcher Scharen, die aus diesen auf Grund irgendwelcher neuer Merkmale herausgegriffen werden, derselbe ist. Lässt man das aber offen, dann kann man aus der für E(R) geltenden Summationsregel nicht mehr folgern, dass auch in diesen*

Teilmengen der Erwartungswert der Summe physikalischer
Größen gleich der Summe ihrer Erwartungswerte ist.«

Mit diesen wenigen Sätzen machte Grete Hermann furchtlos
und klar auf die Sache bezogen deutlich, dass die Voraussetzungen, auf denen von Neumanns Beweis beruhte, zu speziell sind,
um in der Mikrowelt generell zu gelten. Die Gleichung $E(R + S)$
$= E(R) + E(S)$ gilt universell in der klassischen Physik. Doch
man musste zu jener Zeit offen lassen, ob diese Gleichung auch
in der Quantenphysik gültig ist (»in allen Teilmengen solcher
Scharen«). Später stellte sich heraus, dass in der Quantentheorie
tatsächlich zumeist gilt: $E(R + S) \neq E(R) + E(S)$.

Schon 1933 hatte Grete Hermann in ihrer Schrift *Determinis-
mus und Quantenmechanik* in diese Richtung argumentiert.[132]
Durch ihren zweifelsfrei anerkannten Widerspruch verliert von
Neumanns Beweis seine Gültigkeit. Damit hätte es in der Quantentheorie offen bleiben müssen, ob es verborgene Variablen
geben kann oder nicht. Grete Hermann selbst war jedoch keine
Anhängerin von Einsteins Theorie der verborgenen Variablen.
Sie setzte auf die Argumentation der Kopenhagener Deutung
und auf das Konzept des Heisenberg'schen Schnittes. Die von ihr
nachgewiesene Nicht-Anwendbarkeit der mathematischen Formel von Neumanns für die Quantenwelt war für Grete Hermann
vielmehr ein Beleg dafür, dass die Quantentheorie vor einem
nicht auflösbaren Dilemma steht: Nach ihrer Auffassung würde
sich auf mathematischem Weg niemals entscheiden lassen, ob es
verborgene Variablen gibt oder nicht.

Dreißig Jahre Stille

Überraschenderweise hatte Grete Hermanns Gegenbeweis lange
Zeit keine Konsequenzen in der Quantenphysik. Es war, als hätte
sie ihre Arbeit nie veröffentlicht. Es lassen sich mehrere mögliche

Gründe dafür anführen, warum ihre wegweisende Argumentation ignoriert wurde: Grete Hermann publizierte ihre Arbeit in einem eher unbedeutenden Verlag. Eine stark verkürzte Version ihrer Ausführungen erschien zwar auch in einem naturwissenschaftlichen Journal mit höherer Auflage[133], aber die Widerlegung des Beweises war in diesem Text nicht mehr enthalten. Ihre Kritik an dem Beweis von Neumanns umfasst auch nur wenige Absätze und wird deshalb leicht überlesen. In späteren Veröffentlichungen und Darlegungen erwähnt Grete Hermann ihren Widerspruch nicht mehr. Auch wurde ihre Arbeit nie aus dem Deutschen in andere Sprachen übersetzt. Last but not least: Nach 1935 endete die Diskussion um die Grundprinzipien der Quantenphysik sehr plötzlich. Durch die Machtübernahme der Nationalsozialsten in Deutschland und später den Beginn des Zweiten Weltkriegs wurde die Grundlagenforschung in der Quantenphysik praktisch auf null heruntergefahren. (Die Väter der Quantenphysik, die noch an philosophischen Fragen interessiert gewesen waren – vor allem Bohr und Einstein – kamen von diesem Thema allerdings nicht mehr los. Als Niels Bohr 1962 starb, fand sich auf seinem Schreibtisch eine Notiz, die das Problem um die Deutung der Quantenteilchen behandelte.)

Wurde Grete Hermann von ihren männlichen Kollegen nicht ernst genommen? Das Gegenteil scheint der Fall gewesen zu sein. Heisenberg widmete das gesamte zehnte Kapitel seiner berühmten Autobiografie *Der Teil und das Ganze*[134] den vielen philosophischen Diskussionen, die er und weitere bekannte Wissenschaftler mit Grete Hermann geführt hatten. Heisenberg bemerkte, dass die »junge Philosophin« ihm und seinem Kollegen Carl Friedrich von Weizsäcker »wichtige Einsichten vermittelt hat«. (Von Weizsäcker vertrat ebenfalls einen philosophischen Ansatz und wurde 1957 Philosophie-Professor in Hamburg.) Später, als Grete Hermann aus Deutschland hatte fliehen müssen, setzten die drei ihre Auseinandersetzung über naturphilosophische und erkenntnistheoretische Themen in Briefform fort.[135]

Es gibt noch weitere Belege dafür, dass zwischen Grete Hermann und ihren männlichen Kollegen ein enger geistiger Austausch stattfand. So verbrachte sie 1934 sechs Monate in Leipzig, wo sie ein von Werner Heisenberg geleitetes Seminar besuchte, an dem weitere renommierte Physiker teilnahmen. Im Austausch mit ihnen entstanden zu einem Teil die Ideen Grete Hermanns zu ihrer Publikation *Die naturphilosophischen Grundlagen der Quantenmechanik*. Dass ihr 1936, kurz bevor sie nach England ins Exil ging, für ihre Arbeit *Welche Konsequenzen haben die Quantentheorie und die Feldtheorie der modernen Physik für die Theorie der Erkenntnis?* der Preis der Avenarius-Stiftung in Leipzig verliehen wurde, ist ein weiterer Hinweis darauf, dass sich Grete Hermann als Wissenschaftlerin erfolgreich einen Zugang zum »Männerclub« verschafft hatte.

Trotz all dieser Verbindungen wurde ihre Widerlegung des von Neumann'schen Beweises jahrzehntelang von keinem anderen Autor berücksichtigt oder gar zitiert. An einem Sprachproblem kann es nicht gelegen haben. Die Pioniere der Quantentheorie waren nahezu allesamt deutschsprachig. Auch die ausführlichen Diskussionen zum Thema der Eigenschaften von Quantenteilchen, die zwischen 1934 und 1936 noch einmal aufflammten, wurden auf Deutsch geführt. Erst nach dem Zweiten Weltkrieg setzte sich Englisch als Sprache der Wissenschaft durch.

Auch die geringe Bedeutung des Verlages kann als Argument nicht überzeugen. Grete Hermann hielt sich 1934 sechs Monate bei Heisenberg in Leipzig auf, wo sie mit ihm und anderen großen Physikern ausgiebig diskutieren konnte. Man darf davon ausgehen, dass er und weitere Fachkollegen die Arbeit, die Grete Hermann veröffentlichen wollte, gelesen und untereinander diskutiert haben.

Warum also haben Bohr, Heisenberg und von Weizsäcker, die ja gerade in dieser Zeit in engem Kontakt mit ihr standen, Grete Hermanns Ausführungen zur Widerlegung des von Neumann'-

schen Beweises nicht zur Kenntnis genommen? Warum wurden auch Schrödinger und Einstein, die jede argumentative Unterstützung gegen die herrschende Lehrmeinung der Kopenhagener Deutung brauchen konnten, nicht aktiv? Und warum stellten in den folgenden drei Jahrzehnten weder die Mathematiker noch die theoretischen Physiker den Beweis von John von Neumann in Frage? Diese Fragen müssen offen bleiben. Auf eine weitere Frage gibt es dagegen eine offensichtliche Antwort: Warum hat sich Grete Hermann selbst nicht für ihre Entdeckung stark gemacht?

Eine widerständige Frau

Grete Hermann war überzeugt, dass allein die Philosophie die grundsätzlichen Fragen der Quantenwelt beantworten würde; die Mathematik sowie die Theorien und Experimente der Physik lieferten ihrer Meinung nach hierzu nicht mehr als »wertvolle Anregung und Befruchtung«. Die Widerlegung des mathematischen Beweises von Neumanns bildete also nicht den Kern ihrer Ausführungen. Trotzdem ist ihr die Bedeutung ihrer Widerlegung sicher nicht entgangen.

Ein wesentlicher Grund dafür, dass sie ihrem Gegenbeweis von 1935 keine große Aufmerksamkeit schenkte, liegt auch an Grete Hermanns Wertvorstellungen. Sie zog aus ihren philosophischen Studien und ihrer gedanklichen Nähe zur Kantischen Philosophie praktische Konsequenzen. Mitte der 1930er-Jahre war sie – anders als ihre jüdische Doktormutter Emmy Noether – zwar nicht von den Rassegesetzen der Nationalsozialisten betroffen. Doch politisch war sie den Machthabern ein Dorn im Auge.

Während zum Beispiel Heisenberg und von Weizsäcker später am Atombombenprogramm der Nationalsozialisten arbeiteten, kämpfte Grete Hermann aktiv gegen den Nationalsozialismus.

Unter anderem trat sie dem Internationalen Sozialistischen Kampfbund (ISK) bei und engagierte sich als Redakteurin der Tageszeitung *Der Funke*, die unermüdlich zum Kampf gegen die NSDAP und Hitler aufrief. Daher musste Grete Hermann 1936 aus Deutschland fliehen. Ihr Weg führte sie über Dänemark und Paris nach London, wo sie 1937 eintraf. Philosophie und abstrakte Mathematik waren in den Hintergrund getreten, der aktive Widerstand gegen das nationalsozialistische Regime bestimmte in den nächsten Jahren ihr Leben.

Eine Scheinehe mit einem Briten, die ihr die britische Staatsangehörigkeit beschert hatte, wurde gleich 1946 wieder geschieden. In diesem Jahr kehrte Grete Hermann in ihre Heimatstadt Bremen zurück. Hier gab sie ihrem Leben ein erneutes Mal eine Wendung: Um am Aufbau einer neuen Gesellschaft mitzuwirken, verschrieb sie sich der Bildungspolitik. Sie war an der Gründung der Gewerkschaft Erziehung und Wissenschaft (GEW) beteiligt und wurde treibende Kraft für den Aufbau der Pädagogischen Hochschule in Bremen. Dort setzte sie sich als Professorin für Philosophie und Physik für die ethische Schulung der zukünftigen Lehrergeneration ein.

Politisch blieb Grete Hermann aktiv. Sie trat in die SPD ein und arbeitete gemeinsam mit Willi Eichler am Godesberger Programm von 1959. Die darin vollzogene Entideologisierung der SPD und die Begründung sozialdemokratischer Politik auf Werte und ethische Erwägungen geht nicht zuletzt auf den Einfluss Grete Hermanns zurück. Seit ihrem Exil war für sie das Kapitel der physikalischen und mathematischen Grundlagenforschung abgeschlossen; den Kontakt zu ihren ehemaligen Forscherkollegen nahm sie nicht wieder auf. Die Philosophie blieb bis zu ihrem Tod 1984 ihr Herzensfach.

Erst einige Jahrzehnte später wurden Publikationen veröffentlicht, die sich mit Grete Hermanns wissenschaftlichem Werk beschäftigen – eine späte, aber wichtige Anerkennung für ihr Werk als herausragende Quantenphysikerin. Darunter insbesondere:

- Caroline Herzenberg: *Grete Hermann: Mathematician, Physicist, Philosopher*, Bulletin of the American Physical Society meeting 11–15 April 2008 in St. Louis, Missouri, Volume 53, No 5 (2008)
- Vera Venz, *Zur Biographie von Grete Hermann*, GRIN Verlag (2009); von der Promotion 2001 an der Universität Bremen
- Elise Crull, Guido Bacciagaluppi (Hg.), *Grete Hermann – Between Physics and Philosophy*, Springer (2018)
- Kay Herrmann (Hg.), *Grete Hermann: Philosophie – Mathematik – Quantenmechanik*, Springer (2019)

Eine späte Ehrung ist auch die Gründung des internationalen Grete-Hermann-Netzwerkes (GHN), das seit 2019 Forscherinnen in der Quantenphysik verbindet und ihre Karriere fördert.

Experiment anstatt theoretischer Herleitung

Was wurde aus Grete Hermanns Gegenbeweis? In den 1960er- und 1970er-Jahren wurde die Diskussion um verborgene Variablen erneut aufgenommen. Man hatte in der Zwischenzeit zwar technologisch gewaltige Fortschritte in der Anwendung der Quantenphysik machen können – vom Laser im CD-Player bis zum modernen Computer –, doch in der Beantwortung der Frage, wie die Phänomene der Quantenwelt im Detail zu erklären seien, war man immer noch nicht weitergekommen.

Es war der nordirische Physiker John Bell, der die Unzulänglichkeit des von Neumann'schen Beweises ein zweites Mal ans Licht brachte. Er kam dem Fehler 1964 auf die Spur, die entsprechende Veröffentlichung wurde allerdings erst 1966 publiziert.[136] Die Physikergemeinschaft musste anerkennen, dass verborgene Variablen möglicherweise doch in der Quantenwelt existieren. Ein Teil von Bells Aufsatz erklärte genau das, was Grete Hermann über dreißig Jahre zuvor längst herausgefunden hatte.

Doch Bell ging in seiner Veröffentlichung einen Schritt weiter. Es gelang ihm, ein mathematisches Kriterium in Form einer Ungleichung anzugeben, das die Umstände benennt, unter denen verborgene Variablen in einer Quantentheorie auftreten können. Wenn jemand nachweisen konnte, dass die Bell'sche Ungleichung unwahr ist, wäre gleichzeitig bewiesen, dass es keine verborgenen Variablen gibt. Das Sensationelle an dieser Bell'schen Ungleichung war, dass sie *experimentell* überprüfbar sein würde.

Grete Hermann hatte also zugleich Recht und Unrecht gehabt: Die Entscheidung, ob es verborgene Variablen gibt oder nicht, lässt sich nicht auf *mathematischem* Wege herleiten – so, wie es von Neumann versucht hatte. Die Lösung lag aber auch nicht in einem *philosophischen* Ansatz – so, wie es die Überzeugung von Grete Hermann gewesen war. Völlig überraschend für die Quantenphysiker würde nur ein *Experiment* die entscheidende Frage beantworten.

In den folgenden Jahren versuchten Physiker, ein Experiment zu kreieren und durchzuführen, dessen Ergebnis die Bell'sche Ungleichung verletzt. Erfolgreiche Experimente konnten jedoch erst gegen Ende des 20. Jahrhunderts durchgeführt werden. 1982 gelang dem französischen Quantenphysiker Alain Aspect ein erster Versuch, der eindeutig eine Verletzung der Bell'schen Ungleichung zeigte. Dies war der erste gültige Beweis dafür, dass es die Einstein'schen verborgenen Variablen im Mikrokosmos nicht gibt.

John Bells Forschung leitete über dreißig Jahre nach Grete Hermanns Widerlegung einen neuen Aufschwung für die Grundlagenforschung in der Quantenphysik ein. Unter anderem war nun der Weg frei für ein tieferes Verständnis der Verschränkung räumlich getrennter Teilchen. Die neuen Erkenntnisse in der Theorie beflügelten wiederum die technologische Anwendung der Quantentheorie. Zum Beispiel folgte aus dem experimentellen Nachweis der Existenz verschränkter Teilchen die Vision von

Quantencomputern, die Richard Feynman 1981 auf der ersten Physics-and-Computation-Konferenz am Massachusetts Institute of Technology (MIT) äußerte.[137]

Es ist sehr bedauerlich, dass die Physiker Grete Hermanns Überlegungen so lange nicht zur Kenntnis genommen hatten. Wären sie damals aufgenommen und diskutiert worden, hätten diese Entwicklungen vielleicht viel früher beginnen können. Die Welt, in der wir heute leben, wäre mit hoher Wahrscheinlichkeit eine andere.

9

KÖNIGIN DER MATHEMATIK OHNE KRONE

Emmy Noethers Triumphjahre an der Spitze der globalen Mathematik

> »Wenn man die Gleichheit zweier Zahlen a und b beweist, indem man zuerst zeigt, dass a (b ist, und dann, dass a) b ist, ist das ungerecht; man sollte stattdessen zeigen, dass sie wirklich gleich sind, indem man den inneren Grund für ihre Gleichheit offenlegt.«[138]
>
> EMMY NOETHER

Die von Emmy Noether ab etwa 1920 entwickelten abstrakten algebraischen Strukturen entfalteten ihre Macht in fast allen Teilbereichen der Mathematik. Innerhalb weniger Jahre wurden in nahezu sämtlichen mathematischen Disziplinen mit diesen Abstraktionen große Fortschritte erreicht. So kam es, dass Emmy Noether ab den späten 1920er-Jahren weit über die Grenzen Göttingens und Deutschlands hinaus große Anerkennung unter ihren Fachkollegen genoss. In den frühen 1930er-Jahren wurde sie sogar allseits zu den weltweit führenden Mathematikern gezählt.

Als an der Universität von Chicago zu Beginn der 1930er-Jahre ein neues Gebäude für die mathematische Fakultät eingerichtet wurde, wollte man dessen Räume mit den Porträts der berühmtesten Mathematiker der Weltgeschichte ausstatten. Emmy Noether gehörte zweifellos in diese Top-Riege, und die Organisatoren fragten sie nach einem Foto, das sie verwenden könnten.

Emmy Noether fühlte sich geehrt; doch uneitel, wie sie war, besaß sie nur wenige Ablichtungen von sich selbst. Also schrieb sie ihrem Kollegen Helmut Hasse am 2. Dezember 1931 eine Postkarte:

> »*Lieber Herr Hasse! Können Sie mir den Film meines Schiffs-bildes (Danzig-Königsberg) einmal schicken? Für ein paar Tage? Die Chicagoer bauen ein neues Mathematisches Insti-tut – oder haben es schon gebaut – und wollen die Wände mit Mathematikerbildern tapezieren. Nun ist Ihr Bild das einzig anständige, was es von mir gibt. Ich besitze aber nur noch die einzige, schon sehr ramponierte Vergrößerung und möchte daher für Chicago neue anfertigen lassen.*«[139]

Das von Helmut Hasse im September 1930 bei einer gemeinsamen Schiffsfahrt zur Jahrestagung der DMV in Königsberg aufgenommene Bild von Emmy Noether.

Kurz darauf hing in der für ihre Mathematik berühmten Uni-versität von Chicago inmitten weiterer mathematischer Genies wie Hilbert und Riemann ein Porträt Emmy Noethers. Sie selbst hatte aber in Deutschland nach wie vor weder eine ordentliche Professur, noch bezog sie für ihre mit ihrer außerordentlichen Professur verbundenen Tätigkeiten ein auch nur annähernd angemessenes Gehalt. Es dauerte noch über ein Vierteljahrhundert, bis in Deutschland eine Frau erstmals ordentliche Mathematik-Professorin wurde: 1957 erhielt Ruth Moufang (1905–1977) in Frankfurt am Main einen Lehrstuhl.

Eine außerordentliche Karriere

Die schnelle Verbreitung der abstrakten und komplexen Mathematik à la Emmy Noether geschah durch ihre Schüler sowie Postdocs, die zwar nicht bei ihr promoviert hatten, aber nun ihre neue Mathematik lernten und ihr folgten. Junge, talentierte Mathematiker kamen nach Göttingen und gelangten durch die Erkenntnisse aus der abstrakten algebraischen Perspektive zu einem ganz neuen Verständnis struktureller Zusammenhänge in der Mathematik. Sie nahmen die Gedankengänge Emmy Noethers auf, übertrugen sie auf ihre eigenen Fachgebiete, bauten sie über die nächsten Jahre weiter aus und fanden die verschiedensten Anwendungen. Emmy Noether selbst war an dieser Ausweitung ihrer Theorien nur indirekt beteiligt. Ihr eigener Forschungsschwerpunkt blieb immer die reine Algebra. In den 1920er-Jahren beschäftigte sie sich vor allem mit der Modultheorie, in den 1930er-Jahren arbeitete sie an ihrer Theorie hyperkomplexer Räume.

Emmy Noether wusste um den Wert ihrer Arbeit, mit deren Hilfe Mathematiker ohne konkrete Rechenanweisungen zu völlig neuen Ergebnissen gelangen konnten. In einem Brief an Helmut Hasse vom 12. November 1931 schreibt sie:

> *»Meine Methoden sind Arbeits- und Auffassungsmethoden, und daher anonym überall eingedrungen.«*[140]

194

Stellvertretend für ihr Schaffen aus der Zeit, in der ihr die Anerkennung ihrer Fachkollegen bereits sicher war, sollen hier drei Wirkungsbereiche genannt werden: die lineare Algebra, das Brauer-Hasse-Noether-Theorem und die Herausgabe von Dedekinds Arbeiten.

Große Teile der linearen Algebra gehen auf Emmy Noether zurück. Diese mathematische Disziplin, die sich mit Vektorräumen und linearen Abbildungen zwischen diesen beschäftigt, lernen Mathematik-Studenten und -studentinnen heute in den ersten Semestern kennen. Vor hundert Jahren jedoch wurde diese Art der Abstraktion sogar von den besten Mathematikern kaum beherrscht. Werner Heisenberg zum Beispiel, der diese Darstellungsform für seine Quantentheorie benötigte, tat sich mit der für die lineare Algebra benötigten Matrizenrechnung schwer. Eine weitere konkrete Anwendung der abstrakten linearen Algebra Emmy Noethers war die mathematische Erfassung unendlich-dimensionaler Darstellungen. Diese wurde ab 1927 von dem gerade einmal vierundzwanzig Jahre alten John von Neumann entwickelt, der zu dieser Zeit in Göttingen als Postdoc bei Hilbert arbeitete und nur einige Jahre später den nur vermeintlich gültigen mathematischen Beweis lieferte, dass es in der Quantenwelt keine verborgenen Variablen geben kann.

Neben den beiden bekannten Noether-Theoremen, die mit einiger Verzögerung die Quantenforschung revolutionierten, gab es einen dritten wichtigen Lehrsatz, mit dem Emmy Noether die Möglichkeiten der Mathematik grundlegend erweiterte. 1931 stellte sie zusammen mit Richard Brauer und Helmut Hasse der Fachwelt ein Axiom vor, das heute als »Brauer-Hasse-Noether-Theorem« bekannt ist.[141] Dass es sich um eines der tiefgreifendsten Ergebnisse in der Theorie der zentral einfachen Algebren handelt, war den Autoren bewusst, denn der Artikel beginnt mit den Worten:

»Endlich ist es uns gemeinsam gelungen, das folgende Theorem zu beweisen, das von grundlegender Bedeutung für die Strukturtheorie von Algebren, und auch darüber hinaus, von fundamentaler Bedeutung ist [...]«

Das Theorem bezieht sich auf die algebraische Zahlentheorie und besagt, dass eine endlich-dimensionale, zentral einfache Algebra über einem algebraischen Zahlenfeld K, die sich über jede Vervollständigung K_v aufspaltet, eine Matrix-Algebra über K ist. Eine Matrixalgebra ist der den heutigen Mathematik-Studenten niedriger Semester zugängliche Raum der Matrizen mit den bekannten Rechnungen, die man mit ihnen machen kann. Dieses Theorem erlaubt es, alle endlich-dimensionalen zentralen (eben aufspaltbaren) Divisions-Algebren über einem gegebenen Zahlenfeld zu klassifizieren. Das Theorem führt zu einer vollständigen Beschreibung von endlich-dimensionalen Divisions-Algebren über algebraischen Zahlenfeldern in Form ihrer lokalen Invarianten. Indem es einen neuen Verbindungsweg zur Klassenfeldtheorie öffnet, wird dieses zu einem Zweig der algebraischen Zahlentheorie. Die Klassenfeldtheorie befasst sich mit den Abel'schen Erweiterungen von sowohl globalen als auch lokalen Zahlenfeldern. Was sich für Laien unspektakulär anhört, ist für Mathematiker eine grundlegende Voraussetzung für viele Theoreme.

Emmy Noethers Arbeit wirkte weit in die Zukunft hinein, aber auch Vergangenes vermochte sie zu ordnen. In die zweite Hälfte der 1920er-Jahre und die frühen 1930er-Jahre fiel ihr Beitrag zur Herausgabe von Dedekinds Arbeiten. Richard Dedekind (1831–1916) war für sie der bedeutendste Vordenker der von ihr ausgearbeiteten abstrakten Algebra. Mit der Bearbeitung seines Nachlasses wollte sie ihm zu der Anerkennung verhelfen, die seiner Bedeutung für die Mathematik entsprach. Olga Taussky, die zur gleichen Zeit mit einer ganz ähnlichen Aufgabe beauftragt war, der Herausgabe von Hilberts Gesamtwerken, schrieb später:

>*Emmy interessierte sich für meine Arbeit als Herausgeberin des Hilbert-Bandes zur Zahlentheorie. Sie selbst war Herausgeberin der drei Bände von Dedekind, und diese Arbeit hat ihr große Freude bereitet. Sie lernte Dedekinds Arbeit in höchstem Maße zu schätzen und fand viele Quellen für spätere Errungenschaften bereits bei Dedekind. Gelegentlich verärgerte sie mit dieser Haltung sogar ihre Freunde. Es gelang ihr, die Hilbert-Untergruppen in Hilbert-Dedekind-Untergruppen umzubenennen. [...] Emmy war wirklich erstaunt, als ich ihr sagte, dass Hilberts Arbeit viele Fehler enthielt. Sie sagte, dass Dedekind nie Fehler gemacht hat.«*[142]

Zu Beginn der 1930er-Jahre bereitete Emmy Noether zusammen mit dem Franzosen Jean Cavaillés die Herausgabe des Briefwechsels zwischen Dedekind und Georg Cantor vor, dem Revolutionär des Unendlichkeitsbegriffs in der Mathematik. Diese Arbeit konnte allerdings erst 1937, also nach ihrem Tod, veröffentlicht werden.

Die Ehrungen häufen sich

Während Emmy Noether in Deutschland weiterhin eine ordentliche Professur verwehrt wurde, stieg auf internationaler Ebene die Wertschätzung ihrer Arbeit unaufhaltsam an. Ende der 1920er-Jahre erhielt sie von der Moskauer Lomonossow-Universität die Einladung, im Wintersemester 1928/29 und im Sommersemester 1929 als Gastprofessorin zu lehren. Ihr Freund und Kollege Pavel Alexandrow, der von 1923 bis 1924 in Göttingen lehrte, hatte diese Gastprofessur in die Wege geleitet. Emmy Noether sagte zu, hatte sie doch zu vielen russischen Mathematikern in Göttingen gute Freundschaften entwickelt, unter anderem zum jungen Andrej Nikolajewitsch Kolmogorow. Ihr Aufenthalt in Moskau war durch keine Sprachbarriere gehemmt, denn die Fachsprache der Mathematik war damals Deutsch, sodass sie dort problemlos vortragen konnte.

In ihrem Jahr in Moskau traf Emmy Noether nicht nur Alexandrow, sondern auch eine Reihe weiterer großer Mathematiker, etwa Andrej Nikolajewitsch Kolmogorow, Nikolai Lusin und Dmitri Jegorow:

Andrej Nikolajewitsch Kolmogorow (1903–1987) war zu dieser Zeit erst Mitte zwanzig und noch nicht weltberühmt. Ein Jahr später stattete er Emmy Noether in Göttingen einen Gegenbesuch ab. Später wurde er einer der größten Mathematiker der Sowjetunion und veröffentlichte grundlegende Arbeiten zur Mathematik der Wahrscheinlichkeitstheorie, der Topologie, der intuitionistischen Logik, der Turbulenz, der klassischen Mechanik, der algorithmischen Informationstheorie und der rechnerischen Komplexität.

Nikolai Lusin (1883–1950) war der Doktorvater von Kolmogorow und Alexandrow. Der Mathematiker beherrschte die Mengenlehre, Analysis, Topologie – auch im wörtlichen Sinne. Mit großer Dominanz verfügte er über seine Studenten, schrieb ihnen vor, was sie zu erforschen hätten, und verwendete wohl auch ihre Ergebnisse, ohne sie zumindest namentlich zu erwähnen. Zu Beginn der stalinistischen Säuberungen ab Mitte der 1930er-Jahre wurde Lusin von einigen seiner Studenten, darunter auch Alexandrow und Kolmogorow, als Konterrevolutionär angezeigt. Wundersamerweise verschwand Lusin nicht in einem der Gulags, sondern konnte sich trotz Verurteilung als Professor an der Universität halten.

Dmitri Jegorow (1869–1931) hatte zusammen mit seinem Schüler Lusin die mathematische Fakultät an der Lomonossow-Universität weltberühmt gemacht. Als engagiertes Mitglied der orthodoxen Kirche geriet er in Konflikt mit der atheistisch geprägten Weltsicht der Sowjets. 1929 musste er seinen Posten als Institutsleiter aufgeben; es war das Jahr, in dem er Ehrenmitglied der Akademie der Wissenschaften der UdSSR geworden war. Ein Jahr später kam er in Haft und wurde in ein Gefängnis der Tatarischen Autonomen Sozialistischen Sowjetrepublik überstellt. 1931 starb er an den Folgen eines Hungerstreikes.

Vierzig Jahre zuvor hatte die russische Ausnahme-Mathematikerin Sofja Kowalewskaja als Frau nicht in Moskau studieren dürfen und war in den Westen gegangen. Nun kam Emmy Noether aus Göttingen nach Moskau, um hier ein Jahr lang als Professorin zu lehren. Die Sowjets waren in Sachen Gleichberechtigung also ein gutes Stück weitergekommen. Doch politisch gesehen wandelten Wissenschaftler in Moskau, so wie alle Menschen in der damaligen UdSSR, auf dünnem Eis. Da Emmy Noethers Weltsicht sozialdemokratisch geprägt und sie persönlich darüber hinaus politisch nicht aktiv war, bekam sie in Moskau offenbar keine Probleme mit russischen Funktionären.

1928/29 wurde für Emmy Noether ein sehr interessantes und erlebnisreiches Jahr in Moskau. Ihre abstrakte Algebra und ihre Seminare zur algebraischen Geometrie riefen großes Interesse hervor.

Welche bleibende Wirkung Emmy Noether auf die anwesenden Mathematiker ausübte, macht der folgende Ausschnitt aus einer Rede deutlich, die Alexandrow nur wenige Jahre später anlässlich ihres Todes vor der Mathematischen Gesellschaft hielt und zu der ihr Bruder Fritz Noether aus Tomsk persönlich angereist war:

»Man braucht nur einen Blick auf Pontryagins Arbeiten über die Theorie kontinuierlicher Gruppen, die jüngsten Arbeiten von Kolmogorow über die kombinatorische Topologie lokal bikompakter Räume, die Arbeiten von Hopf über die Theorie kontinuierlicher Abbildungen, ganz zu schweigen von van der Waerdens Arbeiten über algebraische Geometrie zu werfen, um den Einfluss von Emmy Noethers Ideen zu spüren.«[143]

Emmy Noether äußerte sich nach ihrer Rückkehr aus der Sowjetunion recht positiv über die dortige Lage, das Land und die

Leute.[144] Später erinnerten sich die an die Macht gekommenen Nationalsozialisten an ihre Aussagen und unterstellten ihr, eine Kommunistin zu sein.

Gleich im Anschluss an ihren Moskauer Aufenthalt folgte eine weitere Gastprofessur, dieses Mal in Frankfurt am Main. Der Inhaber des dortigen Lehrstuhls für Algebra, Carl Ludwig Siegel, war im Sommersemester 1930 für ein halbes Jahr nach Göttingen eingeladen worden. Im Austausch hielt Emmy Noether nun in Frankfurt Vorlesungen über abstrakte Algebra. Unter anderem besuchte der Franzose Paul Dubreil (1904–1994) diese Veranstaltungen. Dubreil hatte in den 1940er-Jahren einen recht großen Einfluss in der Bourbaki-Gruppe, von der auf den folgenden Seiten mehr zu lesen sein wird.

Nach ihrer Rückkehr nach Göttingen wurde Emmy Noether 1932 mit dem Ackermann-Teubner-Gedächtnispreis geehrt. Diese höchste Auszeichnung, die in Deutschland für mathematische Leistungen vergeben wurde (ab 1936 wurde ihr dieser Rang von der Fields-Medaille abgelaufen), wird nur alle zwei Jahre verliehen, zyklisch jeweils für die folgenden acht Gebiete: »angewandte Mechanik«, »Physik«, »Astronomie« sowie »Geschichte/ Philosophie«, jeweils im Wechsel mit einem der mathematischen Fächer »Arithmetik/Algebra«, »mathematische Physik«, »Geometrie« und »angewandte Mathematik«. In jedem dieser Bereiche wurde also nur alle sechzehn Jahre ein herausragender Wissenschaftler ausgezeichnet; umso größer ist die Anerkennung zu werten, die Emmy Noether mit der Verleihung dieses Preises für das Fach »Arithmetik/Algebra« entgegengebracht wurde. Doch in dieser Auszeichnung versteckte sich ein Stachel, denn der Preis wurde gleichzeitig Emil Artin zugesprochen. Nie zuvor, und auch nicht in den folgenden Jahren, musste sich ein Preisträger des Ackermann-Teubner-Gedächtnispreises seinen Platz teilen. Artin hatte nach seiner Promotion ein Jahr in Göttingen verbracht und unter anderem an Seminaren Emmy Noethers teilgenommen. Er war also der Noether'schen Schule verbunden. In ihrer Beantwortung des Fragebogens vom 19. April 1933, in dem Emmy Noether gegenüber den nationalsozialistischen Behörden (u. a. über ihre politische Gesinnung) Auskunft geben musste, bezeichnete sie Emil Artin als einen ihrer Schüler.[145] Wie viele andere Mathematiker führte auch Artin Emmy Noethers abstrakte Algebra fort. Es kann keinen Zweifel daran geben, dass Emmy Noethers Rang als Mathematikerin ungleich höher war als der Artins.

Hier werden Parallelen zu zwei ähnlichen Vorgängen der Vergangenheit erkennbar: 1816 verlieh die Pariser Académie des Sciences der Mathematikerin Sophie Germain (1776–1831) einen an die Lösung eines bestimmten Problems gebundenen, überaus prestigeträchtigen Preis. Zu dem Kreis, der die Auszeichnung einer Frau als unangemessen empfand, gehörte auch ihr direkter Konkurrent Siméon Denis Poisson. Zu Germains großer Enttäuschung erschien Poisson nicht zur Preisverleihung. Stattdessen nutzte er Sophie Germains Ergebnisse für eigene Veröffentlichungen, ohne ihren Namen zu nennen. 1888 erhielt Sofja Kowalewskaja (1850–1891) den Prix Bordin, eine der wichtigsten Auszeichnungen in der Mathematik. Auch dieses Mal war die Tatsache, dass eine Frau einen solchen Preis entgegennehmen sollte, für viele männliche Kollegen ein Schock. Noch unbegreiflicher war es für die Herren, dass Sofja Kowalewskaja im Jahr darauf eine Professur auf Lebenszeit an der Stockholmer Universität erhielt.

In beiden Fällen hatten die Frauen so außergewöhnliche mathematische Leistungen gezeigt, dass die starken Proteste gegen sie als Preisträgerinnen überwunden werden konnten. Im Gegensatz dazu war es im Deutschland des Jahres 1932 trotz der zweifelsfrei herausragenden Leistungen Emmy Noethers offenbar nicht durchsetzbar gewesen, eine Frau als alleinige Laureatin des Ackermann-Teubner-Gedächtnispreises auszuzeichnen.

Trotz dieses Wermutstropfens machte der Ackermann-Teubner-Gedächtnispreis endgültig klar, dass Emmy Noethers

Mathematik keine exotische, nur für einen kleinen Bereich der Mathematik bedeutsame Disziplin mehr war, sondern längst zu einem bedeutenden Thema des internationalen mathematischen Diskurses geworden war. Ihre Denkmethoden befanden sich mittels ihrer Schüler und Schülerinnen längst auf ihrem Siegeszug um die Welt. Auch die Gruppe aus erstrangigen Mathematikern, die ab Mitte der 1930er-Jahre bis weit ins 20. Jahrhundert hinein die Mathematik wesentlich beeinflusste, wurde unübersehbar durch Emmy Noethers Denkweise geprägt.

Die Bourbaki-Gruppe, der Geheimbund der Mathematiker

Überall in Europa war im Ersten Weltkrieg eine ganze Mathematiker-Generation aus der Bahn geworfen worden oder sogar ums Leben gekommen. Frankreich war von diesem Verlust besonders stark betroffen, denn anders als in vielen anderen Ländern standen hier Professoren und Studenten genauso in den Schützengräben wie Bauern, Arbeiter und Angestellte. Der Blutzoll unter gut ausgebildeten Kriegsteilnehmern war also im Vergleich höher als anderswo. Die daraus resultierende Stagnation der französischen Mathematik führte unter anderem dazu, dass angehende Hochschullehrer in ihren Vorlesungen und Seminaren völlig veraltetes Lehrmaterial verwenden mussten. Dies rief sechs junge Mathematik-Absolventen der Pariser École Normale Supérieure auf den Plan, die sich regelmäßig in einem Pariser Café trafen, um über die Zukunft ihres Fachs zu diskutieren. 1934/35 beschlossen Henri Cartan, Claude Chevalley, Jean Delsarte, Jean Dieudonné, René de Possel und André Weil, gemeinsam ein modernes Lehrbuch der Analysis zu verfassen. Weil sie gemeinschaftlich arbeiten wollten und jeder Beitrag vor der Veröffentlichung von allen Mitgliedern der Gruppe gebilligt werden sollte, wählten sie für ihre Gruppe ein Pseudonym, das für alle Beteiligten stand: »Nicolas Bourbaki«. Der Name geht auf den General Charles Soter Bourbaki zurück, der am Deutsch-Französischen Krieg von 1870/71 teilgenommen hatte, und bezieht sich auf einen Insider-Scherz aus Studentenzeiten der sechs Bourbakis.

Die informellen Treffen im Café Capoulade entwickelten sich zu geradezu konspirativen Versammlungen, denn die Gruppe gab sich einige Regeln, die sie quasi zu einem Geheimbund machten: Es sollten immer neun Mitglieder sein, die sich hinter dem Pseudonym »Nicolas Bourbaki« verbargen. Alle Mitglieder der Gruppe waren gleichrangig, es gab also keinen Präsidenten oder überhaupt eine Hierarchie. Ab einem Alter von fünfzig Jahren war die Mitgliedschaft automatisch beendet. Der Platz des Scheidenden wurde dann von einem anderen, von den übrigen Mitgliedern ausgewählten Mathematiker eingenommen. Zu guter Letzt: Die einzelnen Arbeitsgruppen bestanden meist aus jeweils drei Mitgliedern, von denen eines kein Experte für das zu behandelnde mathematische Thema sein durfte.

In den vielen Jahrzehnten der Existenz der Gruppe »Nicolas Bourbaki« setzte sich die Gepflogenheit durch, die Mitgliedschaft geheim zu halten. Ehemalige Mitglieder sprachen dagegen offen über ihre frühere Beteiligung an der Gruppe und durften sich der Bewunderung ihrer Kollegen gewiss sein. Die hierarchielose und geradezu anarchische Haltung der Mitglieder war berüchtigt. André Weil schrieb hierzu:

> »[Wir] haben in unseren Diskussionen einen sorgfältig unorganisierten Charakter beibehalten. Bei einem Treffen der Gruppe hat es nie einen Vorsitzenden gegeben. Jeder spricht, der will, und jeder hat das Recht, ihn zu unterbrechen [...] Der anarchische Charakter dieser Diskussionen wurde während des gesamten Bestehens der Gruppe beibehalten [...] Eine gute Organisation hätte zweifellos erfordert, dass jedem ein Thema oder ein Kapitel zugewiesen wird, aber die Idee,

*dies zu tun, ist uns nie gekommen [...] Was konkret aus
dieser Erfahrung zu lernen ist, ist, dass jede Bemühung um
Organisation mit einer Abhandlung wie jeder anderen ge-
endet hätte.«*[146]

Schon das anfängliche Ziel der Bourbaki-Gruppe war ambitio-
niert: Innerhalb von nur sechs Monaten sollte ein Lehrbuch von
tausend Seiten entstehen. Im Laufe der Zeit wurde »Nicolas
Bourbaki« noch ehrgeiziger und plante eine ganze Reihe von
Lehrbüchern, die allesamt unter dem Namen »Bourbaki« veröffentlicht wurden und die gesamte moderne reine Mathematik
thematisierten. Zu den in der Reihe behandelten Themen gehörten »Mengenlehre«, »abstrakte Algebra«, »Topologie«, »Analysis«, »Lie-Gruppen« und »Lie-Algebren«.

Man war sich einig, dass die Gruppe »Nicolas Bourbaki« niemals von Einzelfällen ausgehend generalisierte Aussagen treffen
würde. Genau andersherum sollten mathematische Schlüsse
gezogen werden: Gesucht waren möglichst allgemeingültige
Zusammenhänge, von denen aus die Spezialfälle untersucht
werden konnten. Genau dies war Emmy Noethers Ansatz in der
Mathematik: Je abstrakter die Zusammenhänge sind, desto all-
gemeingültiger und mächtiger sind die Erkenntnisse. Tatsächlich waren die Gründer explizit von dem Wunsch beseelt, auch
Ideen der Göttinger Schule zu übernehmen, insbesondere die
von Hilbert, von van der Waerden – und von Emmy Noether.

Da die Bourbakis erkannten, dass höchste Abstraktion die
Einteilung der Mathematik in Teilgebiete wie Arithmetik, Zahlentheorie und Geometrie sinnlos macht, führten sie den Begriff
der »mathematischen Struktur« ein. Dieses interdisziplinäre
Konzept, das allein durch die grundlegendsten Zusammenhänge
der Mathematik bestimmt wird, hatte auch schon Emmy Noether im Sinn gehabt. Dem Glauben der Bourbaki-Gruppe an *eine*
Mathematik entspricht der Titel der sechsbändigen Buchreihe,
die sie ab 1939 herausgaben: *Éléments de Mathématique.* Mit

Bedacht hatten die Mitglieder nicht den Plural *Mathématiques* gewählt, wie es erwartbar gewesen wäre. Behandelt wurden in dieser Reihe die folgenden Themen: 1. Mengenlehre, 2. Algebra, 3. Topologie, 4. Funktionen einer realen Variable, 5. Topologischer Vektorraum, 6. Integralrechnung. Jedes Buch besteht aus mehreren Kapiteln, die teilweise mit mehreren Jahren Abstand veröffentlicht wurden.

Und noch eine weitere Gemeinsamkeit fällt beim Vergleich von Emmy Noethers Kreis und der Gruppe »Nicolas Bourbaki« ins Auge: die Lust an der informellen, direkten Kommunikation. Aus der Dynamik der Gesprächsgruppen entwickelten die Mitglieder der Bourbaki-Gruppe ihre besten Ideen. Genau diese egalitären, ungezwungenen, wertschätzenden und gleichzeitig unbestechlichen Umgangsformen der Bourbaki-Mitglieder untereinander waren schon ein unverzichtbares Merkmal der legendären Treffen in Emmy Noethers kleiner Wohnung unter dem Dach gewesen.

Die Gemeinsamkeiten zwischen der Noether-Schule und der Bourbaki-Gruppe kamen nicht zufällig zustande. Auch wenn Emmy Noether zum Zeitpunkt des ersten inoffiziellen Treffens des Bourbaki-Kollektivs, dem 10. Dezember 1934, bereits in die USA emigriert war, gibt es doch direkte Verbindungen zwischen ihr und einigen Bourbaki-Mitgliedern: Die beiden Mitgründer André Weil und Claude Chevalley hatten als junge Mathematiker in Göttingen Vorlesungen Emmy Noethers gehört. Und auch Paul Dubreil, einer der drei Mathematiker, die später zu den sechs Gründern stießen und die Zahl Neun voll machten, hatte zwei Semester lang Emmy Noethers Algebra studiert. Es lässt sich heute nicht mehr eindeutig klären, wie weit genau die Mathematik Emmy Noethers an dem Erfolg der Gruppe »Nicolas Bourbaki« beteiligt ist. Doch es ist davon auszugehen, dass ihr Einfluss auf die Mathematik des 20. Jahrhunderts mittels der Bourbaki-Gruppe signifikant war.

Auf dem Fundament der Abstraktion erarbeitete sich die

Gruppe »Nicolas Bourbaki« unter Mathematikern einen hervorragenden Ruf und auch großen Einfluss. Mitte des 20. Jahrhunderts erschienen die von ihr veröffentlichten Bände der *Éléments* in schneller Schlagzahl und prägten die durch einen hohen Abstraktionsgrad gekennzeichnete sogenannte »Neue Mathematik«. Nach diesem Höhepunkt kam die Bourbaki-Gruppe, die so unorthodox begonnen hatte, vorerst an ihre Grenzen. Denn ihr Ansatz, dass alle Grundannahmen mathematisch abgesichert sein müssten, war zur hemmenden Ideologie geworden. Dazu kam ein langwieriger und kräftezehrender Rechtsstreit mit dem Herausgeber ihrer Publikationen um Lizenzen und Übersetzungsrechte.

Trotz aller Querelen ist die Bourbaki-Gruppe noch heute aktiv. Die Association des Collaborateurs de Nicolas Bourbaki (»Gesellschaft der Mitarbeiter von Nicolas Bourbaki«) veranstaltet pro Jahr drei Seminare (Séminaires Nicolas Bourbaki), an denen über zweihundert Mathematiker aus aller Welt teilnehmen. Als bisher letzter Band erschienen 2016 im Springer-Verlag die Kapitel 1 bis 4 des Bandes *Algebraische Topologie*. Bisher sind es über tausend Vorträge, die im Umfeld von »Nicolas Bourbaki« veröffentlicht wurden.

Ein Weltstar der Mathematik wird evaluiert

Zurück zu Emmy Noether. Als Studentin und junge Mathematikerin wurde sie von ihren männlichen Kollegen nach den Maßstäben der damaligen Zeit beurteilt. Fast ausnahmslos gingen sie bei der Einschätzung ihrer beruflichen Leistungen auf die Tatsache ein, dass es sich bei Emmy Noether um eine Frau handelte – immer mit dem Ergebnis, dass weniger talentierte Mathematiker ihr vorgezogen wurden. Auch wenn Emmy Noether im Laufe der Zeit trotz ungünstigster Bedingungen unter Beweis stellen konnte, dass sie eine Ausnahme-Mathematikerin war, wurde sie doch ihr Leben lang immer auch als Ausnahme-Frau wahrgenommen – sie passte einfach nicht in das Bild, dem eine Frau zu entsprechen hatte. Sogar ihre engsten Kollegen und Freunde nahmen sich heraus, sich über Lebensführung und Aussehen Emmy Noethers herablassend zu äußern. Diese Distanzlosigkeit wurde ihr auch dann noch entgegengebracht, als sie längst eine führende Mathematikerin geworden war.

Die anlässlich von Emmy Noethers überraschendem Tod 1935 gehaltenen Trauerreden zeigen wie unter einem Brennglas die Neigung ihrer Zeitgenossen, sich über sie zu erheben. Auf dem Gebiet der Mathematik war das ja schon seit Jahren nicht mehr möglich, denn Emmy Noethers herausragende Leistungen konnte spätestens ab Ende der 1920er-Jahre niemand mehr bestreiten. Doch weiterhin meinte man, sich ein Urteil über sie als Frau erlauben zu dürfen. Die Grabrede Hermann Weyls, der so wie Emmy Noether vor den in Deutschland an die Macht gekommenen Nationalsozialisten aus Göttingen in die USA hatte fliehen müssen, steht pars pro toto für die Einstellung von Emmy Noethers männlichen Kollegen ihr gegenüber:[147] Auf der einen Seite macht sie die große Anerkennung und Bewunderung für die geniale Mathematikerin greifbar, auf der anderen Seite aber auch die selbstherrliche Marginalisierung von Emmy Noethers Anstrengungen, mit ihrer Leidenschaft für Mathematik ein halbwegs auskömmliches Leben zu bestreiten.

In dem folgenden Abschnitt spricht Weyl zum Beispiel direkt die Erwartungen an, die Emmy Noether als erwachsene Frau *nicht* erfüllte. Gleichzeitig weckt er den Anschein, als wäre ihr Überlebenskampf an der Universität nicht mehr als ein demütiges Warten auf eine zufällige Besserung der Umstände gewesen:

>*Emmy Noether beteiligte sich als junges Mädchen an der Hausarbeit, wischte und kochte und ging zum Tanzen, und es scheint, dass ihr Leben das einer gewöhnlichen Frau gewesen wäre, wenn es nicht gerade zu dieser Zeit in Deutschland*

möglich geworden wäre, dass ein Mädchen eine wissenschaft-
liche Laufbahn einschlagen könnte, ohne auf allzu großen
Widerstand zu stoßen. Es lag nichts Rebellisches in ihrem
Wesen; sie war bereit, die Bedingungen zu akzeptieren, wie
sie waren. Nun aber wurde sie Mathematikerin.«[148]

Diese Perspektive auf Emmy Noether als duldsames Wesen, dem
von ihren männlichen Kollegen etwas zugestanden wird oder
eben nicht, zieht sich durch die gesamte Rede. So berichtet Weyl
unter anderem darüber, dass Hilbert vergeblich versucht hatte,
Emmy Noethers Habilitation in Göttingen durchzusetzen. Darauf, was sein Scheitern für Emmy Noether bedeutet hatte, geht
er nicht ein. Auch sein eigenes Licht stellt Weyl nicht unter den
Scheffel, als er auf seine Bemühungen zu sprechen kommt, ihr
eine angemessene Stellung an der Universität zu verschaffen:

> *»Als ich 1930 endgültig nach Göttingen berufen wurde,*
> *bemühte ich mich ernsthaft, vom Ministerium eine bessere*
> *Stellung für sie zu erhalten, weil ich mich schämte, eine so*
> *bevorzugte Stellung neben ihr einzunehmen, von der ich*
> *wusste, dass sie mir in vielerlei Hinsicht als Mathematikerin*
> *überlegen war. Ich hatte keinen Erfolg, ebenso wenig wie ein*
> *Versuch, ihre Wahl zum Mitglied der Göttinger Gesellschaft*
> *der Wissenschaften durchzusetzen.«*

Die offenkundige Diskrepanz zwischen Emmy Noethers Genie
und ihrer Behandlung durch den Wissenschaftsbetrieb hatte
allerdings keinen ihrer Fachkollegen davon abgehalten, von
der Zusammenarbeit mit ihr zu profitieren und damit die Bedingungen, unter denen Emmy Noether zu leiden hatte, zu akzeptieren.

Gegen Ende seiner Rede drückt Weyl noch einmal seine res-
pektvolle Anerkennung der mathematischen Macht Emmy
Noethers aus. Und gleich darauf besitzt er die Unverschämtheit,

über ihr Liebesleben und ihre Lebensgestaltung überhaupt zu urteilen:

> »Aber sie war eine Einseitige, die durch das Übergewicht ihrer mathematischen Begabung aus dem Gleichgewicht gebracht wurde. Wesentliche Aspekte des menschlichen Lebens blieben in ihr unentwickelt, darunter wohl auch die Erotik, die, wenn man den Dichtern glauben darf, für viele von uns die stärkste Quelle von Emotionen, Verzückungen, Sehnsüchten, Sorgen und Konflikten ist. So machte sie manchmal den Eindruck eines schwerfälligen Kindes, aber sie war ein gutherziges und mutiges Wesen, hilfsbereit und zu tiefster Treue und Zuneigung fähig. Und von allen, die ich gekannt habe, war sie sicherlich eine der glücklichsten.«

Eine entsprechende Äußerung über einen männlichen Mathematiker von Weltrang wäre undenkbar gewesen. Aus heutiger Sicht ist vor allem dieser Teil der Trauerrede Weyls alles andere als respektvoll.

Nicht nur zu Lebzeiten, auch nach ihrem Tode fiel es ihren Kollegen auffallend schwer, Emmy Noether *als Menschen* wahrzunehmen. Das Bild der »verhinderten Frau« überlagerte ihre Leistung als Mathematikerin und auch als Mensch. Von ihren Zeitgenossen wird sie ausnahmslos als ein humorvoller, optimistischer und aufmerksamer Mensch beschrieben, gastfreundlich, immer offen für Gespräche und mit viel Wohlwollen für ihre Schüler und Schülerinnen. Doch fast immer folgt ein »Aber«: Emmy Noether lebte sehr bescheiden, schien wenig Wert auf gesunde Ernährung und ihr Äußeres zu legen. Ihr forsches und lautes Auftreten trugen zu ihrem Ruf bei, unweiblich zu sein. Einen Zusammenhang zwischen ihrer Lebensweise und ihrem Erscheinungsbild einerseits und ihren finanziellen Nöten andererseits hat wohl keiner ihrer Zeitgenossen gesehen. Allein ihre Biografin Cordula Tollmien schrieb:

»Niemand der Chronisten scheint auf den Gedanken gekommen zu sein, dass Emmy Noethers unweibliche Gleichgültigkeit gegenüber Äußerlichkeiten die eigene Person betreffend und ihre oft gerühmte Bescheidenheit nicht nur darauf schließen lassen, dass sie nur und ausschließlich an Mathematik interessiert war, sondern auch eine durch ihre materielle Lage begründete Notwendigkeit war. Sich für mehr als für Mathematik zu interessieren, konnte sie sich gar nicht leisten.«[149]

Auf der Weltausstellung in New York 1964 war in einem der Mathematik gewidmeten Raum eine Porträtserie zu bewundern: *Men of Modern Mathematics*. Einzige Frau unter etwa achtzig Männern: Emmy Noether. Die ihr zugedachte Beschriftung versammelt noch einmal alle negativen Merkmale des Umgangs mit ihr: Reduktion auf ihr Geschlecht, Bagatellisierung ihrer Leistungen, Übergriffigkeit, was ihre Erscheinung angeht, und eine Darstellung als passive Person:

> »*Emmy Noether, Tochter des Mathematikers Max Noether, wurde oft ›der Noether‹ genannt. Ihre Göttinger Professur versah sie ohne Gehalt, und Hilbert mußte kämpfen, um sie – als Frau – überhaupt an die Universität zu bringen. Sie war dick, rauh und laut, aber so gütig, humorvoll und umgänglich, dass alle, die sie kannten, sie gerne mochten. Als die Nazis an die Macht kamen, ging sie in die USA.*«

Diese Sätze wurden ohne jede Änderung für eine Schautafel im Mathematischen Institut in Göttingen übernommen, wo sie einige Jahrzehnte zu lesen waren.

Aus hellstem Licht in den tiefsten Schatten

Mit klarem Verstand, Beharrlichkeit und menschlicher Wärme kämpfte sich Emmy Noether durch ein Leben, das es nicht immer gut mit ihr meinte, und schaffte es unter widrigsten Umständen an die Weltspitze der Mathematik. Der Höhepunkt ihres Berufslebens war wohl der Internationale Mathematikerkongress (International Congress of Mathematicians – ICM), der Anfang September 1932 in Zürich stattfand und an dem sie als Hauptrednerin teilnahm.

Der ICM wird seit 1897 in der Regel alle vier Jahre ausgerichtet, wechselnd in Städten wie Rio de Janeiro, Seoul und Peking. Einzige Ausnahme ist die Stadt Zürich, die gleich dreimal Gastgeberin des Kongresses war: im Jahr seiner Gründung sowie in den Jahren 1932 und 1994. Seit Felix Klein und Georg Cantor die Idee dieses Kongresses erstmals verwirklicht hatten, werden hier die wichtigsten Entwicklungen auf dem Gebiet der Mathematik vorgestellt und diskutiert. Zum Beispiel hatte David Hilbert 1900 auf dem zweiten ICM in Paris seine berühmte Liste der dreiundzwanzig ungelösten mathematischen Probleme bekanntgegeben. Seit 1936 wird anlässlich dieses Kongresses auch die wohl bedeutendste aller mathematischen Auszeichnungen verliehen: die Fields-Medaille. Voraussetzung ist eine herausragende Leistung auf dem Gebiet der Mathematik – und ein Alter von unter vierzig Jahren. Emmy Noether hätte eine solche Ehrung sicher mehr als verdient, denn auch wenn sie aufgrund der vielen Hindernisse relativ spät gestartet war, hatte sie in diesem Alter längst maßgebliche mathematische Leistungen hervorgebracht. Lange gab es keine einzige Frau, die mit der Fields-Medaille geehrt wurde. Erst 2014 wurde die in den USA lebende Iranerin Maryam Mirzakhani (1977–2017) zur Preisträgerin. Sie verstarb nur drei Jahre später im Alter von vierzig Jahren. Und erst im Jahr 2022 gewann die an der École polytechnique fédérale de Lausanne (EPFL) in der Schweiz tätige ukrainische Mathematikerin Maryna Viazovska die zweite Fields-Medaille als Frau.

1920 und 1924 hatten deutsche Mathematiker und Mathematikerinnen aus politischen Gründen an den Kongressen in Straßburg und Toronto nicht teilnehmen dürfen. 1928 verweigerten einige deutsche Mathematiker aus Protest gegen diese Ausschlüsse die Teilnahme an der Konferenz in Bologna. Emmy Noether gehörte nicht zu ihnen, ganz im Gegenteil: In Bologna konnte sie vor einem hochrangigen, internationalen mathematischen Publikum nicht nur neue Ergebnisse ihres abstrakten Vorgehens darstellen, sondern auch den Wert ihrer mathematischen Arbeits- und Auffassungsmethode allgemein demonstrieren. Schon diese Einladung, auf dem ICM vorzutragen, entsprach einem Ritterschlag. Vier Jahre später in Zürich wurde diese Ehre noch übertroffen: Emmy Noether wurde die erste Frau, die jemals auf einem ICM als Hauptreferentin eingeladen war. Erst achtundfünfzig Jahre später durfte die Amerikanerin Karen Uhlenbeck so wie Emmy Noether auf dem ICM-Kongress 1990 in Kyoto einen Plenar-Vortrag halten.

In ihrem Zürcher Vortrag *Hyperkomplexe Systeme in ihren Beziehungen zur kommutativen Algebra und zur Zahlentheorie* gelang Emmy Noether ein spektakulärer Beitrag. Sie begann mit folgenden Sätzen:

> »Die Theorie der hyperkomplexen Systeme, der Algebren, hat in den letzten Jahren einen starken Aufschwung genommen; aber erst in allerneuester Zeit ist die Bedeutung dieser Theorie für kommutative Fragestellungen klar geworden. Über diese Bedeutung des Nichtkommutativen für das Kommutative möchte ich heute berichten: und zwar will ich das im einzelnen verfolgen an zwei klassischen, auf Gauss zurückgehenden Fragestellungen, dem Hauptgeschlechtssatz und dem eng damit verbundenen Normensatz. [...] und diese letztere Formulierung gibt dann zugleich eine Über-

tragung der Sätze auf beliebige relativ galoissche Zahlkörper.«[150]

Emmy Noether bezog sich in ihrem Vortrag auf den nichtkommunikativen Bereich der Mathematik, in dem – anders als gewohnt – a*b nicht gleich b*a ist, die Reihenfolge der miteinander verknüpften Variablen also berücksichtigt werden muss. Sie überzeugte ihre Zuhörer und Zuhörerinnen in ihrem Vortrag, dass ihr strukturierter abstrakter Zugang zur Algebra im nichtkommunikativen Bereich eine besondere Kraft entfaltet, sodass, anders als erwartet, die nichtkommutative Algebra nicht etwa von komplizierteren Gesetzen als jenen der kommutativen Mathematik durchzogen ist, sondern mit einfacheren Gesetzen.

Dieser Vortrag wurde zu einem wahren Triumph für Emmy Noether und für die von ihr vertretene Forschungsrichtung. Doch diesen Höhenflug konnte sie nicht lange genießen. Nur knapp vier Monate später, am 30. Januar 1933, wurde Adolf Hitler vom Reichspräsidenten Paul von Hindenburg zum Reichskanzler ernannt. Mit der Machtergreifung der Nationalsozialisten begann der Niedergang der Wissenschaften in Deutschland, von dem die Göttinger Mathematik besonders schwer getroffen wurde. Statt einer überfälligen Beförderung zur ordentlichen Professorin warteten auf Emmy Noether nun die totale Ausgrenzung, Flucht und Exil.

10

FLUCHT IN DIE USA

Emmy Noethers kurze Jahre in Bryn Mawr und Princeton

> »Ihr [Emmy Noethers] selbstloses und bedeutsames Wirken
> über viele Jahre hinweg wurde von den neuen deutschen
> Machthabern mit einer Entlassung belohnt, die sie die
> Mittel zur Aufrechterhaltung ihres einfachen Lebens und
> die Möglichkeit zur Fortführung ihrer mathematischen
> Studien kostete.«[151]
> ALBERT EINSTEIN, 1935

Die Weimarer Republik setzte auf Demokratie und individuelle
Gestaltungsmacht. Doch weil zu viele Menschen unter wirt-
schaftlicher Not litten und für sich und ihre Familie keine Perspektive sahen, sehnten sich immer mehr von ihnen nach den
Spielregeln der »guten alten Zeiten« des Deutschen Kaiserreichs
oder nach einem politischen Befreiungsschlag.

Was Deutschland zerriss, spaltete auch die Universität
Göttingen. Schon Anfang der 1920er-Jahre hatten sich die
Spannungen in der Professorenschaft verschärft. Während
die Geisteswissenschaftler eher einem konservativen Weltbild
zuneigten, vertraten die Naturwissenschaftler mehrheitlich
eine deutlich liberalere Auffassung. Letzteres ist wohl dem Status Göttingens als Weltzentrum der Mathematik zu verdanken.
Der Lehrkörper war in der rationalen Auseinandersetzung mit
anderen Denkrichtungen geübt und hatte sich im Austausch mit

Wissenschaftlern aller Kontinente eine weltoffenere Auffassung angeeignet.

Wie man der fortwährenden Zurücksetzung Emmy Noethers entnehmen kann, waren jedoch traditionsbewusste oder gar reaktionäre Ansichten in der Professorenschaft in der Überzahl. 1922 kam es zur Teilung der philosophischen Fakultät, zu der die Physiker und Mathematiker ursprünglich gehörten, und zur Gründung einer eigenen Fakultät für ihre Disziplinen. Doch dies konnte den späteren Niedergang der Göttinger Mathematik nicht aufhalten. Der zunehmende Erfolg der Nationalsozialisten verschärfte schon vor 1933 die ideologischen Auseinandersetzungen und würgte die relativ freie Art des Denkens und der internationalen Zusammenarbeit in einem anfangs noch schleichenden, später wie ein Wirbelsturm alles hinwegfegenden Prozess ab. Göttingen wurde sogar zu einem Zentrum nationalsozialistischen Gedankenguts in Deutschland.

Dieses Abrutschen in die totale Intoleranz bekam auch Emmy Noether zu spüren. Bereits 1932, im Jahr ihrer größten beruflichen Erfolge und auf dem Höhepunkt ihres Schaffens, wurde sie gezwungen, aus der kleinen Wohnung auszuziehen, in der sie viele Jahre gelebt hatte. Der Besitzer des Hauses hatte gewechselt, und die neue Eigentümerin, die Turnerschaft *Albertia*, hatte erfahren, dass Emmy Noether ein Jahr in der Sowjetunion gelehrt hatte. Der Vorstand wollte den Studenten nicht zumuten, mit einer »marxistischen Jüdin« unter einem Dach zu leben. Im Februar 1932 schreibt Emmy Noether an den Hallenser Professor Heinrich Brandt:

> »Ich muß nämlich umziehen – in meine Wohnung kommt eine Studentenverbindung – und weiß noch nicht ob das Ende April oder ein paar Wochen später wird.«[152]

Emmy Noether nimmt diesen Eingriff in ihr Leben mit Gleichmut hin. Kurz nach ihrem Umzug schreibt sie an Brandt:

»Die Wohnung ist schon ganz gemütlich.«[153]

In ihre neue Dachwohnung im Göttinger Stegemühlenweg 51 wird sie später, als sie die Universität aufgrund ihrer politischen Einstellung und ihrer jüdischen Abstammung nicht mehr betreten darf, ihre Studenten und Studentinnen einladen und die legendären Seminarstunden im privaten Kreis abhalten.

Politische Wirren und der neue starke Mann

Einschränkungen und Diskriminierungen musste Emmy Noether ein Leben lang erfahren. Doch unter der nationalsozialistischen Herrschaft wurde die Ausgrenzung noch gezielter und einschneidender. Dass sie ihre Wohnung wechseln musste, war nur der Beginn einer Reihe von Attacken, die es ihr und unzähligen Leidensgenossen unmöglich machten, das bisherige Leben weiterzuführen.

Hier ein kurzer Abriss der Ereignisse, die 1932 und Anfang 1933 Deutschland erschütterten und ganz neue politische Verhältnisse zur Folge hatten:

Am 22. Februar 1932 wurde die Kandidatur Adolf Hitlers für das Amt des Reichspräsidenten bekanntgegeben. Zu diesem Zeitpunkt war der ehemalige Österreicher allerdings noch staatenlos und deshalb von der aktiven Wahl in Deutschland ausgeschlossen. Weil in den 1920er-Jahren alle Anträge auf Einbürgerung abschlägig beschieden wurden, versuchten seine Parteifreunde schon seit Langem, ihm eine Beamtenstelle zuzuschustern, denn als Beamter würde Hitler automatisch die deutsche Staatsbürgerschaft erhalten. Insgesamt sechs Anläufe scheiterten, darunter der bizarre Versuch, Hitler als Professor für Organische Gesellschaftslehre und Politik an der Technischen Hochschule Braunschweig zu installieren. Die dortige Leitung schob diesem Ansinnen einen Riegel vor, denn Hitler hatte noch nicht einmal einen Hochschulabschluss. Ein Parteifreund brachte Hitler schließlich am 25. Februar 1932 als Regierungsrat im Braunschweigischen Staatsdienst unter. Erst jetzt konnte sich Hitler auch offiziell zur Wahl stellen, von seinem Braunschweiger Amt ließ er sich umgehend beurlauben.

Anfang 1932 wurde Paul von Hindenburg als Reichspräsident wiedergewählt. Am 31. Juli 1932 folgten Reichstagswahlen, aus der die NSDAP mit 37,7 Prozent als die mit Abstand stärkste Partei hervorging. Am 6. November 1932 wurde erneut gewählt, denn von Hindenburg hatte in der Zwischenzeit die Regierung unter Franz von Papen aufgelöst. Bei dieser Reichstagswahl verlor die NSDAP einen großen Teil ihrer Wählerstimmen. Wieder kam keine handlungsfähige Regierung zustande. Auf Druck konservativer Kreise ernannte Reichspräsident von Hindenburg am 30. Januar 1933 Adolf Hitler zum Reichskanzler. Der Reichstagsbrand vom 27. Februar 1933 wurde von den Nationalsozialisten als »kommunistische Verschwörung« instrumentalisiert. Schon am folgenden Tag wurde die Reichstagsbrandverordnung rechtsverbindlich, die die Weimarer Verfassung außer Kraft setzte und die Verhaftung kommunistischer und sozialdemokratischer Politiker legalisierte. Dies war die eigentliche Machtergreifung der NSDAP. Der durch diese Verordnung ausgerufene Ausnahmezustand wurde erst 1945 wieder aufgehoben.

Am 5. März 1933 fanden wieder einmal Reichstagswahlen statt, denn Hitler hatte zwei Tage nach seiner Ernennung zum Reichskanzler den Reichstag auflösen lassen. Die NSDAP verfehlte trotz Straßenterror die absolute Mehrheit. Doch weil die Abgeordneten der Kommunistischen Partei festgenommen wurden, ins Ausland geflohen oder untergetaucht waren, strich Hitler die KPD-Sitze kurzerhand aus dem Reichstag. In dem nun verkleinerten Parlament hatte die NSDAP rechnerisch 50,06 Prozent der Stimmen und konnte denkbar knapp allein regieren. Am 24. März 1933 trat das Reichsermächtigungsgesetz in Kraft, nach dem Hitler ohne Zustimmung des Parlaments

Gesetze erlassen durfte. Die Zweidrittelmehrheit für dieses Gesetz kam nur mithilfe massiver Einschüchterungen zustande; der Widerstand der SPD konnte den Entschluss nicht verhindern. Der Reichstag, den Hitler nur »die Schwatzbude« nannte, hatte sich mit der Zustimmung zu diesem Gesetz selbst entmachtet.

Spätestens, als Ende des Jahres 1932 die »Deutschland, erwache!«-Rufe der nationalsozialistischen Bünde in den Straßen immer lauter wurden, konnte niemand mehr die sich überstürzenden Ereignisse überhören oder übersehen. Von Emmy Noether ist jedoch keine einzige Erwähnung der dramatischen Ereignisse in Deutschland bekannt. Ihr Erwachsenenleben hindurch war sie Pazifistin und fühlte sich zu sozialistischen Ideen hingezogen. Doch war diese Überzeugung wohl eher ein abstraktes Gedankenspiel, so wie ihre Mathematik auch. Für Emmy Noether war die Mathematik ihr Lebensinhalt, daneben war kein Platz für anderes.

Dass Emmy Noether die politische Situation weitgehend ignorierte, geht unter anderem aus einem Brief vom 5. März 1933 an Alexandrow in Moskau hervor. Den Plan, dass dieser mit seinem Kollegen Kolmogorow im Sommer nach Göttingen kommen würde, sah Emmy Noether nicht in Gefahr. Voller Begeisterung schrieb sie über die bevorstehenden gemeinsamen Tage und ihre neuesten mathematischen Ideen. An genau diesem 5. März hatten die Wahlen stattgefunden, bei denen die Nationalsozialisten entgegen den Hoffnungen demokratisch gesinnter Wähler wieder deutlich hatten zulegen können. Umso überraschter muss Emmy Noether gewesen sein, als die Machtübernahme der Nationalsozialisten sie und viele ihrer Kollegen binnen weniger Wochen in eine existenzielle Notlage brachte.

Wie alle öffentlichen Angestellten musste auch Emmy Noether im April 1933 ein Formular ausfüllen, das unter anderem ihre politische Gesinnung abfragte und für die soeben an die Macht gekommenen Nationalsozialisten eine Grundlage für die Ent-

scheidung bot, ob sie weiter an der Universität Göttingen arbeiten durfte. Sie gab wahrheitsgetreu an, dass sie von 1919 bis
1922 Mitglied der USPD und von 1922 bis 1924 Mitglied der
SPD gewesen war. Auch ihr Jahr in der Sowjetunion, als sie an
der Moskauer Lomonossow-Universität lehrte, führte Emmy
Noether auf.

Am 7. April 1933 trat das »Gesetz zur Wiederherstellung des
Berufsbeamtentums« in Kraft. Es diente dazu, neben Juden auch
Gegner der nationalsozialistischen Ideologie aus dem öffentlichen Dienst zu entfernen. Emmy Noether war also gleich zwei-
fach betroffen: als Jüdin und als Sozialistin.

Am 25. April 1933 wurde Emmy Noether per Telegramm mit
sofortiger Wirkung beurlaubt, jede Tätigkeit an der Universität
Göttingen war ihr somit untersagt. Dies war ein glatter Rechts-
bruch, denn Emmy Noether war außerordentliche Professorin.
Ihr Leben lang war ihr der Beamtenstatus verweigert worden.
Nun wurde das Gesetz, von dem nur Beamte betroffen waren,
auf sie angewendet. Erst ab dem 6. Mai 1933 wurde eine dritte
Durchführungsverordnung des Gesetzes erlassen, die auch
nichtbeamtete Dozenten in die Bestimmungen des Gesetzes mit
einschlossen.

Emmy Noether gehörte zu den ersten Göttinger Mathematikern, denen die Lehrbefugnis entzogen wurde. Ihre Karriere, die
endlich Fahrt aufgenommen hatte, endete ebenso abrupt wie die
vieler anderer Menschen in dieser Zeit.

Exodus aus Göttingen

In dieser ersten Entlassungswelle verloren auch zwei weitere
große jüdische Mathematiker sowie zwei bedeutende jüdische
Physiker ihre Positionen: Der Mathematiker Richard Courant
(1888–1972) war so wie Emmy Noether als Mitglied der SPD
und Jude im Sinne der NS-Ideologie gleich doppelt belastet.

Obwohl er im Ersten Weltkrieg für Deutschland gekämpft hatte und deshalb eine für diesen Personenkreis geltende Ausnahmeregelung hätte angewendet werden müssen, wurde er am 13. April 1933 entlassen. So wie Courant hatte auch Max Born (1882–1970) im Ersten Weltkrieg gekämpft und verlor entgegen geltender Rechtsprechung seine Professur. Der geniale Quantenphysiker und spätere Nobelpreisträger emigrierte nach England, wo er eine Stelle am St. John's College in Cambridge annahm. Auch der Physiker und Nobelpreisträger von 1925 James Franck (1882–1964) hätte dem neuen Gesetz nach aufgrund seiner Teilnahme am Ersten Weltkrieg zunächst seine Stellung behalten können. Er zog es jedoch vor, am 17. April 1933 unter Protest zurückzutreten. Der Mathematiker Edmund Landau, der einige Jahre zuvor aus Israel zurück nach Göttingen gekommen und seit 1932 Ehrenmitglied der Sowjetischen Akademie der Wissenschaften war, verlor ebenfalls im April 1933 seinen Job als Mathematiker.

Zu den Mathematikern, die erst mit einiger Verzögerung Deutschland verließen, gehörte der wohl letzte große Mathematiker Göttingens: Hermann Weyl (1885–1955). Er war 1930 als Hilberts Nachfolger von Zürich nach Göttingen gekommen. Dieser Wechsel war ihm schwergefallen, denn anders als Emmy Noether hatte er die politische Radikalisierung und den Aufstieg der Nationalsozialisten in Deutschland mit Besorgnis verfolgt. In Zürich hatte Weyl siebzehn Jahre lang an der ETH gelehrt, doch der Ruf nach Göttingen war eine zu große Ehre gewesen, als dass er hätte ablehnen wollen. Seine Bedenken brachte er 1930 in einer Ansprache vor der Göttinger Mathematischen Verbindung zum Ausdruck. Mit Bezug auf die traditionell demokratische Schweiz sagte Weyl:

> *»Nur mit einiger Beklemmung finde ich mich aus ihrer freieren und entspannteren Atmosphäre zurück in das gähnende, umdüsterte und verkrampfte Deutschland der Gegenwart.«*[154]

Er hätte in den Augen der Nationalsozialisten sowohl von seiner Abstammung als auch von seiner politischen Einstellung her am Institut bleiben können. Doch da seine Frau Jüdin war, trat Weyl freiwillig von seinen Ämtern zurück. Am 9. Oktober 1933 teilte er – mit Bedacht von Zürich aus – dem Ministerium für Wissenschaft, Kunst und Volksbildung seinen Entschluss mit, den neuerlichen Ruf an das Institute for Advanced Study in Princeton anzunehmen:

> *»Da nach den neuen Gesetzen Arier als Staatsbeamte unerwünscht sind, die eine Nicht-Arierin zur Frau haben, hoffe ich, daß das Ministerium meinen Entschluß billigen und die dadurch hervorgerufene Entlastung der Situation in Göttingen begrüßen wird.«*[155]

Insgesamt verloren dreiundfünfzig Göttinger Professoren ihre Stellung – mehr als ein Fünftel der gesamten Professorenschaft dieser Universität. Die mathematisch-naturwissenschaftliche Fakultät war besonders stark betroffen, allein hier wurden vierundzwanzig Professoren und Professorinnen als unerwünscht angesehen. Hermann Weyl verließ, wie oben erwähnt, aus eigenem Antrieb die Fakultät. Bei den dreiundzwanzig anderen Personen handelte es sich um Menschen jüdischer Abstammung. Hier ihre Namen in alphabetischer Reihenfolge: Paul Bernays, Felix Bernstein, Max Born, Richard Courant, Heinrich Düker, James Franck, Viktor Moritz Goldschmidt, Walter Heitler, Paul Hertz, Arthur von Hippel, Kurt Heinrich Hohenemser, Heinrich Kuhn, Spiro Kyropoulos, Edmund Landau, Hans Lewy, Otto Neugebauer, Wilhelm Neuhaus, Emmy Noether, Lothar Nordheim, Willy Prager, Carl Ludwig Siegel, Hertha Sponer, Hans von Wartenberg.

Im Jahr 1933 beherrschten also politische und auch persönliche Kämpfe das Göttinger Mathematische Institut. Die einen bangten um ihre berufliche Existenz, andere drängten ehrgeizig nach vorn und hofften, aufgrund ihrer nationalistischen Gesinnung Chancen auf eine der nun frei werdenden, prestigekräftigen Stellen zu erhalten. Die Folge war eine große Unruhe, in der eine zielgerichtete, fachbezogene Arbeit kaum möglich war. So wurde beispielsweise der österreichische Mathematiker Otto Neugebauer, eher ein Historiker der Mathematik als eine in der Fachwelt anerkannte Koryphäe, vom Rektor der Universität gebeten, die Leitung des Mathematischen Instituts zu übernehmen. Neugebauer sagte zu, weigerte sich aber an seinem ersten Arbeitstag, dem 28. April 1933, einen Loyalitätseid auf die neue deutsche Regierung zu unterzeichnen. Damit hatte er seine Position schon nach einem einzigen Tag wieder verloren.

Dem Vorgehen der Nationalsozialisten gegen die »jüdische Physik und Mathematik« fielen auch ausländische junge Talente zum Opfer. Unter ihnen befanden sich vier jüdische Ungarn, die unter dem Nationalsozialismus nicht in Deutschland bleiben konnten und ihre Kenntnisse in den Vereinigten Staaten für den Bau der Atombombe nutzten: Leó Szilárd, Eugene Wigner, John von Neumann und Edward Teller.

Leó Szilárd (1898–1964) studierte unter anderem bei Max Planck und Albert Einstein an der Berliner Friedrich-Wilhelm-Universität in Berlin und wurde 1928 habilitiert. Da er als Erster eine in spaltfähigem Material durch Neutronenbeschuss hervorgerufene Kettenreaktion für möglich hielt, gilt er als der geistige Vater der Atombombe. Er war auch maßgeblich daran beteiligt, dass ihr Bau überhaupt in Angriff genommen wurde: Er schrieb einen Plan an Einstein, dieser leitete ihn an den US-Präsidenten Roosevelt weiter. Später versuchte Szilárd vergeblich, den Abwurf der Bombe über Hiroshima und Nagasaki zu verhindern.

Eugene Wigner (1902–1995) hatte mit Szilárd in Berlin studiert und arbeitete später in Göttingen. Der brillante Mathematiker und Kernphysiker führte unter anderem gemeinsam mit Weyl die mathematische Gruppentheorie in die Quantentheorie ein. Ab 1930 arbeitete er jeweils sechs Monate in den USA und sechs Monate in Berlin. 1933 kehrte er von seinem USA-Aufenthalt nicht nach Deutschland zurück.

Der Mathematiker und Physiker **John von Neumann** (1903–1957) war Postdoc bei Hilbert in Göttingen gewesen. Als Privatdozent in Hamburg lehrte er ab 1929 gleichzeitig als *visiting professor* Quantentheorie in Princeton. 1933 siedelte er ganz in die USA über und gab seine Stellung in Deutschland auf. Anlässlich eines letzten Besuchs in Deutschland schrieb er an einen Freund:

> »*Wenn diese Jungs nur noch zwei Jahre weitermachen (was leider sehr wahrscheinlich ist), werden sie die deutsche Wissenschaft für eine Generation ruinieren – mindestens.*«[156]

Edward Teller (1908–2003) studierte bei Niels Bohr in Kopenhagen und lehrte später Physik in Göttingen. 1933 emigrierte er nach England und von dort 1935 in die USA, wo er von Anfang an am »Manhattan-Projekt«, dem Forschungsprojekt zu Entwicklung und Bau einer Atombombe, mitarbeitete. Noch bevor die erste Atombombe einsatzbereit war, forschte er bereits an der nächsten Waffe, die auf Quantenphysik beruht: der Wasserstoffbombe.

Zwischen 1890 und 1933 war Göttingen noch das leistungsfähigste mathematische und naturwissenschaftliche Forschungssystem seiner Zeit gewesen. Der Begriff vom »Göttinger Nobelpreiswunder« bezog sich auf die zahlreichen Preisträger dieser Universität. Doch mit der Emigration eines Großteils der Wissenschaftler und Mathematiker waren die goldenen Zeiten innerhalb weniger Wochen vorbei. An die Stelle des unvoreingenommenen geistigen Austauschs trat nun die Ideologie. Schnell wurde klar, dass die vom Nationalsozialismus geprägte Mathematik nicht an die frühere Größe Göttingens anschließen konnte.

Den völligen Bruch, der mit dem Exil so vieler bedeutender Mathematiker und Physiker einherging, bringt die folgende

Anekdote zum Ausdruck: 1934 speiste der bereits emeritierte David Hilbert mit Bernhard Rust, dem nationalsozialistischen Kultusminister. Rust fragte: »Wie steht es um die Mathematik in Göttingen, jetzt, wo sie frei von jüdischem Einfluss ist?« Hilbert antwortete nur: »Mathematik in Göttingen? Die gibt es gar nicht mehr.«

Es ist heute unbestritten, dass Hilbert nicht übertrieben hatte: Die einzigartige Ausstrahlung Göttingens, Göttingens unverwechselbarer Stil in Mathematik und Physik, war nach 1933 ein für alle Mal verschwunden.

Auch die Studentenzahlen geben Aufschluss über den Verfall: Während im Sommer 1932 noch 4.245 Studenten und Studentinnen an der *Georgia Augusta* eingeschrieben waren, hatte sich diese Zahl bis zum Sommer 1939 auf 306 reduziert.[157] Der Ruf Göttingens auf dem Gebiet von Mathematik und Physik war zerstört, die einstige Größe der Universität ruiniert.

Persona non grata

Die Reaktionen von Emmy Noethers Schülern und Schülerinnen sowie ihren Fachkollegen und -kolleginnen zeugen von dem Schock, den Emmy Noethers Entlassung für alle darstellte. Sie verfassten Petitionen und Gutachten zu ihren Gunsten, in denen sie oft – aus Überzeugung oder im Bestreben, einen positiven Effekt zu erzielen – das Vokabular der Nationalsozialisten verwendeten. Es finden sich auch Hinweise auf den Vorwurf, abstrakte Mathematik sei »typisch jüdisch« und würde von der »arischen« Mathematik wegführen, die anschaulich sei und auf der Geometrie aufbaue – das Verständnis der Nationalsozialisten von Mathematik erinnerte an das von Emmy Noethers Doktorvater Gordan, dessen Einstellung schon zu Zeiten des Ersten Weltkriegs überholt gewesen war.

Emmy Noethers zwölf aktuelle Doktoranden und Schüler

richteten ein Schreiben an Geheimrat Theodor Valentiner, Kurator der Universität Göttingen:

>>*So sehr wir die nationale Revolution in all ihren Auswirkungen begrüssen, so sehr bedauern wir auch die Beurlaubung von Frl. Prof. Noether, die sie an der Ausübung ihrer Wirksamkeit verhindert, und zwar aus folgendem Grund.*

Frl. Noether hat eine mathematische Schule begründet, aus der die tüchtigsten der jüngeren Mathematiker hervorgegangen sind, die jetzt zum Teil Dozenten, zum Teil Ordinarien an deutschen Universitäten sind. Ihre Tätigkeit hat immer in Spezialvorlesungen bestanden, mit kleiner Hörerzahl, von der aber ein großer Teil sich der akademischen Laufbahn gewidmet hat. [...] Es ist kein Zufall, daß ihre Schüler sämtlich arisch sind, es liegt begründet in ihrer Wesensauffassung der Mathematik, die dem arischen Denken besonders entspricht. Nicht um abgerissene einzelne Sätze handelt es sich, sondern um Erkennen, Verstehen des Ganzen, und dies gelingt E. Noether [---]<<

Helmut Hasse schrieb vorsichtig lavierend am 31. Juli 1933 ebenfalls an den Göttinger Kurator und fügte vierzehn Gutachten bei, mit denen Mathematiker aus aller Welt Emmy Noethers wissenschaftliche Bedeutung bezeugten und dafür warben, sie am Göttinger Institut zu halten. Aus dem Anschreiben Hasses stammen die folgenden Sätze:

>>*Nicht nur für Göttingen, sondern für die deutsche Mathematik überhaupt wäre es ein empfindlicher Verlust, wenn sich für Frl. Noether in Deutschland keine weitere Existenzmöglichkeit als lehrende Mathematikerin fände. Da es sich bei ihr nicht so sehr um ein Lehren im großen Rahmen des Ausbildungsplans der Lehramtskandidaten als vielmehr um ein Befruchten eines verhältnismäßig kleinen Kreises fort-*

geschrittener Schüler handelt, die meistens die akademische
Laufbahn im Auge haben, so darf ich die Hoffnung hegen,
daß sich eine solche Tätigkeit vielleicht doch nicht völlig mit
den grundsätzlichen Erwägungen und Prinzipien überkreu-
zen würde, die zu ihrer vorläufigen Beurlaubung geführt
haben.«[158]

Emmy Noether selbst reagierte auf ihre Beurlaubung mit
erstaunlichem Gleichmut und mit Pragmatismus. Da der Semes-
terbeginn aus politischen Gründen auf den 1. Mai 1933 verschoben worden war, hatte zum Zeitpunkt ihrer Suspendierung ihr
Kurs zur hyperkomplexen Methode und nichtkommutativen
Arithmetik der Zahlentheorie noch nicht begonnen. Kurzerhand
lud Emmy Noether ihre Studenten und Studentinnen zu sich
nach Hause ein und hielt ihre Seminare in ihrer Dachwohnung
ab. In dieser persönlichen Umgebung scheinen die Diskussionen
freier, unvoreingenommener und kreativer als je zuvor gewesen
zu sein.

Es ist verbürgt, dass einer ihrer Schüler (Ernst Witt) in SA-
Uniform zu diesem Treffen erschien, und es kamen andere, die
dem Nationalsozialismus folgten. So ging auch durch die Gruppe
der Noether-Jungs der Riss, der vor der baldigen Gleichschaltung
durch die Nationalsozialisten Deutschland spaltete. Die einen
werden die braune Uniform mit Entsetzen angesehen haben,
andere mit stiller Genugtuung. Doch Emmy Noether reagierte
ganz gelassen und behandelte den Dazugekommenen so wie
jeden anderen auch. Auf diese Szene bezieht sich Hermann
Weyl, als er kaum zwei Jahre später in seiner Trauerrede für
Emmy Noether sagte:

»Dein Herz kannte keinen Arg; es glaubte nicht an das Böse,
ja, es kam Dir überhaupt nicht in den Sinn, daß das Böse
unter den Menschen eine Rolle spiele. Niemals ist mir dies
eindrücklicher geworden, als in dem letzten, dem stürmi-

*schen Sommer 1933, den wir gemeinsam in Göttingen ver-
brachten. Mitten in dem furchtbaren Kampf, Zusammenbruch
und Aufbruch, der uns umtobte, in aller Parteiung, in einem
Meer von Haß und Gewalt, von Angst und Verzweiflung und
lastender Sorge – gingst Du Deinen Weg wie vorher, mit demselben Eifer den mathematischen Problemen nachdenkend.
[...] Viele von uns fanden, daß da eine Feindschaft ausgebro-
chen ist, in der es keinen Pardon gibt; an Deine Seele rührte
das alles nicht heran.«*[159]

Eine andere Begebenheit konnte Emmy Noether nicht überspie-
len: Da im Frühjahr und Sommer 1933 ihr Status noch nicht
abschließend geklärt war, konnte sie zum ersten Mal seit einem
Jahrzehnt die jährliche DMV-Tagung, die in jenem Jahr in Würz-
burg stattfand und auf der sie so viele wichtige Vorträge gehalten
hatte, nicht besuchen. Und wieder lässt sich bei Emmy Noether
nur unerschütterliche Seelenruhe feststellen. In einem Brief an
Helmut Hasse vom 10. Mai 1933 schreibt sie davon, dass andere
härtere Schicksalsschläge zu ertragen hätten:

*»Vielen herzlichen Dank für Ihren guten freundschaftlichen
Brief! Die Sache ist aber doch für mich sehr viel weniger
schlimm als für sehr viele andere: rein äußerlich habe ich ein
kleines Vermögen (ich hatte ja nie Pensionsberechtigung),
sodaß ich erst einmal in Ruhe abwarten kann; im Augenblick,
bis zur definitiven Entscheidung oder etwas länger, geht auch
das Gehalt noch weiter. Dann wird wohl jetzt auch einiges von
der Fakultät versucht, die Beurlaubung nicht definitiv zu
machen; der Erfolg ist natürlich im Moment recht fraglich.
Schließlich sagte Weyl mir, daß er schon vor ein paar Wochen,
wo alles noch schwebte, nach Princeton geschrieben habe.
[...] Vielleicht kommt einmal eine sich eventuell wiederho-
lende Gastvorlesung heraus, und im übrigen wieder Deutschland, das wäre mir natürlich das liebste.«*[160]

Dass Emmy Noether berufliche Alternativen erwog, zeigt, dass sie keinesfalls naiv war. Doch noch hegte sie die Hoffnung, dass sie in Deutschland bleiben konnte. Die Sommerferien 1933 verbrachte sie mit ihrem Bruder Fritz und dessen Familie in Dierhagen an der Ostsee. In dieser Zeit hatten zahlreiche ihrer Fürsprecher noch nicht aufgegeben, die verantwortlichen Stellen zu beschwören, Emmy Noether eine Existenz in Göttingen zu ermöglichen. Doch ihr Opportunismus, das Wirken der weltberühmten Mathematikerin als kompatibel mit den nationalsozialistischen Werten darzustellen, zahlte sich nicht aus.

Geheimrat Theodor Valentiner lehnte in einem Brief vom 7. August 1933 an den zuständigen Minister jedes Zugeständnis ab. Erstaunlicherweise nennt er allein Emmy Noethers politische Auffassung als Entlassungsgrund, nicht ihre jüdische Abstammung:

> »In politischer Hinsicht hat Fräulein Noether von der Revolution 1918 bis auf unsere Tage auf marxistischem Boden gestanden. Und wenn ich es auch für möglich halte, daß ihre politische Auffassung mehr theoretisch als bewußt und praktisch war und ist, so glaube ich doch zugleich mit Bestimmtheit, daß ihre Sympathien so stark der marxistischen Politik und Weltanschauung gelten, daß ein rückhaltloses Eintreten für den nationalen Staat von ihr nicht zu erwarten ist. Bei aller Hochachtung vor der wissenschaftlichen Bedeutung Fräulein Noethers sehe ich mich daher ausserstande, für sie einzutreten.«[161]

Trotz der vielen positiven Stellungnahmen aus dem In- und Ausland, die den Schaden aufzeigten, den die Ausgrenzung Emmy Noethers aus dem Wissenschaftsbetrieb bedeuten würde, wurde ihr am 2. September 1933 endgültig die Lehrbefugnis entzogen. Der Verlust ihres Gehalts kann für sie keine große Bedeutung gehabt haben – zu marginal war die Höhe ihres Salärs. Doch dass sie neben dem Verbot, die Räumlichkeiten der Universität zu betreten, nun den Zugang zu jeglicher offiziellen Kommunikation über Mathematik endgültig verlor, muss für Emmy Noether eine Katastrophe gewesen sein.

Umzug in die USA

Im Spätsommer 1933 musste Emmy Noether sich entscheiden, wohin sie emigrieren sollte. Ihrer politischen Einstellung entsprechend hätte sie ein Exil in der Sowjetunion vorgezogen, denn dort hatte die »Große Säuberung« unter Stalin noch nicht begonnen. Doch der mit Emmy Noether befreundete Pawel Alexandrow, seit 1929 Professor an der Lomonossow-Universität in Moskau, bemühte sich vergeblich, ihr dort einen Lehrstuhl zu verschaffen.

Auch in die USA gab es starke Verbindungen. 1932 hatte Emmy Noether in Zürich auf dem ICM Abraham Flexner, den Begründer des Institute for Advanced Study in Princeton, kennengelernt; sie nannte es »Flexner-Institut«. Aus dieser Begegnung ergab sich die Möglichkeit einer von der Rockefeller Foundation finanzierten Gastprofessur am etwa hundert Kilometer von Princeton entfernten Frauen-College Bryn Mawr. Flexner hatte Emmy Noether auch zugesichert, an seinem eigenen Institut in Princeton, wo Einstein und Weyl sich niedergelassen hatten, ebenfalls unterrichten zu dürfen.

Sicher wäre Emmy Noether lieber in Europa geblieben – es gab auch einen vielversprechenden Kontakt zum Somerville College in Oxford, doch eine offizielle Einladung ließ auf sich warten. Sie erkannte, dass ihr nicht mehr viel Zeit in Deutschland blieb, und akzeptierte am 2. Oktober 1933 die Einladung aus Bryn Mawr, eine zunächst auf ein Jahr beschränkte Gastprofessur wahrzunehmen. Sie ging davon aus, dass es eine Besuchsreise sein würde; ihre Möbel ließ sie in Göttingen zurück und gab ihre Wohnung an einen Untermieter. Es ist eine Ironie des Schicksals, dass Emmy Noether in Bryn Mawr zum ersten Mal in ihrem Leben ein Gehalt verdiente, das mehr war als nur ein Almosen. Die 4.000 US-Dollar Jahresgehalt, die ihr zugesprochen wurden, hätten heute eine Kaufkraft von ungefähr 76.000 US-Dollar.

So wie in Göttingen arbeitete Emmy Noether auch in Bryn Mawr mit einem kleinen Kreis an fortgeschrittenen Studenten und Studentinnen höherer Semester. Unter ihren vier Zuhörern befanden sich Ruth Stauffer, die ihre Doktorandin wurde, und Olga Taussky, die sie aus Göttingen kannte. Ihre Vorlesungen auf Englisch zu halten, schien Emmy Noether schnell und gut zu gelingen, und sie wurde rasch in die Kreise von Bryn Mawr und auch von Princeton integriert. In einem Brief vom 19. März 1934 an Alexandrow nach Moskau schrieb sie:

> *»[…] das Akklimatisieren geht merkwürdig rasch, so dass die ursprünglich unmögliche Idee des Bleibens gar nicht mehr unmöglich erscheint.«*[162]

Wie versprochen durfte Emmy Noether ab Februar 1934 auch im nahegelegenen Princeton wöchentliche Vorlesungen halten. Diese Seminare waren für sie von größter Bedeutung, denn hier konnte sie Kontakt mit ehemaligen Kollegen halten. So schrieb sie am 9. März 1934 in einem Brief an Alexandrow über Princeton:

> *»Dort gebe ich einmal in der Woche ein Gastspiel; es ist eigentlich ein Göttingen-Rendez-vous.«*[163]

In Princeton wurde ihr in vielerlei Hinsicht die Wertschätzung der Fachwelt entgegengebracht. Zum Beispiel wurde Anfang 1934 ein Emmy-Noether-Stipendium ins Leben gerufen. Es ermöglichte promovierten Frauen, bei und mit ihr zu arbeiten. Emmy Noether genoss auch die Gastfreundlichkeit der Amerikaner. Von dieser Erfahrung schrieb sie am 6. März 1934 an Helmut Hasse:

> »Die Leute hier sind alle von großem Entgegenkommen und einer natürlichen Herzlichkeit. Die einen direkt bekannt sein lässt, auch wenn es nicht sehr tief geht. Eingeladen wird man beliebig viel.«

Doch immer noch hoffte Emmy Noether auf eine baldige Rückkehr nach Göttingen. Tatsächlich reiste sie im Sommer 1934 noch einmal nach Deutschland. Trotz der Vorbehalte der Amerikaner gegen diesen Besuch half man ihr bei der Planung. Für einige Ferientage traf Emmy Noether ihren Bruder Fritz an der Ostsee. Wahrscheinlich traf sie ihn auch noch einmal in Breslau, bevor er ins Exil ins russische Tomsk ging, wo er eine Professur angenommen hatte. Da Tomsk von der Ostküste der USA aus gesehen nahezu auf der anderen Seite der Erdkugel liegt, war den Geschwistern klar, dass dies für lange Zeit die letzte Begegnung sein würde. Dass es das letzte Mal war, dass sie sich sahen, ahnten sie zu diesem Zeitpunkt jedoch nicht.

In Göttingen musste Emmy Noether erkennen, dass die alten Zeiten ein für alle Mal vorbei waren. Vielleicht nahm sie die veränderte Stimmung in Deutschland wahr. Auf jeden Fall aber war offensichtlich, dass die Göttinger mathematische Fakultät nicht mehr in der Form existierte, wie sie sie gekannt und geliebt hatte. Nahezu alle ihr vertrauten Mathematiker hatten inzwischen das Land verlassen. Ein mit Helmut Hasse geplantes Treffen kam nicht zustande, da dieser nicht vor Ort war. Ein Besuch bei Emil Artin in Hamburg verstärkte den Eindruck des unwiederbringlich Verlorenen wohl noch, da Emmy Noether auch hier die Nationalsozialisten täglich auf der Straße mit ihrem Getöse erlebte.

Hermann Weyl zeichnete in seiner Trauerrede für Emmy Noether von jenen Tagen im Deutschland des Jahres 1934 dagegen ein romantisierendes Bild:

»Mit Freuden bist Du noch im letzten Sommer nach Göttingen zurückgegangen, und hast dort, wie wenn alles beim alten geblieben wäre, im Kreise gleichstrebender deutscher Mathematiker gelebt und gearbeitet.«

Es war in Göttingen definitiv nicht alles beim Alten geblieben, und den von Weyl erwähnten »Kreis gleichstrebender deutscher Mathematiker« gab es nicht mehr. Weyls Liebe zu Deutschland war kaum so groß, dass er meinte, im Exil ein beschönigendes Bild zeichnen zu müssen. Eher hatte Emmy Noether die Reise aufgrund ihres Bedürfnisses nach Positivem beschönigt dargestellt.

Der Aufenthalt in Deutschland im Sommer 1934 machte Emmy Noether klar, dass ihr Platz auf Dauer in Amerika sein würde. Sie gab also ihre Göttinger Wohnung auf, ließ ihre Möbel an ihren neuen Wohnort schicken und kehrte in die Vereinigten Staaten zurück. War ihre Abreise aus Göttingen ein Jahr zuvor schon emotional herausfordernd gewesen, so muss dieser Abschied ihr noch mehr abverlangt haben. Denn auch wenn sie plante, im Sommer 1936 erneut nach Göttingen zu kommen, war nun klar: Es würde nur ein Besuch sein, keine Rückkehr zu der Arbeit, die Emmy Noether so sehr geliebt hatte.

Entwurzelt in Amerika

Bryn Mawr verlängerte 1934 Emmy Noethers Gastprofessur um ein weiteres Jahr, auch ihre wöchentlichen Vorlesungen in Princeton konnte sie fortsetzen. So gastfreundlich die Amerikaner und so begeistert ihre Studenten aber auch waren, so war Emmy Noether selbst alles andere als zufrieden mit ihrer wissenschaftlichen Leistung in den USA. Sie veröffentlichte kaum etwas Neues und fand nicht zu der Produktivität zurück, die in den Göttinger Jahren für sie selbstverständlich gewesen war. Ihre

Vorlesungen in Bryn Mawr müssen für sie deutlich weniger anregend gewesen sein als in Göttingen. Sogar in Princeton sah sie sich gezwungen, ihre Vorlesungen und Seminare auf einem niedrigeren Abstraktionsniveau zu halten, denn amerikanische Mathematiker waren an konkretes Rechnen gewöhnt und taten sich schwer, ihr in die Abstraktion zu folgen. Es war eine typisch deutsche Denktradition, mit der philosophisch basierten Frage »Warum ist das so?« Grundlagenforschung zu betreiben. Der amerikanische Ansatz hingegen lautete ganz anders: »Wie können wir es verwenden?« In diesem anwendungsorientierten Umfeld fehlte Emmy Noether der Austausch über abstrakte Mathematik auf höchstem Niveau, der sie in Göttingen zu Leistungen von Weltklasse angespornt hatte. So blieb 1932 das Jahr, das den Höhepunkt ihres Schaffens darstellte. Vieles, was sie für 1933 geplant hatte, konnte Emmy Noether nicht durchführen.

Trotz dieser Schwierigkeiten bemühten sich die Amerikaner Anfang 1935, ihr eine feste Anstellung mit viel Forschungsfreiheit einzurichten. Es gab sogar Pläne, Emmy Noether direkt am Institute of Advanced Studies in Princeton unterzubringen. Hier hätte sie sich mit der Zeit vielleicht eine Umgebung schaffen können, die durchaus vergleichbar mit der Göttinger Atmosphäre gewesen wäre. Doch diese Pläne konnten nicht mehr realisiert werden.

Aus dem Leben gerissen

Anfang April 1935 stellten Ärzte bei Emmy Noether einen Tumor im Unterleib fest. Da man annahm, dass es sich um ein eher harmloses Myom handele, wurde sie zwei Tage später operiert. Es zeigte sich, dass weitere Tumore vorhanden waren, die die Ärzte für gutartig hielten und nicht entfernten. Der Eingriff schien erfolgreich gewesen zu sein, in den folgenden drei Tagen besserte sich Emmy Noethers Zustand zusehends. Am vierten Tag, dem 14. April

1935, bekam sie jedoch sehr hohes Fieber und brach plötzlich zusammen. Noch am selben Tag starb Emmy Noether.

Nur der engste Kreis hatte von der bevorstehenden Operation gewusst. Umso größer war der Schock, der die Nachricht von Emmy Noethers plötzlichem Tod bei den Kollegen und Kolleginnen in Bryn Mawr und in Princeton, aber auch bei Mathematikern in aller Welt auslöste.

Manche von ihnen meldeten sich zu Wort, um Emmy Noether zu ehren. Aus heutiger Sicht gelang ihnen das nur sehr eingeschränkt. Zu Emmy Noethers Tod schrieb zum Beispiel Albert Einstein einen kurzen Aufsatz, der am 4. Mai 1935 in der *New York Times* erschien. Dass seine Würdigung von Emmy Noethers mathematischen Leistungen merkwürdig zurückhaltend ausfällt, mag daran liegen, dass er kein sehr guter Mathematiker war. Emmy Noethers Abstraktionen waren ihm – als typischem Vertreter seiner Generation – eher fremd geblieben. In seinem deutschen Originaltext schreibt Einstein:

> *»Auf dem Gebiete der Algebra, in dem die stärksten mathematischen Köpfe sich seit Jahrhunderten betätigten, hat sie Methoden gefunden, die für den Entwicklungsgang vieler jüngerer Mathematiker von erheblicher Bedeutung geworden sind.«*[164]

Im Satz zuvor hatte er jedoch Emmy Noethers allgemeinen Rang als Mathematikerin ganz klar benannt:

> *»Nach dem Urteile der kompetentesten Fachleute war es das bedeutendste schöpferische mathematische Talent, das bisher bei einer Frau zur Entwicklung gelangt ist.«*[165]

Der in der *New York Times* veröffentlichte Nachruf Einsteins weist an dieser Stelle eine interessante Veränderung auf. Aus dem Englischen ins Deutsche zurück übersetzt steht dort:

> »Noether war das bedeutendste schöpferische mathematische
> Genie, das seit Beginn der höheren Bildung von Frauen her-
> vorgebracht wurde.«

Wenn man damals überhaupt von einem unbeschränkten Zugang
von Frauen zu höherer Bildung sprechen konnte, umspannte der
Zeitraum »seit Beginn der höheren Bildung von Frauen« im Jahr
1935 nur wenige Jahrzehnte – ein weiterer Schritt in Richtung
Bagatellisierung von Emmy Noethers Leistung.

Auch Weyl bezog sich in seiner Rede anlässlich der Trauerfeier, die am 17. April 1935 in den USA stattfand, auf Emmy
Noethers Geschlecht, wie wir bereits sahen:

> »Die Macht Deines Genies schien insbesondere die Grenzen
> Deines Geschlechts gesprengt zu haben.«[166]

So wurde Emmy Noethers Lebensleistung sogar auf der ihr zu
Ehren stattfindenden Trauerfeier durch den Hinweis darauf, dass
sie *unter den Frauen* eine herausragende Mathematikerin gewesen
sei, heruntergebrochen. Denn in Zeiten, in denen Frauen der
Zugang zu höherer Bildung immer noch nur durch langjährigen
Kampf möglich war, hätte man genauso gut sagen können: Im Land
der Blinden ist die Einäugige Königin. Und hinter der Bezeichnung
»ehrfürchtiger Spott«, mit dem Weyl im Fortgang seiner Rede
Emmy Noethers Göttinger Spitzname »der Noether« zitiert, darf
man getrost eine Beleidigung vermuten, die man einem weniger
gutmütigen Menschen niemals gewagt hätte ins Gesicht zu sagen.

Die Trauerfeier für Emmy Noether fand in relativ kleinem
Rahmen statt. In einem Brief an Helmut Hasse berichtet Hermann Weyl am 30. April 1935:

> »Die Freunde in Deutschland können sicher sein, dass hier
> alles geschah, um in würdiger Weise von der Toten Abschied
> zu nehmen.«[167]

Nun war ein bedeutendes Kapitel der Geschichte der Mathematik geschlossen. Die Göttinger Mathematiker-Gemeinschaft hatte sich über den gesamten Globus verstreut. Emmy Noethers abstrakte Mathematik hatte sich zwar längst in allen möglichen Teilbereichen der Mathematik einen Platz erobert, doch in den Stürmen der 1930er-Jahre begann die Welt, *die Person* Emmy Noether zu vergessen.

Ihre letzte Ruhestätte fand Emmy Noether auf dem Campus des Bryn Mawr College unter dem Kreuzgang der M. Carey Thomas Library. In ihrem nur dreiundfünfzig Jahre währenden Leben hat sie die Mathematik um eine nie zuvor dagewesene Abstraktion erweitert und ihr so die Tür zu machtvollen neuen Möglichkeiten aufgestoßen. Am Ende fand Hermann Weyl in seiner Trauerrede für die beste Mathematikerin der Welt dann doch noch die richtigen Worte:

> *»Die Algebra hat ein anderes Gesicht bekommen durch dein Werk. Mit vielen deutschen Buchstaben hast du deinen Namen in ihre Tafel unauslöschlich eingetragen. Vielleicht hat niemand so sehr wie du dazu beigetragen, die axiomatische Denkweise, die früher nur zur logischen Erhellung der Grundlagen benutzt wurde, in ein schlagkräftiges Instrument für die konkrete vorwärtsstrebende Forschung umzuformen.«*

NACHWORT

Ihre tiefen, heute zentralen mathematischen Einsichten und ihr nicht weniger tiefes physikalisches Noether-Theorem machten Emmy Noether zu einem der historisch raren Menschen, deren Arbeiten sowohl für die (theoretische) Physik als auch für die (reine) Mathematik derart bedeutend waren, dass sie als an der Spitze beider Disziplinen stehend angesehen werden muss. Emmy Noether würde heute ohne Frage die beiden höchsten Auszeichnungen dieser Disziplinen verdienen: den Physik-Nobelpreis *und* die Fields-Medaille.

Bis in die Gegenwart gibt es niemanden, der beide Preise erhielt, nur ein Physiker wurde ausgezeichnet mit der Fields-Medaille, dafür aber nicht mit dem Nobelpreis: Edward Witten, 1990. Die Fields-Medaille wird seit 1936 vergeben und hat eine Altersgrenze von vierzig Jahren. Letztere hätte gerade so gereicht für Emmy Noether, war sie bei der Publikation ihres bekanntesten (mathematischen) Aufsatzes im Jahre 1921 doch erst neununddreißig Jahre alt. Den Nobelpreis für Physik gibt es bereits seit 1901. Diesen hätte Emmy Noether mehr als verdient, doch wurde der Wert ihrer Arbeit von 1918 erst weit nach ihrem Tod als fundamental bedeutend erkannt.

Auch jenseits ihrer mathematischen Brillanz war Emmy Noether in ihrer Persönlichkeit, ihrer Einstellung und ihrem menschlich faszinierenden, warmherzigen Verhalten anderen gegenüber ein großes Idol. Sie hatte vor allem nicht den Ehrgeiz, immer im Vordergrund stehen zu wollen, wie das bei Männern auch in der Mathematik oft der Fall ist.

Noch heute kann Emmy Noether für viele Mädchen und Frauen als großes Vorbild angesehen werden: wegen ihrer Kraft, das Gegenteil von dem zu tun, was die Gesellschaft damals von ihr als Frau erwartete; wegen ihrer inneren Stärke, gegen so manchen männlichen Widerstand ihrem Ziel zu folgen, und dies in einer Zeit, in der Frauen gegenüber Männern noch als intellektuell minderwertig angesehen wurden; auch wegen ihrer Energie und Durchsetzungskraft; wegen ihrer Selbstgewissheit und ihres Glaubens an ihre Bestimmung; wegen ihrer Entschlossenheit, mutig ihren eigenen Weg zu gehen; nicht zuletzt wegen ihrer Warmherzigkeit allen Menschen, selbst potenziellen Feinden, gegenüber.

Bis zu einer ersten deutschen ordentlichen Professorin für Mathematik an einer Universität dauerte es, wie wir sahen, dann noch einmal zweiundzwanzig Jahre nach Emmy Noethers Tod: Ruth Moufang war nach Emmy Noether die erst dritte deutsche Frau, die eine Habilitation erreichte. Doch waren Frauen selbst in den 1960er-Jahren als Professorinnen ganz allgemein noch nicht richtig anerkannt. Ein beschämendes Beispiel hierfür war, dass Ruth Moufang während der alljährlichen Tagung von Nobelpreisträgern in Lindau als offizielle Delegierte des Rektors der Frankfurter Universität nicht am wissenschaftlichen Programm teilnehmen durfte, sondern nur am sogenannten »Damenprogramm«.

Heute gibt es zahlreiche Professorinnen für Mathematik weltweit. Emmy Noether überragt die allermeisten von ihnen allerdings wohl immer noch: In einer Darstellung auf der Weltausstellung 1964, die die bedeutenden Mathematiker der modernen Welt abbildete und beschrieb, war sie die einzige Frau. Würde eine Frau in einer heutigen Weltausstellung dazustoßen? Kaum – außer vielleicht die 2017 mit vierzig Jahren verstorbene Maryam Mirzakhani, eine von bisher nur zwei Gewinnerinnen der Fields-Medaille.

ANHANG

ZEITTAFEL

23. MÄRZ 1882: Emmy Noether wird als Tochter einer jüdischen Familie im fränkischen Erlangen geboren. Ihr Vater ist der bekannte Mathematiker Max Noether.

14. JULI 1903: Examen Emmy Noethers. Sie wird Lehrerin für Französisch und Englisch.

SOMMER 1903: Emmy Noether entscheidet sich, Mathematik an der Universität Erlangen zu studieren, wo ihr Vater Professor ist.

1907: Promotion Emmy Noethers bei Paul Gordan in Erlangen.

1908–1915: Arbeit ohne Position am Mathematischen Institut in Erlangen.

1915: Berufung Emmy Noethers nach Göttingen durch die großen Mathematiker David Hilbert und Felix Klein, um der mathematischen Abteilung der Universität Göttingen beizutreten, dem damaligen Weltzentrum mathematischer Forschung.

1917/18: Beweis des bis heute berühmten »Noether-Theorems«, das ursprünglich von Hilbert und Klein bearbeitet worden war.

1919: Habilitation Emmy Noethers in Mathematik in Göttingen.

AB 1921: Emmy Noether entwickelt sich zu einem führenden Mitglied der Göttinger Mathematikabteilung.

1921–1928: Ausbau der Noether'schen Algebra und Ausbildung von zahlreichen Schülern sowie einer Mathematikerin: die später in der Quantenphysik wirkende Grete Hermann.

1932: Plenarrede Emmy Noethers auf dem Internationalen Mathematikerkongress in Zürich.

1933: Nach der Machtübernahme der Nationalsozialisten Entlassung und Vertreibung Emmy Noethers in die USA; Gastdozentin am Bryn Mawr College in Pennsylvania sowie Vorlesungen am relativ nahen Institute for Advanced Study in Princeton, New Jersey.

14. APRIL 1935: Tod Emmy Noethers nach einer Krebsoperation.

EXPERTENWISSEN

Zu Kapitel 3: **AUSSERHALB JEDER NORM**
Studium, Promotion und erste wissenschaftliche Erfolge

Lässt sich die konkrete Anzahl der Invarianten einer bestimmten Gleichung ermitteln und wenn ja: wie?

Die möglichen Lösungen für diese quadratische Gleichung lassen sich anhand der in der gymnasialen Mittelstufe gelehrten Mitternachts-Formel berechnen:

$$x = \frac{-b \pm \sqrt{b^2 - 4ac}}{2a}$$

Gauß hatte 1801 herausgefunden, dass allgemein die Anzahl der Lösungen für Gleichungen mit einem bestimmten Term zusammenhängt, der sogenannten »Diskriminante«. Bei der genannten quadratischen Gleichung ist die Diskriminante der unter der Wurzel stehende Term

$$b^2 - 4ac$$

Dieser Term ist unabhängig von x oder y, also invariant. Es gilt:

- falls $b^2 - 4ac > 0$, dann hat die Gleichung 2 Lösungen,
- falls $b^2 - 4ac = 0$, dann hat die Gleichung 1 Lösung,
- falls $b^2 - 4ac < 0$, dann hat die Gleichung keine Lösung.

In der Mathematik geht es allerdings fast immer um sehr viel komplexere Zusammenhänge als um simple quadratische Gleichungen. Entsprechend aufwändig ist die Berechnung der Diskriminanten und damit die Bestimmung der Anzahl der Lösungen für die Gleichung. Schon für eine algebraische Gleichung mit n=3 (kubische Gleichungen) und m=4 (vier Unbekannte) ist es auch mit modernsten mathematischen Methoden nicht möglich, die Anzahl aller möglichen Lösungen zu bestimmen. Mit den konkreten Invarianten genau solcher sogenannten »ternären biquadratischen Formen« hatte sich Emmy Noether in ihrer Doktorarbeit beschäftigt.

Zu Kapitel 5: **DAS NOETHER-THEOREM**
Die Brücke zwischen der realen Welt und der theoretischen Physik

Das Instrument der Eichsymmetrien in der Elementarteilchenphysik
und die Bedeutung des Noether-Theorems darin

1960 waren etwa 200 subatomare Teilchen bekannt, doch immer noch fehlte ein System, in das sie sich einordnen ließen. Und was war mit den neuen Kräften, die man entdeckt hatte, der »Starken« und der »Schwachen Kernkraft«? Für diese beiden neuen Kräfte gab es noch keine grundlegende Erklärung; man wusste nicht, wie sie sich in das noch sehr lückenhafte Theoriengebäude der Quantenphysik einbauen ließen.

Jede neue Erkenntnis zog zehn neue Fragen nach sich. Auch die Suche nach Symmetrien, wie die in der klassischen Physik oder der Allgemeinen Relativitätstheorie, die eine gewisse Ordnung in die subatomare Welt gebracht hatten, blieb ergebnislos. Das lag unter anderem daran, dass die Symmetrietransformationen in der Quantenwelt noch sehr viel abstrakter ausfallen sollten, als es die relativ einfachen und gedanklich nachvollziehbaren zeitlichen oder räumlichen Verschiebungen und Drehungen in der uns vertrauten Größenordnung sind. Zum Beispiel kamen nun neue Formen von mathematischen Gruppen ins Spiel. Bei Abel'schen Gruppen können zwei hintereinander ausgeführte Symmetrie-Operationen ausgetauscht werden, ohne dass sich das Resultat verändert. Dies gehörte zur ursprünglichen Definition einer Gruppe. In nicht-Abel'schen Gruppen lässt sich dagegen die Reihenfolge von Operationen nicht folgenlos vertauschen; genau solche nicht-traditionelle Gruppen machten die ohnehin schon sehr abstrakten und komplexen Berechnungen noch einmal um ein Vielfaches schwieriger.

Neben dem Noether-Theorem spielten hierbei auch die sogenannten »Eichsymmetrien« eine zentrale Rolle. 1926 führte Wladimir Fock diesen Begriff ein[168]. Die Idee für dieses Symmetriekonzept wird aber Hermann Weyl zugeschrieben, der übrigens ein großer Fan von Emmy Noether war. Er beschrieb damit die Invarianz in komplexen Phasen im Rahmen der Quantenmechanik. Um eine Eichtheorie zu verstehen, sollten wir zunächst das Eichprinzip in der Physik verstehen. Im Prinzip ist eine Eichung in der Physik die willkürliche Festlegung von Größen:

- Bei der Temperaturmessung in Celsius bestimmt der Gefrierpunkt von Wasser den Nullpunkt (0 °C) und sein Übergang von der flüssigen in die gasförmige Phase den Wert 100 °C. Dass es auch anders geht, zeigt das System, das Daniel Fahrenheit um 1700 festlegte: Um negative Werte zu vermeiden, nahm er als Nullpunkt die Temperatur eines Gemisches aus Wasser, Eis und Ammoniumchlorid – das schien ihm die kälteste erreichbare Temperatur zu sein. Die Körpertemperatur des Menschen nahm er als einen weiteren Eichpunkt: 96 °F – in Celsius sind das –17,8 °C und 35,6 °C.

- Auch die Messung von Längen ist an eine Eichung gebunden. Als Eich-Maßstab diente ab 1795 ein Ur-Meter aus Messing, mehrmals wurde das Material durch jeweils unempfindlichere Legierungen ersetzt. 1895 einigten sich siebzehn Länder auf diesen gemeinsamen Längenmaßstab. Seit 1983 dient die Lichtgeschwindigkeit als Referenz für Längen.
- Die Zeit wurde ursprünglich in Abhängigkeit von Tag- und Nachtrhythmen gemessen. Seit 1967 dient die Strahlungsfrequenz des Cäsium-Atoms als Taktgeber: 9.192.631.770 Schwingungen ergeben eine Sekunde.

Auch in der Quantenphysik werden bestimmte Größen frei gewählt. Voraussetzung ist, dass sich bei ihrer Anwendung die grundlegenden physikalischen Gesetzmäßigkeiten nicht verändern, also symmetrisch sind. Diesen Eichsymmetrien lassen sich Erhaltungsgrößen zuordnen.

Für die heutige Physik ist auch die Unterscheidung zwischen zwei Formen der Eichsymmetrie von Bedeutung: Bei globalen Eichtransformationen ist die Transformation überall dieselbe. Emmy Noethers Erstem Theorem liegt eine globale Eichsymmetrie zugrunde. Bei lokalen Eichsymmetrien hingegen besteht die Möglichkeit, eine Größe an jedem Ort unabhängig von jedem anderen festzulegen. Hier sind es nicht einzelne Eichpunkte, sondern zum Beispiel Funktionen, die sich über den Raum oder die Zeit verändern. Emmy Noethers Zweites Theorem beruht auf einer lokalen Eichsymmetrie.

Hier die Übersicht der Eichtheorien in der heutigen Standardtheorie der Teilchenphysik:

- Die Erhaltung der elektrischen Ladung entstammt noch der klassischen Feldtheorie der Elektrodynamik, doch ihre Symmetriegruppe ist die U(1)-Lie-Gruppe aus der Quantenelektrodynamik. Auf der Suche nach ihr hatte Weyl 1929 die Eichsymmetrien eingeführt.
- Dass es drei Austauschteilchen der »Schwachen Kernkraft« gibt (das W+, W– und Z-Teilchen), ergibt sich aus der dreidimensionalen Struktur der SU(2)-Lie-Gruppe.

- Sehr viel komplexer wird es bei der Erhaltungsgröße der »Starken Kern-kraft«. Dass es genau acht verschiedene Gluonen sind, die diese Kraft hervorrufen, ergibt sich direkt aus der zugehörigen achtdimensionalen SU(3)-Eichgruppe.
- Dank des Noether-Theorems ließ sich auch die Existenz von zwei fun-damental verschiedenen Sorten von Quantenteilchen voraussagen: Bosonen und Fermionen.
- Das Noether-Theorem führte im Jahr 1964 auch zur Vorhersage der Existenz des Higgs-Bosons. Die Physiker waren sich der Existenz dieses ominösen Teilchens derart sicher, dass sie bereit waren, ein halbes Jahr-hundert an seinem experimentellen Nachweis zu arbeiten – und die entsprechenden politischen Entscheidungsgremien überreden konnten, die benötigten Milliarden Dollar zur Verfügung zu stellen.
- Der bisher gewagteste Vorstoß in die Quantenwelt ist die alle Kräfte außer der Gravitation vereinheitlichende, 24-dimensionale SU(5)-Theorie. Sie besitzt noch keinerlei experimentelle Bestätigung und ist entsprechend umstritten.

Erst durch das Noether-Theorem bekamen die völlig abstrus erscheinen-den, hochgradig komplexen, abstrakten und unanschaulichen Gescheh-nisse in der Teilchenphysik einen Rahmen aus Symmetrien. Die großen Fortschritte auf dem Gebiet der theoretischen Physik führten wiederum zu vielen weiteren bedeutenden experimentellen Entdeckungen. In Theorie und Praxis konnte so ab 1960 mithilfe des Noether-Theorems das heutige Standardmodell der Teilchenphysik entwickelt werden, das die Eigenschaf-ten aller grundlegenden Teilchen erklärt und ihnen einen Platz im System zuweist. Mit der Entdeckung des Higgs-Teilchens am 4. Juli 2012 war auch das letzte der Teilchen der physikalischen Standardtheorie experimentell nachgewiesen worden.

Zu Kapitel 6: IN DEN HÖCHSTEN SPHÄREN DER ABSTRAKTION
Wie Emmy Noether die moderne Algebra formte

Die Noether'schen Ringe

Polynomringe sind besondere Ringe, auf die Hilbert gestoßen war: Sie wer-den aus kommutativen Ringen gebildet, deren Elemente zum Beispiel aus ganzen, rationalen oder reellen Zahlen bestehen, indem die Variable X hinzugeführt wird. Der Polynomring besteht dann aus Polynomen mit Koeffizienten aus dem Ring und der Variablen X zusammen mit den üblichen Operationen – zum Beispiel Addition und Multiplikation. Aus dem Ring

$$A_n + A_{n-1} + \ldots + A_1 + A_0$$

wird so der Polynomring

$$A_n X^n + A_{n-1} X^{n-1} + \ldots + A_1 X + A_0$$

Als Variablenkonstruktionen und Polynome waren sie längst bekannt. Hilberts Entdeckung war, dass sich die Eigenschaften des ursprünglichen Rings zu einem großen Teil auf den Polynomring übertragen. Emmy Noether hatte sich diese abstrakte Ringtheorie bereits ab 1913 angeeignet.

Ein Noether'scher Ring ist ein mathematischer Ring, der keine unendliche Schachtelung von immer größeren Unterstrukturen enthält. Mit anderen Worten: Jedes Ideal in einem solchen Polynomring ist endlich erzeugt. Das Beispiel eines Rings, der nur gerade Zahlen enthält, macht dies deutlich. Die Summe, die Differenz und auch das Produkt zweier gerader Zahlen ist ebenfalls immer gerade. Auch das Produkt einer geraden Zahl mit einer beliebigen ganzen Zahl ist immer gerade. Die Menge der geraden Zahlen ist damit ein Ideal, also eine Teilmenge im Ring der ganzen Zahlen. Mathematisch formuliert erfüllt ein Noether'scher Ring A die aufsteigende Kettenbedingung für Ideale. Dies bedeutet: Für jede aufsteigende Kette $I_1 \subseteq I_2 \subseteq I_3 \subseteq \ldots$ von Idealen mit $I_j \subseteq A$ ($j \in N$) gibt es ein $m \in N$ mit $I_m = I_k \; \forall \, m \geq k$, d. h. die Kette wird stationär. Mit anderen Worten: Jede aufsteigende, d. h. größer werdende Idealkette bricht nach endlich vielen Schritten ab. Daraus folgt eine wichtige Konsequenz: So wie sich natürliche Zahlen in Primzahlfaktoren zerlegen lassen, lassen sich Ideale in sogenannte »Primärideale« zerlegen.

In der abstrakten Algebra erfüllen viele Objekte eine solche Kettenbedingung. Emmy Noether zu Ehren werden sie »Noether'sche Ringe« genannt. Ihre Kettenbedingung wird oft an Unterobjekte »vererbt«. Alle Unterräume eines Noether'schen Raums bleiben Noether'sch. Dasselbe gilt für alle Untergruppen und Quotientengruppen einer Noether'schen Gruppe. Untermoduln und Quotientenmoduln eines Noether'schen Moduls bleiben ebenfalls Noether'sch. Alle Quotientenringe eines Noether'schen Rings sind Noether'sch, das gilt allerdings nicht notwendigerweise für seine Unterringe. Die Kettenbedingung wiederum kann auch auf Kombinationen oder Erweiterungen eines Noether'schen Objekts vererbt werden. So sind beispielsweise endliche direkte Summen Noether'scher Ringe Noether'sch, ebenso wie der Ring der formalen Potenzreihen über einem Noether'schen Ring.

Der Begriff des Noether'schen Rings ist sowohl in der kommutativen als auch in der nicht-kommutativen Ringtheorie von grundlegender Bedeutung, da er zur Vereinfachung der idealen Struktur eines Rings beiträgt. So sind beispielsweise der Ring der ganzen Zahlen und der dazu gehörende Polynomring über einem Feld beides Noether'sche Ringe, und folglich gelten für sie wichtige Theoreme wie der Hilbert'sche Basissatz.

Die Anwendung der Kettenbedingung eines Noether'schen Rings führt zu weiteren mathematischen Strukturen, die ihren Namen tragen:

Die Noether'sche Induktion ist eine Verallgemeinerung der mathematischen Induktion. Sie wird häufig verwendet, um allgemeine Aussagen über Sammlungen von Objekten auf Aussagen über bestimmte Objekte in dieser Sammlung zu reduzieren. Wenn zum Beispiel S eine geordnete Menge ist, dann gilt Folgendes:

- Aus $x > y$ und $y > z$ folgt $x > z$
- Es gibt in S keine unendlich echt absteigenden Ketten darin, jede nicht-leere Teilmenge von S enthält also ein minimales Element. Bei Zahlenmengen sind dies die einzelnen Zahlen.

Dank Emmy Noether gibt es eine erstaunlich einfache Vorgehensweise, Aussagen über die Objekte von S zu beweisen. Sie besteht darin, das Vorhandensein eines Gegenbeispiels anzunehmen und aus ihm einen Widerspruch abzuleiten. Die Noether'sche Induktion besagt, dass ein einziges widersprüchliches Gegenbeispiel ausreicht, um die ursprüngliche Aussage zu beweisen. Denn auch das schwächste (kleinste) Gegenbeispiel z ist Teil der Gegenbeispiel-Menge, und seine Widerlegung wirkt sich über die Verbindung $x < y < z$ auf die gesamte Kette aus.[169]

- Noether'sche Gruppen zeichnen sich dadurch aus, dass in ihnen jede streng aufsteigende Kette von Untergruppen endlich ist.
- In einem Noether'schen Modul wird jede streng aufsteigende Kette von Untermodulen nach einer endlichen Anzahl von Schritten konstant.
- Ein Noether'scher Raum ist ein topologischer Raum, in dem jede streng aufsteigende Kette von offenen Unterräumen nach einer endlichen Anzahl von Schritten konstant wird; diese Definition macht das Spekt-

rum eines Noether'scher Rings zu einem Noether'schen topologischen Raum.

So viele mathematische Begriffe auch durch ihren Namen gekennzeichnet werden, hat Emmy Noether selbst kaum neue Bezeichnungen geprägt. Sie zog es vor, ihre abstrakten Strukturen mithilfe bekannter Zusammenhänge und mathematischer Sätze zu definieren. Aus diesem Grund ist in ihren Schriften immer wieder von »dem Üblichem« und »dem Bekannten« zu lesen.

Emmy Noethers *Idealtheorie in Ringbereichen*

Emmy Noether zeigte im Artikel *Idealtheorie in Ringbereichen*, dass die Bedingung der aufsteigenden endlichen Kette von Elementen mit früheren Konzepten wie Hilberts Theorem einer endlichen idealen Basis gleichwertig ist. Sie bewies, dass in einem Ring, der die Bedingung der aufsteigenden Kette für Ideale erfüllt, jedes Ideal endlich erzeugt ist. Sie bewies auch, dass jedes Ideal, das diese Bedingung erfüllt, als Schnittmenge von Primäridealen dargestellt werden kann, die eine Verallgemeinerung des von Richard Dedekind definierten »einartigen Ideals« darstellen. Emmy Noether definierte die irreduziblen Ideale eines Rings, die sich nicht in weitere Ideale zerlegen lassen. Sie bewies weiter vier Einzigartigkeitstheoreme durch die Austauschmethode. Ein wichtiges Ergebnis dieser Arbeit ist das Lasker-Noether-Theorem, das den Satz von Lasker über die primäre Zerlegung von Idealen von Polynomringen auf alle Noether-Ringe ausdehnt. Das Lasker-Noether-Theorem kann als eine Verallgemeinerung des Fundamentalsatzes der Arithmetik betrachtet werden, der besagt, dass jede positive ganze Zahl als Produkt von Primzahlen ausgedrückt werden kann und dass diese Zerlegung eindeutig ist.

In den Jahren 1923 und 1924 wandte Emmy Noether ihre Idealtheorie auf die Eliminationslehre an. Darin zeigte sie, dass grundlegende Theoreme über die Faktorisierung von Polynomen direkt auf die Idealtheorie übertragen werden können. Traditionell befasst sich die Eliminierungstheorie mit der Eliminierung einer oder mehrerer Variablen aus einem System von Polynomgleichungen, üblicherweise durch die Methode der Resultierenden. Zur Veranschaulichung kann ein Gleichungssystem oft in der Form $M*v = 0$ geschrieben werden, wobei eine Matrix M (eine lineare Transformation repräsentierend) multipliziert mit einem Vektor v (der nur Nicht-Null-Potenzen von x hat) gleich dem Nullvektor 0 ist.

Emmy Noether veröffentlichte die von ihr erweiterte Eliminationslehre in einer Formulierung, die sie ihrem Schüler Kurt Hentzelt zuschrieb.

In ihrer Arbeit von 1926 erweiterte Emmy Noether Hilberts Theorem auf Darstellungen einer endlichen Gruppe über einem beliebigen Feld. Der neue Fall, der nicht aus Hilberts Arbeit folgte, ist, wenn die Charakteristik des Feldes die Ordnung der Gruppe teilt. Emmy Noethers Ergebnis wurde 1975 von William Haboush durch seinen Beweis der sogenannten »Mumford-Vermutung« auf alle reduktiven Gruppen ausgedehnt.

Eine weitere grundlegende Arbeit Emmy Noethers war der 1927 erschienene Artikel *Abstrakter Aufbau der Idealtheorie in algebraischen Zahl- und Funktionenkörpern*.[170] Darin bezeichnet sie die Ringe, in denen die Ideale eine eindeutige Faktorisierung in Primideale haben, als Dedekind-Domänen: integrale Domänen, die Noether'sch, 0- oder 1-dimensional und in ihren Quotientenfeldern integral geschlossen sind. Dieses Papier enthält auch die sogenannten »Isomorphismus-Theoreme«.

ANMERKUNGEN

1 Aus Einsteins Nachruf auf Emmy Noether, der am 4. Mai 1935 in der *New York Times* erschien und ursprünglich in deutscher Sprache verfasst war. Zitiert in: Peter Roquette, *Drei Frauenschicksale in den mathematischen Wissenschaften, Teil 1: Emmy Noether 1882–1935*, Manuskript für einen Vortrag im Heidelberger Augustinum am 29. April 2013, S. 25

2 Siehe Lars Jaeger, *Die Neuentdeckung der Welt – Wie Genies die Wissenschaften aus ihren tiefsten Krisen in die Moderne führten*, Springer Berlin (2022)

3 Auf der Webseite der Universität Heidelberg hat der Mathematiker Peter Roquette unter mathi.uni-heidelberg.de/~roquette/ eine Reihe an Manuskripten zur Person Emmy Noethers gesammelt. Unter dem Menüpunkt *Emmy Noether: Die Gutachten* sind u.a. die Gutachten von 14 Professoren und auch die Petition von Noethers Schülern aufgeführt.

4 Brief von Emmy Noether (im Original auf Englisch) zum Emergency Center in New York (Januar 1935)

5 Der Großhandel der Noethers existierte genau 100 Jahre; 1937 wurde die Familie im Zuge der sogenannten »Arisierung« endgültig aus dem Geschäft gedrängt.

6 Max Noether, *Über einen Satz aus der Theorie der algebraischen Funktionen*, Mathematische Annalen, 6 (1873)

7 Alexander von Brill und Max Noether, *Die Entwicklung der Theorie der algebraischen Funktionen in älterer und neuerer Zeit*, Jahresbericht der Deutschen Mathematiker-Vereinigung, 3 (1894), S. 107–108

8 Auguste Dick, *Emmy Noether 1882–1935*, Beiheft 13 zur Zeitschrift Elemente der Mathematik (1970); übersetzt von L.J.

9 Die Zulassung von Frauen zum Universitätsstudium betr. 1896, Universitätsarchiv Erlangen A3/2 Nr. 113 (2.10.1900)

10 Theodor Bischoff, *Das Studium und die Ausübung der Medicin durch Frauen*, Literarisch-Artistische Anstalt (Th. Riedel), München (1872), S. 51

11 Hildegard Wegscheider, *Weite Welt im Spiegel, Erinnerungen*, Arani, Berlin-Grunewald (1953), S. 31

12 Gottfried Emanuel Noether, Fritz Noethers jüngerer Sohn, erwähnt diese Zusammenhänge in einem *Letter to the Editor* in: Integral Equations and Operator Theory, 13 (1990), S. 303–305

13 Fritz Noether, *Zur asymptotischen Behandlung der stationären Lösungen im Turbulenzproblem*, Zeitschrift für angewandte Mathematik und Mechanik, 6 (1926), S. 232–243

14 Olga Taussky, *Emmy Noether in Bryn Mawr*, Jahresbericht der DMV, Anmerkung 33 (1972), S. 145; zitiert in: Cordula Tollmien, »*Sind wir doch der Meinung, daß ein weiblicher Kopf nur ganz ausnahmsweise in der Mathematik schöpferisch tätig sein kann.*« – *Emmy Noether 1882–1935*; Göttinger Jahrbuch, 38 (1990), S. 214

15 Auguste Dick, *Emmy Noether 1882–1935*, Beiheft 13 zur Zeitschrift Elemente der Mathematik (1970)

16 Franz Lemmermeyer und Peter Roquette (Hg.), *Helmut Hasse und Emmy Noether – Die Korrespondenz 1925–1935*, Universitätsverlag Göttingen (2006) S. 158; verfügbar unter webdoc.sub.gwdg.de/ebook/univerlag/2006/hasse_noether_web.pdf

17 Emmy Noether im von Max Noether verfassten *Nachlass zu Paul Gordan*, Mathematische Annalen, 75 (1914), S. 1

18 Lynn M. Osen, *Women in mathematics*, The MIT Press, Cambridge, London (1974)

19 Verfügbar unter der von Cordula Tollmien eingerichteten Webseite: emmy-noether.net/Goettingen-1915-bis-1919/Habilitation/Emmy-Noethers-Lebenslauf-von-1919/

20 Eine vollständige Übersicht über die Veröffentlichungen Emmy Noethers findet sich im Literaturverzeichnis.

21 Jahresberichte der Deutschen Mathematiker-Vereinigung, 19 (1910), S. 101–104

22 Journal für die reine und angewandte Mathematik, 139 (1911), S. 118–154

23 Verfügbar unter der von Cordula Tollmien eingerichteten Webseite: emmy-noether.net/Goettingen-1915-bis-1919/Habilitation/Emmy-Noethers-Lebenslauf-von-1919/

24 Jahresberichte der Deutschen Mathematiker-Vereinigung, 22 (1913), S. 316–319

25 Mathematische Annalen, 76 (1915), S. 161–191

26 Mathematische Annalen, 77 (1916), S. 89–92

27 Ebd., S, 93–102

28 Ebd., S. 103–128

29 Ebd., S. 536–545

30 Mathematische Annalen, 78 (1918), S. 221–229

31 Der Vortrag von Bartel Leendert van der Waerden über *Meine Göttinger Lehrjahre* wurde am 26. Januar 1979 im Hörsaal der Chemie in Heidelberg auf Tonband aufgenommen und abgedruckt in: DMV-Mitteilungen 2 (1997), S. 20–27

32 Hermann Weyl, Trauerrede am 17. April 1935 in Bryn Mawr anlässlich des Todes von Emmy Noether, in: Peter Roquette, *Zu Emmy Noethers Geburtstag – Einige neue Noetheriana*, Mitteilungen der Deutschen Mathematiker-Vereinigung 15 (2007), S. 15–21, nachzulesen auch in der von Peter Roquette zusammengestellten Dokumentensammlung auf mathi.uni-heidelberg.de/~roquette/geburtstag.pdf

33 James Brewer und Martha Smith (Hg.), *Emmy Noether: A Tribute to Her Life and Work*, Marcel Dekker, New York (1981), S. 79–92

34 Hier sei erwähnt, dass zu jenen Zeiten ein Pudding nicht unbedingt eine süße Nachspeise war. Auch deftige Aufläufe, oft aus Resten zusammengestellt, wurden mit diesem Begriff bezeichnet.

35 Bartel Leendert van der Waerden, *Meine Göttinger Lehrjahre*, DMV-Mitteilungen, 2 (1997)

36 Mathematische Zeitschrift, 30 (1929), S. 641–692

37 Ausarbeitung von Gottfried Köthe, Mathematische Bibliothek der Universität Göttingen

38 Ausarbeitung von Gottfried Köthe. Mathematische Bibliothek der Universität Göttingen

39 Ausarbeitung von unbekannter Hand, Mathematische Bibliothek in Göttingen (1930); Verfügbar heute unter: Nathan Jacobson (Hg.), *Emmy Noether – Gesammelte Abhandlungen – Collected Papers*, Springer Berlin, Heidelberg (1983), Ausarbeitung von Max Deuring (auch für die folgenden Punkte)

40 Ausarbeitung von unbekannter Hand, Mathematische Bibliothek der Universität Göttingen (1931)

41 Ausarbeitung von unbekannter Hand, Mathematische Bibliothek der Universität Göttingen (1933)

42 Aus dem Antrag zu ihrer Ernennung zur außerordentlichen Professorin von 1922, zitiert in: Cordula Tollmien: »*Sind wir doch der Meinung, daß ein weiblicher Kopf nur ganz ausnahmsweise in der Mathematik schöpferisch tätig sein kann.« – Emmy Noether 1882–1935*; Göttinger Jahrbuch, 38 (1990), S. 158

43 Constance Reid, *Hilbert*, Springer (1996, Erstausgabe 1970), S. 127

44 Zitiert in: Philipp Frank, *Albert Einstein. Sein Leben und seine Zeit*, Vieweg (1979), S. 335

45 Tilman Sauer, *Archive for History of Exact Sciences*, 52, 529; Noethers Brief 542; siehe auch Cordula Tollmien, *Invariantentheorie ist jetzt hier Trumpf*, Physik in unserer Zeit, 49/4 (2018) S. 176–182 (im Web unter: https://www.cordula-tollmien.de/pdf/tollmiennoether2018.pdf)

46 Siehe auch Cordula Tollmien, *Invariantentheorie ist jetzt hier Trumpf*, Physik in unserer Zeit, 49/4 (2018) S. 176–182

47 Felix Klein, *Zu Hilberts erster Note über die Grundlagen der Physik*, Nachrichten der königlichen Gesellschaft der Wissenschaften zu Göttingen, Mathematisch-physikalische Klasse (1917), 469–482: S. 479

48 David Hilbert, Aus der Antwort von D. Hilbert. In: Klein (1917), S. 477–481, ebd., hier S. 479

49 Die folgenden Abläufe hat Cordula Tollmien akribisch recherchiert, nachzulesen auf https://emmy-noether.net/Goettingen-1915-bis-1919/Habilitation/

50 Zitiert nach: Cordula Tollmien: »*Sind wir doch der Meinung, daß ein weiblicher Kopf nur ganz ausnahmsweise in der Mathematik schöpferisch tätig sein kann.*« – *Emmy Noether 1882–1935*, Göttinger Jahrbuch, 38 (1990), S. 168f

51 Das Gutachten von Johannes Franz Hartmann ist in Emmy Noethers Personalakte enthalten; zitiert nach: Mechthild Koreuber, *Emmy Noether, die Noether-Schule und die moderne Algebra: Zur Geschichte einer kulturellen Bewegung*, Springer Spektrum Berlin, Heidelberg (2015)

52 Christian Ast, »*Sind wir doch der Meinung, daß ein weiblicher Kopf nur ganz ausnahmsweise in der Mathematik schöpferisch tätig sein kann ...* – *Aus dem Leben der Emmy Noether*«, verfügbar unter dfg.de/download/pdf/dfg_magazin/veranstaltungen/karrierewege/emmy_noether_treffen_11/emmy_noether-lecture_2011.pdf

53 Cordula Tollmien, »*Sind wir doch der Meinung, daß ein weiblicher Kopf nur ganz ausnahmsweise in der Mathematik schöpferisch tätig sein kann.*« – *Emmy Noether 1882–1935*, Göttinger Jahrbuch, 38 (1990), S. 192

54 Ebd., S. 177

55 Ebd., S. 168

56 Christian Ast, »*Sind wir doch der Meinung, daß ein weiblicher Kopf nur ganz ausnahmsweise in der Mathematik schöpferisch tätig sein kann ...*« – *aus dem Leben der Emmy Noether*, verfügbar unter dfg.de/download/pdf/dfg_magazin/veranstaltungen/karrierewege/emmy_noether_treffen_11/emmy_noether-lecture_2011.pdf

57 Mechthild Koreuber und Renate Tobies, *Emmy Noether – Begründerin einer mathematischen Schule*, DMV-Mitteilungen 3 (2002), S. 10

58 Ordner »Fraenkel« der Universität Heidelberg, nachzulesen in der von Peter Roquette zusammengestellten Dokumentensammlung auf mathi. uni-heidelberg.de/~roquette/Transkriptionen/FRAENKEL_080226.pdf, S. 23

59 Ebd., S. 27/28

60 Bartel Leendert van der Waerden, *Nachruf auf Emmy Noether*, Mathematische Annalen, 111 (1935), S. 469–474

61 Universitätsarchiv Göttingen Kur., 12099 Personalakte Prof. Dr. Emmy Noether, o. P.; auch vorhanden in ebd., Math.-Nat. Pers., in 17: Personalakte Prof. Noether, o. P.; hier zitiert nach Mechthild Koreuber, *Emmy Noether, die Noether-Schule und die moderne Algebra: Zur Geschichte einer kulturellen Bewegung*, Springer Spektrum Berlin, Heidelberg (2015)

62 Zitiert in: Emily Conover, *In her short life, mathematician Emmy Noether changed the face of physics*, Science News Magazine (23. Juni 2018), verfügbar unter sciencenews.org/article/emmy-noether-theorem-legacy-physics-math; übersetzt von L.J. (Original: »We have to rely on theoretical insight and concepts of beauty and aesthetics and symmetry to make guesses about how things might work.«)

63 Für die weiter interessierten Leser: Eine Lie-Gruppe ist eine mathematische Gruppe von Elementen, die mathematisch bestimmte Eigenschaften wie Addition und Multiplikation sowie ein neutrales und für jedes Element (außer dem neutralen) auch ein inverses Element besitzt, sodass sie miteinander addiert oder multipliziert das neutrale Element ergeben. Bei Addition ist es die Gegenzahl, so a+(-a) immer gleich 0 ergibt, für die Multiplikation ist es der Kehrwert, sodass beide zusammen 1 ergeben (a*1/a = 1). Eine Lie-Gruppe besitzt zudem eine Mannigfaltigkeit, d.h. einen kontinuierlichen (differenzierbaren) Raum, der lokal (in der Ableitungsstruktur) dem euklidischen Raum entspricht. Kombiniert man diese beiden Ideen, so erhält man eine kontinuierliche Gruppe, in der Multiplikationspunkte und ihre Inversen kontinuierlich sind.

64 Werner Heisenberg, *Schritte über Grenzen*, Piper, München (1971)

65 David Rowe, *The Göttingen Response to General Relativity and Emmy Noether's Theorems*, in: Jeremy Gray (Hg.), *The Symbolic Universe. Geometry and Physics 1890–1930*, Oxford University Press, Oxford (1999), S. 189

66 Mechthild Koreuber, *Emmy Noether, die Noether-Schule und die moderne Algebra: Zur Geschichte einer kulturellen Bewegung*, Springer Spektrum, Berlin, Heidelberg (2015), S. 32

67 Felix Klein, *Gleichungen mit vorgeschriebener Gruppe*, Mathematische Annalen, 78 (1918), S. 231–239, vorgetragen am 25. Januar 1918 in Göttingen; zitiert in: Cordula Tollmien, »*Sind wir doch der Meinung, daß ein weiblicher Kopf nur ganz ausnahmsweise in der Mathematik schöpferisch tätig sein kann.*« – *Emmy Noether 1882–1935*, Göttinger Jahrbuch, 38 (1990), S. 192

68 Mechthild Koreuber, *Emmy Noether, die Noether-Schule und die moderne Algebra: Zur Geschichte einer kulturellen Bewegung*, Springer Spektrum, Berlin, Heidelberg (2015), S. 32

69 Albert Einstein, *Collected Papers*, 9B, n. 548, Princeton University Press (1987), S. 774/775

70 Emmy Noether, *Invariante Variationsprobleme*, Nachrichten von der Gesellschaft der Wissenschaften zu Göttingen, Mathematisch-Physikalische Klasse (1918), S. 235–257

71 Eine ausführliche Darstellung der Noether-Theoreme und ihrer Konsequenzen für die Physik beschreiben Yvette Kosmann-Schwarzbach und Bertram Schwarzbach, in: *The Noether Theorems. Invariance and Conservations Laws in the Twentieth Century*, Springer New York (2011)

72 Zitiert in: Emily Conover, *In her short life, mathematician Emmy Noether changed the face of physics*, Science News Magazine, 23. Juni 2018, verfügbar unter sciencenews.org/article/emmy-noether-theorem-legacy-physics-math

73 Bartel Leendert van der Waerden, *Nachruf auf Emmy Noether*, Mathematische Annalen, 111 (1935), S. 469–474

74 Paul Gordan, *Beweis, dass jede Covariante und Invariante einer binären Form eine ganze Funktion mit numerischen Coeffizienten einer endlichen Anzahl solcher Formen ist*, Journal für Mathematik, 69 (1868), S. 323–354

75 Zitiert in: Peter Roquette, *Drei Frauenschicksale in den mathematischen Wissenschaften, Teil 1: Emmy Noether 1882–1935*, Manuskript für einen Vortrag im Heidelberger Augustinum am 29. April 2013, S. 11

76 Franz Lemmermeyer und Peter Roquette (Hg.), *Helmut Hasse und Emmy Noether – Die Korrespondenz 1925–1935*, Universitätsverlag Göttingen (2006), S. 19

77 Emmy Noether, *Der Endlichkeitssatz der Invarianten endlicher Gruppen*, Mathematische Annalen 77 (1916), S. 89–92

78 Pawel Alexandrow, *In memory of Emmy Noether*, Ansprache am 5. September 1935 vor der Moskauer Mathematischen Gesellschaft, veröffentlicht in: Proceedings of the Moscow Mathematical Society, 2 (1936)

79 Bartel Leendert van der Waerden, *On the Sources of My Book Modern Algebra*, Historia Mathematica, 2 (1975), S. 31–40

80 Emmy Noether, Robert Fricke, Øystein Ore (Hg.) *Gesammelte mathematische Werke*, 3 Bände, Vieweg (1930 bis 1932)

81 Bartel Leendert van der Waerden, *Meine Göttinger Lehrjahre*, DMV-Mitteilungen, 2 (1997), S. 20–27

82 Emmy Noether, Werner Schmeidler, *Moduln in nichtkommutativen Bereichen, insbesondere aus Differential- und Differenzenausdrücken*, Mathematische Zeitschrift, 8 (1920), S. 1–35

83 Hermann Weyl, Trauerrede am 17. April 1935 in Bryn Mawr anlässlich des Todes von Emmy Noether, in: Peter Roquette, *Zu Emmy Noethers Geburtstag – Einige neue Noetheriana*, Mitteilungen der Deutschen Mathematiker-Vereinigung 15 (2007), S. 15–21

84 Emmy Noether, *Idealtheorie in Ringbereichen*, Mathematische Annalen, 83 (1921), S. 24–66

85 Nathan Jacobsohn (Hg.), *Emmy Noether – Gesammelte Abhandlungen – Collected papers*, Springer Berlin, Heidelberg (1983)

86 Vorlesungsverzeichnis der Universität Göttingen von 1927 bis 1933; hier zitiert nach Mechthild Koreuber, *Emmy Noether, die Noether-Schule und die moderne Algebra: Zur Geschichte einer kulturellen Bewegung*, Springer Spektrum, Berlin, Heidelberg (2015), S. 49

87 Emmy Noether, *Hyperkomplexe Größen und Darstellungstheorie*, Mathematische Zeitschrift, 30 (1929), S. 641–692

88 Emmy Noether, Richard Brauer und Helmut Hasse, *Beweis eines Hauptsatzes in der Theorie der Algebren*, Journal für die reine und angewandte Mathematik, 167 (1932), S. 399–404

89 Emmy Noether, *Nichtkommutative Algebren*, Mathematische Zeitschrift, 37 (1933), S. 514–541

90 Auguste Dick, *Emmy Noether 1882–1935*, Beiheft 13 zur Zeitschrift Elemente der Mathematik (1970)

91 Auguste Dick, *Emmy Noether 1882–1935*, Birkhäuser, Boston (1981)

92 Bartel Leendert van der Waerden, *Nachruf auf Emmy Noether*, Mathematische Annalen, 111 (1935), S. 469–474

93 Hans Wußing, *Emmy Noether (1882–1935)*, in: Hans Wußing und Wolfgang Arnold (Hg.), *Biographien bedeutender Mathematiker*, Aulis Verlag, Darmstadt (1989), S. 514–522

94 Bartel Leendert van der Waerden, *Meine Göttinger Lehrjahre*, DMV-Mitteilungen, 2 (1997), S. 20–27

95 Ebd., S. 20–27

96 Jahresbericht der Deutschen Mathematiker-Vereinigung, 30 (Abt. 2), 101 (1921)

97 Mathematische Annalen, 95 (1925)

98 Mathematische Annalen, 97 (1927), S. 490–523

99 Mathematische Annalen, 102 (1930), S. 740–767

100 Mathematische Zeitschrift, 33 (1931), S. 663–691

101 Mathematische Annalen, 107 (1933), S. 514–542

102 Mathematische Annalen, 106 (1932), S. 77–102

103 Mathematische Annalen, 120 (1948), S. 275–296

104 Universitätsarchiv der Georg-August-Universität Göttingen, Math. Nat.Prom. 0039 (Promotion 1934), zitiert in: Mechthild Koreuber, *Emmy Noether, die Noether-Schule und die moderne Algebra: Zur Geschichte einer kulturellen Bewegung*, Springer Spektrum, Berlin, Heidelberg (2015)

105 Mathematische Annalen, 110 (1935), S. 12–38

106 Mathematische Annalen, 111 (1935), S. 372–398

107 American Journal of Mathematics, 58 (1936), S. 585–597

108 Monatshefte für Mathematik und Physik, 44 (1936), S. 203–222

109 Mathematics Genealogy Project, zu finden unter mathgenealogy.org/id.php?id=6967&fChrono=1

110 Bartel Leendert van der Waerden, *Über die fundamentalen Identitäten der Invariantentheorie*, Annalen der Mathematik, 95 (1926)

111 Yvonne Dold-Samplonius, *Interview mit Bartel Leendert van der Waerden*. NTM N. S. Internationale Zeitschrift für Geschichte und Ethik der Naturwissenschaften, Technik und Medizin, 2 (1994), S. 129–147

112 Bartel Leendert van der Waerden, *Meine Göttinger Lehrjahre*, DMV-Mitteilungen, 2 (1997), S. 20–27

113 Ebd.

114 Franz Lemmermeyer und Peter Roquette (Hg.): *Helmut Hasse und Emmy Noether – Korrespondenz 1925–1935*, Universitätsverlag Göttingen (2006)

115 Mathematische Annalen, 96 (1927)

116 Mechthild Koreuber und Renate Tobies, *Emmy Noether – Begründerin einer mathematischen Schule*, DMV-Mitteilungen, 3 (2002), S. 16

117 Brief vom 16. Juli 1933 an das Mathematische Institut in Göttingen; nachzulesen in der von Peter Roquette zusammengestellten Doku-

mentensammlung auf mathi.uni-heidelberg.de/~roquette/gutachten/ SHODA.html

118 Nathan Jacobsohn (Hg.), *Emmy Noether – Gesammelte Abhandlungen – Collected papers*, Springer, Berlin, Heidelberg (1983)

119 Für eine ausführliche Diskussion über die Noether-Schule siehe Mechthild Koreuber, *Emmy Noether, die Noether-Schule und die moderne Algebra: Zur Geschichte einer kulturellen Bewegung*, Springer Spektrum, Berlin, Heidelberg (2015)

120 Heinz Hopf und Pawel Alexandrow, *Topologie*, Grundlehren-Reihe des Springer Verlages (1935), neu 1974

121 Max Deuring, *Algebra, Ergebnisse der Mathematik und ihre Grenzgebiete*, Schriftleitung des Zentralblatts für Mathematik, 4. Band, Springer, Berlin (1935)

122 Wolfgang Krull, *Idealtheorie*; Band 4 der Reihe *Ergebnisse der Mathematik und ihrer Grenzgebiete*, Springer, Berlin (1935)

123 Hermann Weyl, Trauerrede am 17. April 1935 in Bryn Mawr anlässlich des Todes von Emmy Noether, in: Peter Roquette, *Zu Emmy Noethers Geburtstag – einige neue Noetheriana*, Mitteilungen der Deutschen Mathematiker-Vereinigung, 15 (2007), S. 15–21

124 Helmut Hasse, *Höhere Algebra*, Besprechung von Leonard E. Dickson, *Algebren und ihre Zahlentheorie*, veröffentlicht im Jahresbericht der Deutschen Mathematiker-Vereinigung, 37, Abt. 2, 90–97; hier zitiert nach Mechthild Koreuber, *Emmy Noether, die Noether-Schule und die moderne Algebra: Zur Geschichte einer kulturellen Bewegung*, Springer Spektrum, Berlin, Heidelberg (2015)

125 Auguste Dick, *Emmy Noether 1882–1935*, Beiheft 13 zur Zeitschrift Elemente der Mathematik (1970)

126 Grete Hermann, *Die naturphilosophischen Grundlagen der Quantenmechanik*, AFSNE, Bd. 6, Heft 2 (1935), Kapitel 7: »Der Zirkel in NEUMANNs Beweis«

127 *Albert Einstein, Hedwig und Max Born: Briefwechsel 1916–1955*, Rowohlt (1972), S. 97f

128 Erwin Schrödinger, *Die gegenwärtige Situation in der Quantenmechanik*, Naturwissenschaften, 23 (1935), S. 807–812

129 Erwin Schrödinger, *Discussion of Probability Relations between separate systems*, Mathematical Proceedings of the Cambridge Philosophical Society, 31 (1935), S. 555–563

130 Grete Hermann, *Die naturphilosophischen Grundlagen der Quantenmechanik*, Abhandlungen der Fries'schen Schule, 6 (1935), S. 75–152

131 Ebd., §7: »Der Zirkel in Neumanns Beweis, S. 99

132 Grete Hermann, *Determinism and Quantum Mechanics* (1933) wurde erst kürzlich im Dirac-Archiv wiederentdeckt (Dokument DRAC 3/11). Zitiert in: Elise Crull und Guido Bacciagaluppi (Hg.), *Grete Hermann – Between Physics and Philosophy*, Springer (2016), S. 223–237, hier: S. 232–234

133 Grete Hermann, *Die Naturwissenschaften*, 23, Ausgabe 42 (1935), S. 718–721

134 Werner Heisenberg, *Der Teil und das Ganze*, Piper, München (1969)

135 Kay Herrmann (Hg.), *Grete Hermann: Philosophie – Mathematik – Quantenmechanik*, Springer, Wiesbaden (2019)

136 John Stewart Bell, *On the Problem of Hidden Variables in Quantum Mechanics*, Review of Modern Physics, 38 (1966), S. 447–452; verfügbar auf: psiquadrat.de/downloads/bell66.pdf. Die Version aus dem Jahr 1964 ist auf inspirehep.net/files/90b70d2ed9fa199ef95ed3da417c-6b5a abrufbar.

137 Siehe auch: Richard Feynman, *Simulating physics with computers*, International Journal of Theoretical Physics, 21 (1982), S. 467–488

138 In Hermann Weyl, Emmy Noether, (April 26, 1935) in *Weyl's Levels of Infinity: Selected Writings on Mathematics and Philosophy* (2012) S. 64. Auch in: https://beruhmte-zitate.de/autoren/emmy-noether/ Quelle: https://beruhmte-zitate.de/autoren/emmy-noether/

139 Zitiert in: Peter Roquette, *Drei Frauenschicksale in den mathematischen Wissenschaften, Teil 1: Emmy Noether 1882–1935*, Manuskript für einen Vortrag im Heidelberger Augustinum am 29. April 2013, S. 15

140 Franz Lemmermeyer und Peter Roquette (Hg.), *Helmut Hasse und Emmy Noether – Die Korrespondenz 1925–1935*, Universitätsverlag Göttingen (2006), S. 131

141 Richard Brauer, Helmut Hasse, Emmy Noether, *Beweis eines Hauptsatzes in der Theorie der Algebren*, Journal für die reine und angewandte Mathematik, 167 (1932), S. 399–404

142 Olga Taussky, *Emmy Noether in Bryn Mawr*, Jahresbericht der DMV (1972); zitiert in: Bhama Srinivasan, Judith Sally (Hg.), *Emmy Noether in Bryn Mawr – Proceeding of a Symposium, sponsored by the Association for Women in Mathematics in Honor of Emmy Noether's 100th birthday*, Springer Berlin (1983), S. 145–146; übersetzt von L.J.

143 Auguste Dick, *Emmy Noether 1882–1935*, Beiheft 13 zur Zeitschrift Elemente der Mathematik (1970), Pawel Sergejewitsch: *In Memory of Emmy Noether*, S. 153–179, übersetzt von L.J.

144 David Rowe und Mechthild Koreuber, *Proving It Her Way. Emmy Noether, a Life in Mathematics.* Springer (2020), S. 109

145 Mechthild Koreuber, *Emmy Noether, die Noether-Schule und die moderne Algebra: Zur Geschichte einer kulturellen Bewegung*, Springer Spektrum, Berlin, Heidelberg (2015)

146 André Weil, *Organisation et désorganisation en mathématique*, Bulletin de la Société Franco-Japonaise, 3 (1961), S. 23–35

147 Hermann Weyl, Trauerrede am 17. April 1935 in Bryn Mawr anlässlich des Todes von Emmy Noether, in: Peter Roquette, *Zu Emmy Noethers Geburtstag – Einige neue Noetheriana*, Mitteilungen der Deutschen Mathematiker-Vereinigung 15 (2007), S. 15–21

148 Ebd.

149 Cordula Tollmien, »*Sind wir doch der Meinung, daß ein weiblicher Kopf nur ganz ausnahmsweise in der Mathematik schöpferisch tätig sein kann.*« – *Emmy Noether 1882–1935*, Göttinger Jahrbuch, 38 (1990), S. 188

150 Emmy Noether, *Hyperkomplexe Systeme in ihren Beziehungen zur kommutativen Algebra und Zahlentheorie*, Verhandlungen des Internationalen Mathematiker Kongresses in Zürich, 1 (1932), S. 189–194

151 Einsteins Nachruf auf Emmy Noether in der New York Times (1935)

152 Werner Jentsch, *Auszüge aus einer unveröffentlichten Korrespondenz von Emmy Noether und Hermann Weyl mit Heinrich Brandt – Zur 50. Wiederkehr des Todestages von Emmy Noether*, Historia Mathematica, 13 (1986), S. 5–12

153 Ebd.

154 Hermann Weyl, *Gesammelte Abhandlungen*, Springer, Berlin, Band 4 (1968), S. 651–654

155 Universitäts-Archiv Göttingen, Kuratorial- und Personalakte Hermann Weyl

156 Charles Weiner, *A New Site for the Seminar: The Refugees and American Physics in the Thirties*, in: Donald Fleming und Bernard Bailyn (Hg.), *The Intellectual Migration: Europe and America, 1930–1960*, Harvard University Press (1969), S. 205

157 Friedrich Hirzebruch, Winfried Scharlau, Willi Törnig, Gerd Fischer (Hg.), *Ein Jahrhundert Mathematik 1890–1990*, Vieweg + Teubner (2012), S. 19/20

158 Zitiert in: Mechthild Koreuber, *Emmy Noether, die Noether-Schule und die moderne Algebra: Zur Geschichte einer kulturellen Bewegung*, Springer Spektrum, Berlin, Heidelberg (2015)

159 Hermann Weyl, Trauerrede am 17. April 1935 in Bryn Mawr anlässlich

des Todes von Emmy Noether, in: Peter Roquette, *Zu Emmy Noethers Geburtstag – Einige neue Noetheriana*, Mitteilungen der Deutschen Mathematiker-Vereinigung 15 (2007), S. 15–21

160 Franz Lemmermeyer und Peter Roquette (Hg.), *Helmut Hasse und Emmy Noether – Die Korrespondenz 1925–1935*, Universitätsverlag Göttingen (2006), S. 187/188

161 Der Brief des Kurators an den Minister für Wissenschaft, Kunst und Volksbildung ist nachzulesen in der von Peter Roquette zusammengestellten Dokumentensammlung auf mathi.uni-heidelberg.de/~roquette unter dem Menüpunkt *Emmy Noether: Die Gutachten*, S. 13.

162 Zitiert in: Mechthild Koreuber, *Emmy Noether, die Noether-Schule und die moderne Algebra: Zur Geschichte einer kulturellen Bewegung*, Springer Spektrum, Berlin, Heidelberg (2015)

163 Ebd.

164 Anja Wagner, *Einsteins originaler Entwurf für den Nachruf auf Emmy Noether*, LinkedIn-Publikation (12. März 2021), nachzulesen unter de.linkedin.com/pulse/einsteins-originaler-entwurf-f%C3%BCr-den-nachruf-auf-emmy-wagner

165 Ebd.

166 Hermann Weyl, Trauerrede am 17. April 1935 in Bryn Mawr anlässlich des Todes von Emmy Noether, in: Peter Roquette, *Zu Emmy Noethers Geburtstag – Einige neue Noetheriana*, Mitteilungen der Deutschen Mathematiker-Vereinigung 15 (2007), S. 15–21

167 Peter Roquette, *Zu Emmy Noethers Geburtstag – Einige neue Noetheriana*, Mitteilungen der Deutschen Mathematiker-Vereinigung 15 (2007), S. 3

168 Wladimir Fock, *Über die invariante Form der Wellen- und Bewegungsgleichungen für einen geladenen Massenpunkt*, Zeitschrift für Physik, Band 39 (1926), S. 226–232

169 Konkret besagt die Noether'sche Induktion: Sei P eine Eigenschaft von Elementen einer unter einer Ordnungsrelation (geordnete Menge X und sei die folgende Aussage wahr: Wenn x ein Element von ist und P(y) für alle y < x wahr ist, dann ist auch P(x) wahr. In diesem Fall ist P(x) für alle Elemente x aus X wahr.

170 Emmy Noether, *Abstrakter Aufbau der Idealtheorie in algebraischen Zahl- und Funktionenkörpern*, Mathematische Annalen 96 (1926), S. 26–61

BIBLIOGRAFIE

Alexandrow, P., *In memory of Emmy Noether*, Ansprache am 5. September 1935 vor der Moskauer Mathematischen Gesellschaft, veröffentlicht in: Proceedings of the Moscow Mathematical Society, 2 (1936)

Ast, C., *»Sind wir doch der Meinung, daß ein weiblicher Kopf nur ganz ausnahmsweise in der Mathematik schöpferisch tätig sein kann … – Aus dem Leben der Emmy Noether«*, verfügbar unter dfg.de/download/pdf/dfg_magazin/veranstaltungen/karrierewege/emmy_noether_treffen_ 11/emmy_noether-lecture_2011.pdf

Bell, J. S., *On the Problem of Hidden Variables in Quantum Mechanics*, Review of Modern Physics, 38 (1966)

Bischoff, T., *Das Studium und die Ausübung der Medicin durch Frauen*, Literarisch-Artistische Anstalt (Th. Riedel), München (1872)

Brewer, J., Smith, M. (Hg.), *Emmy Noether: A Tribute to Her Life and Work*, Marcel Dekker, New York (1981)

Conover, E., *In her short life, mathematician Emmy Noether changed the face of physics*, Science News Magazine (23. Juni 2018)

Crull, E., Bacciagaluppi, G. (Hg.), *Grete Hermann – Between Physics and Philosophy*, Springer (2016)

Deuring, M., *Algebra, Ergebnisse der Mathematik und ihre Grenzgebiete*, Schriftleitung des Zentralblatts für Mathematik, 4. Band, Springer, Berlin (1935)

Dick, A., *Emmy Noether 1882–1935*, Beiheft 13 zur Zeitschrift Elemente der Mathematik (1970)

Dick, A., *Emmy Noether 1882–1935*, Birkhäuser, Boston (1981)

Dold-Samplonius, Y., Interview mit Bartel Leendert van der Waerden. NTM N. S. Internationale Zeitschrift für Geschichte und Ethik der Naturwissenschaften, Technik und Medizin, 2 (1994)

Einstein, A., *Collected Papers*, 9B, n. 548, Princeton University Press (1987)

Feynman, R., *Simulating physics with computers*, International Journal of Theoretical Physics, 21 (1982)

Fleming, D., Bailyn, B. (Hg.), *The Intellectual Migration: Europe and America, 1930–1960*, Harvard University Press (1969)

Fock, W., *Über die invariante Form der Wellen- und Bewegungsgleichungen für einen geladenen Massenpunkt*, Zeitschrift für Physik, Band 39 (1926)

Frank, P., *Albert Einstein. Sein Leben und seine Zeit*, Vieweg (1979)

Gordan, P., *Beweis, dass jede Covariante und Invariante einer binären Form eine ganze Funktion mit numerischen Coeffizienten einer endlichen Anzahl solcher Formen ist*, Journal für Mathematik, 69 (1868)

Gray, J. (Hg.), *The Symbolic Universe. Geometry and Physics 1890–1930*, Oxford University Press, Oxford (1999)

Heisenberg, W., *Der Teil und das Ganze*, Piper, München (1969)

Heisenberg, W., *Schritte über Grenzen*, Piper, München (1971)

Hermann, G., *Die naturphilosophischen Grundlagen der Quantenmechanik*, Abhandlungen der Fries'schen Schule, 6 (1935)

Hermann, G., *Die Naturwissenschaften*, 23, Ausgabe 42 (1935)

Herrmann, K. (Hg.), *Grete Hermann: Philosophie – Mathematik – Quantenmechanik*, Springer ,Wiesbaden (2019)

Hirzebruch, F., Scharlau, W., Törnig, W., Fischer, G (Hg.), *Ein Jahrhundert Mathematik 1890–1990*, Vieweg + Teubner (2012)

Hopf, H., Alexandrow, P., *Topologie*, Grundlehren-Reihe des Springer Verlages (1935), neu 1974

Jacobson, N. (Hg.), *Emmy Noether – Gesammelte Abhandlungen* – Collected Papers, Springer, Berlin, Heidelberg (1983)

Jaeger, L., *Die Naturwissenschaften. Eine Biographie*, Springer Spektrum, Berlin, Heidelberg (2015)

Jaeger, L., *Supermacht Wissenschaft. Unsere Zukunft zwischen Himmel und Hölle*, Gütersloher Verlagshaus, Gütersloh, München (2017)

Jaeger, L., *Wissenschaft und Spiritualität. Universum, Leben, Geist – Zwei Wege zu den großen Geheimnissen*, Springer Spektrum, Berlin, Heidelberg (2017)

Jaeger, L., *Die zweite Quantenrevolution. Vom Spuk im Mikrokosmos zu neuen Supertechnologien*, Springer, Berlin (2018); English: *The Second Quantum Revolution. From Entanglement to Quantum Computing and Other Super-Technologies*

Jaeger, L., *Mehr Zukunft wagen! Wie wir alle vom Fortschritt profitieren*, Gütersloher Verlagshaus, Gütersloh, München (2019)

Jaeger, L., *Sternstunden der Wissenschaft. Eine Erfolgsgeschichte des Denkens*, Südverlag, Konstanz (2020)

Jaeger, L., *Wege aus der Klimakatastrophe. Wie eine nachhaltige Energie- und Klimapolitik gelingt*, Springer, Berlin (2021)

Jaeger, L., *Die Neuentdeckung der Welt – Wie Genies die Wissenschaften aus ihren tiefsten Krisen in die Moderne führten*, Springer, Berlin (2022)

Jentsch, W., *Auszüge aus einer unveröffentlichten Korrespondenz von Emmy*

Noether und Hermann Weyl mit Heinrich Brandt – Zur 50. Wiederkehr des Todestages von Emmy Noether, Historia Mathematica, 13 (1986)

Klein, F., *Zu Hilberts erster Note über die Grundlagen der Physik*, Nachrichten der königlichen Gesellschaft der Wissenschaften zu Göttingen, Mathematisch-physikalische Klasse (1917)

Klein, F., *Gleichungen mit vorgeschriebener Gruppe*, Mathematische Annalen, 78 (1918)

Koreuber, M., Tobies, R., *Emmy Noether – Begründerin einer mathematischen Schule*, DMV-Mitteilungen, 3 (2002)

Koreuber, M., *Emmy Noether, die Noether-Schule und die moderne Algebra: Zur Geschichte einer kulturellen Bewegung*, Springer Spektrum, Berlin, Heidelberg (2015)

Kosmann-Schwarzbach, Y., Schwarzbach, B., *The Noether Theorems. Invariance and Conservations Laws in the Twentieth Century*, Springer, New York (2011)

Krull, W., *Idealtheorie*; Band 4 der Reihe Ergebnisse der Mathematik und ihrer Grenzgebiete, Springer, Berlin (1935)

Lemmermeyer F., Roquette, P. (Hg.), *Helmut Hasse und Emmy Noether – Die Korrespondenz 1925–1935*, Universitätsverlag Göttingen (2006)

Noether, Emmy, *Über die Bildung des Formensystems der ternären biquadratischen Form*, Dissertation 1907, Druck Reimer Berlin 1908 sowie in kürzerer Ausführung: Journal für die reine und angewandte Mathematik, 134 (1908)

Noether, Emmy, *Zur Invariantentheorie der Formen von Variablen*, Journal für die reine und angewandte Mathematik, 139 (1911)

Noether, Emmy, *Körper und Systeme rationaler Funktionen*, Mathematische Annalen, 76 (1915)

Noether, Emmy, *Der Endlichkeitssatz der Invarianten endlicher Gruppen*, Mathematische Annalen, 77 (1916)

Noether, Emmy, *Über ganze rationale Darstellung der Invarianten eines Systems von beliebig vielen Grundformen*, Mathematische Annalen, 77 (1916)

Noether, Emmy, *Die allgemeinsten Bereiche aus ganzen transzendenten Zahlen*, Mathematische Annalen, 77 (1916), S. 103–128), Berichtigung in: Mathematische Annalen 81 (1920)

Noether, Emmy, *Die Funktionalgleichungen der isomorphen Abbildung*, Mathematische Annalen 77 (1916),

Noether, Emmy, *Gleichungen mit vorgeschriebener Gruppe*, Mathematische Annalen 78 (1918), Berichtigung in: Mathematische Annalen 81 (1920)

Noether, Emmy, *Invarianten beliebiger Differentialausdrücke*, Nachrichten der Königlichen Gesellschaft der Wissenschaften zu Göttingen, Mathematisch-physikalische Klasse (1918), S. 37–44 (vorgelegt am 25.1.1918 durch Felix Klein)

Noether, Emmy, *Invariante Variationsprobleme*, Nachrichten der Königlichen Gesellschaft der Wissenschaften zu Göttingen, Mathematisch-physikalische Klasse (1918)

Noether, Emmy, *Die arithmetische Theorie der algebraischen Funktionen einer Veränderlichen in ihrer Beziehung zu den übrigen Theorien und zu der Zahlkörpertheorie*, Jahresberichte der Deutschen Mathematiker-Vereinigung 28 (1919)

Noether, Emmy, *Die Endlichkeit des Systems der ganzzahligen Invarianten binärer Formen*, Nachrichten der Königlichen Gesellschaft der Wissenschaften zu Göttingen, Mathematisch-physikalische Klasse (1919)

Noether, Emmy, *Zur Reihenentwicklung in der Formentheorie*, Mathematische Annalen 81 (1920)

Noether, Emmy, gemeinsam mit Werner Schmeidler, *Moduln in nichtkommutativen Bereichen, insbesondere aus Differential- und Differenzenausdrücken*, Mathematische Zeitschrift 8 (1920), S. 1–35 (eingegangen am 4.8.1919, angeregt durch eine Frage von Edmund Landau nach der Verallgemeinerung des Produktsatzes; Bezug auf die Lasker'schen Modulsätze, siehe ebenda, S. 3f)

Noether, Emmy, *Über eine Arbeit des im Kriege gefallenen K. Hentzelt zur Eliminationstheorie*, Jahresberichte der Deutschen Mathematiker-Vereinigung 30 (1921), S. 101

Noether, Emmy, *Idealtheorie in Ringbereichen*, Mathematische Annalen 83 (1921), S. 24–66 (abgeschlossen im Oktober 1920). Diese Arbeit begründete Emmy Noethers Ruf als »Mutter der modernen Algebra«.

Noether, Emmy, *Ein algebraisches Kriterium für absolute Irreduzibilität*, Mathematische Annalen 85 (1922), S. 26–33

Noether, Emmy, *Formale Variationsrechnung und Differentialinvarianten*, in: Encyklopädie der mathematischen Wissenschaften mit Einschluss ihrer Anwendungen III (Geometrie) 3 (1922), S. 68–71 (in dem im März 1921 abgeschlossenen Artikel von Roland Weitzenböck (1885–1955), D 10: Neuere Arbeiten der algebraischen Invariantentheorie. Differentialinvarianten, zweiter Teil, Punkt 28, Hinweis auf Noethers Autorenschaft in Anm. 149)

Noether, Emmy, Bearbeitung von Kurt Hentzelt (gefallen): *Zur Theorie der Polynomideale und Resultanten*, Mathematische Annalen 88 (1923)

Noether, Emmy, *Algebraische und Differentialinvarianten*, Jahresberichte der Deutschen Mathematiker-Vereinigung 32 (1923)

Noether, Emmy, *Eliminationstheorie und allgemeine Idealtheorie*, Mathematische Annalen 90 (1923)

Noether, Emmy, *Eliminationstheorie und Idealtheorie*, Jahresberichte der Deutschen Mathematiker-Vereinigung 33 (1924),

Noether, Emmy, *Abstrakter Aufbau der Idealtheorie im algebraischen Zahlkörper*, Jahresberichte der Deutschen Mathematiker-Vereinigung 33 (1924)

Noether, Emmy, *Hilbert'sche Anzahlen in der Idealtheorie*, Jahresberichte der Deutschen Mathematiker-Vereinigung 34 (1925)

Noether, Emmy, *Gruppencharaktere und Idealtheorie*, Jahresberichte der Deutschen Mathematiker-Vereinigung 34 (1925)

Noether, Emmy, *Ableitung der Elementarteilertheorie aus der Gruppentheorie*, Jahresberichte der Deutschen Mathematiker-Vereinigung 34 (1926)

Noether, Emmy, *Der Endlichkeitssatz der Invarianten endlicher linearer Gruppen der Charakteristik p*, Nachrichten der Königlichen Gesellschaft der Wissenschaften zu Göttingen, Mathematisch-physikalische Klasse (1926)

Noether, Emmy, *Abstrakter Aufbau der Idealtheorie in algebraischen Zahl- und Funktionskörpern*, Mathematische Annalen 96 (1926)

Noether, Emmy, *Der Diskriminantensatz für die Ordnungen eines algebraischen Zahl- oder Funktionenkörpers*, Journal für die reine und angewandte Mathematik 157 (1927)

Noether, Emmy, Brauer, R., *Über minimale Zerfällungskörper irreduzibler Darstellungen*, Sitzungsberichte der Preußischen Akademie der Wissenschaften (1927)

Noether, Emmy, *Hyperkomplexe Grössen und Darstellungstheorie in arithmetischer Auffassung*, Atti Congresso Bologna 2 (1928)

Noether, Emmy, *Hyperkomplexe Grössen und Darstellungstheorie*, Mathematische Zeitschrift 30 (1929)

Noether, Emmy, *Über Maximalbereiche von ganzzahligen Funktionen*, Rec. Soc. Math. Moscou 36 (1929)

Noether, Emmy, *Idealdifferentiation und Differente*, Jahresberichte der Deutschen Mathematiker-Vereinigung 39 (1929)

Noether Emmy, Fricke, R., Øystein, O. (Hg.) *Gesammelte mathematische Werke*, 3 Bände, Vieweg (1930 bis 1932)

Noether, Emmy, *Normalbasis bei Körpern ohne höhere Verzweigung*, Journal für die reine und angewandte Mathematik 167 (1932)

Noether, Emmy, Brauer R., Hasse, H., *Beweis eines Hauptsatzes in der Theorie der Algebren,* Journal für die reine und angewandte Mathematik 167 (1932), S. 399–404

Noether, Emmy, *Hyperkomplexe Systeme in ihren Beziehungen zur kommutativen Algebra und Zahlentheorie,* Verhandlungen des Internationalen Mathematiker Kongresses Zürich 1 (1932)

Noether, Emmy, *Nichtkommutative Algebren,* Mathematische Zeitschrift 37 (1933)

Noether, Emmy, *Der Hauptgeschlechtssatz für relativ-galoissche Zahlkörper,* Mathematische Annalen 108 (1933)

Noether, Emmy, *Zerfallende verschränkte Produkte und ihre Maximalordnungen,* Exposés mathématiques publiés à la mémoire de J. Herbrand IV, Actualités scientifiques et industrielles. 148 (1934)

Noether, Emmy, *Idealdifferentiation und Differente,* Journal für die reine und angewandte Mathematik 188 (1950), 2 von E. Noether im Winter 1927/28 niedergeschriebene Arbeit

Noether, F., *Zur asymptotischen Behandlung der stationären Lösungen im Turbulenzproblem,* Zeitschrift für angewandte Mathematik und Mechanik, 6 (1926)

Noether, M., *Über einen Satz aus der Theorie der algebraischen Funktionen,* Mathematische Annalen, 6 (1873)

Noether, M., *Nachlass zu Paul Gordan,* Mathematische Annalen, 75 (1914)

Osen, L., *Women in mathematics,* The MIT Press, Cambridge, London (1974)

Reid, C., *Hilbert,* Springer (1996, Erstausgabe 1970)

Roquette, P., *Zu Emmy Noethers Geburtstag – Einige neue Noetheriana,* Mitteilungen der Deutschen Mathematiker-Vereinigung 15 (2007)

Roquette, P., *Drei Frauenschicksale in den mathematischen Wissenschaften, Teil 1: Emmy Noether 1882–1935,* Manuskript für einen Vortrag im Heidelberger Augustinum am 29. April 2013

Roquette, P., Zusammengestellte Dokumentensammlung auf mathi.uni-heidelberg.de/~roquette/gutachten/SHODA.html

Rowe D., Koreuber, M., *Proving It Her Way. Emmy Noether, a Life in Mathematics.* Springer (2020)

Schrödinger, E., *Die gegenwärtige Situation in der Quantenmechanik,* Naturwissenschaften, 23 (1935)

Schrödinger, E., *Discussion of Probability Relations between separate systems,* Mathematical Proceedings of the Cambridge Philosophical Society, 31 (1935)

Srinivasan, B., Sally, J. (Hg.), *Emmy Noether in Bryn Mawr – Proceeding of a Symposium,* sponsored by the Association for Women in Mathematics in Honor of Emmy Noether's 100th birthday, Springer Berlin (1983)

Tollmien, C., »*Sind wir doch der Meinung, daß ein weiblicher Kopf nur ganz ausnahmsweise in der Mathematik schöpferisch tätig sein kann.*« – *Emmy Noether 1882–1935*; Göttinger Jahrbuch, 38 (1990)

Tollmien, C., *Invariantentheorie ist jetzt hier Trumpf*, Physik in unserer Zeit, 49/4 (2008)

van der Waerden, Bartel Leendert, *Über die fundamentalen Identitäten der Invariantentheorie*, Annalen der Mathematik, 95 (1926)

van der Waerden, Bartel Leendert, *Nachruf auf Emmy Noether*, Mathematische Annalen, 111 (1935)

van der Waerden, Bartel Leendert, *On the Sources of My Book Modern Algebra*, Historia Mathematica, 2 (1975)

van der Waerden, Bartel Leendert, *Meine Göttinger Lehrjahre*, 1979 im Hörsaal der Chemie in Heidelberg auf Tonband aufgenommen und abgedruckt in: DMV-Mitteilungen 2 (1997)

Wagner, A., *Einsteins originaler Entwurf für den Nachruf auf Emmy Noether*, LinkedIn-Publikation (12. März 2021)

Wegscheider, H., *Weite Welt im Spiegel, Erinnerungen*, Arani, Berlin-Grunewald (1953)

Weil, A., *Organisation et désorganisation en mathématique*, Bulletin de la Société Franco-Japonaise, 3 (1961)

Weyl, H., *Gesammelte Abhandlungen*, Springer Verlag Berlin, Band 4 (1968)

Wußing, H., Arnold, W. (Hg.), *Biographien bedeutender Mathematiker*, Aulis Verlag, Darmstadt (1989)

REGISTER

BILDNACHWEIS

S. 2, Frontispiz: https://de.wikipedia.org/wiki/Emmy_Noether#/media/ Datei:Noether_retusche_nachcoloriert.jpg

S. 40, Emmy Noether und ihre Brüder, Quelle des Verfassers: https://emmy-noether.net/Die-Brueder/ [Sammlung Ilse Sponsel: Ilse Sponsel (1924–2010) war 1980 von der Stadt Erlangen zur ehrenamtlichen Beauftragten für die jüdischen Bürgerinnen und Bürger gemacht worden und forschte und publizierte in diesem Zusammenhang auch zu Emmy Noether. Sie erhielt das hier publizierte Foto von Herbert Heisig (1904–1989), dem Assistenten und Freund von Emmy Noethers Bruder Fritz Noether, der später Verlagsdirektor bei Teubner in Leipzig und Stuttgart war.]

S. 158, Emmy Noether auf dem Nikolausberg: © Natascha Artin; Quelle des Verfassers: Emmy Noether, A Tribute to Her Life and Work, Brewer, J.W., Smith, Martha, K. (eds); https://www.mathematik.ch/mathematiker/noether.html

S. 193, Emmy Noether auf dem Schiff nach Königsberg: Foto von Helmut Hasse; Quelle des Verfassers: https://www.mathi.uni-heidelberg.de/~roquette/hasse-noether/correspond.htm

Jaeger, Lars: Emmy Noether. Ihr steiniger Weg an die Weltspitze der Mathematik. Biografie

2. Neuauflage 2025
ISBN: 978-3-87800-161-4

Dieses Buch ist auch als E-Book erhältlich und kann über den Handel oder den Verlag bezogen werden.
E-Book: 978-3-87800-999-3

Text- und Konzeptberatung: Dr. Bettina Burchardt
Lektorat: Annette Güthner
Umschlag, Layout und Satz: Silke Nalbach, Mannheim
Umschlagabbildung: akg-images / brandstaetter images / Emil Mayer

Bibliografische Information der Deutschen Nationalbibliothek:
Die Deutsche Nationalbibliothek verzeichnet diese Publikation in der Deutschen Nationalbibliografie; detaillierte bibliografische Daten sind im Internet über https://dnb.de abrufbar.

Der Verlag behält sich das Text- and Data-Mining nach § 44b UrhG vor, was hiermit Dritten ohne Zustimmung des Verlages untersagt ist.

Der Südverlag ist ein Imprint der Bedey & Thoms Media GmbH, Hermannstal 119k, 22119 Hamburg.
E-Mail: kontakt@bedey-media.de